全国机械行业职业教育优质规划教材（高职高专）
经全国机械职业教育教学指导委员会审定

机械设计基础

主　编　王亚芹

副主编　周延昌　陆显峰

参　编　钱　斌　孙　斌　潘　露

主　审　徐　亮

机械工业出版社

本书为全国机械行业职业教育优质规划教材（高职高专），经全国机械职业教育教学指导委员会审定。

本书是按照全国机械职业教育教学指导委员会制定的"机械设计基础"课程的基本要求和教材编写大纲而编写的。本书内容注重学生机械设计的基本能力和工程素质的培养，主要包括常用机构的工作原理、基本特性及设计方法；常用传动装置的工作原理、结构特点及设计方法；通用零部件的类型、标准、结构特点及设计方法；机械装置的润滑与密封。

本书在内容编排上，按照学生的认知规律组织教学内容，由浅入深，由简到繁，便于教学安排和学生学习；在内容选取上，遵循"必需、够用"的原则，兼顾目前高职教育的生源状况，尽量减少深入的理论推导，保证基本理论内容够用，加强工程实用案例的应用，注重实践能力的培养和综合素质的提高，将理论知识和实践训练融会贯通，实现教、学、做有机融合。全书共 14 章，为了便于学习，每章后附有习题，供课后复习巩固之用。

本书可作为高职高专院校数控技术等机械类专业"机械设计基础"课程的教材，也可作为机电技术等近机械类专业和成人教育的教材，还可作为相关工程技术人员的参考用书。

为方便教学，本书配备了电子课件等教学资源。凡选用本书作为教材的教师，均可登录机械工业出版社教育服务网 www.cmpedu.com，注册后免费下载。如有问题请致信 cmpgaozhi@ sina.com，或致电 010-88379375 联系营销人员。

图书在版编目（CIP）数据

机械设计基础/王亚芹主编. —北京：机械工业出版社，2019.6
（2022.1重印）

全国机械行业职业教育优质规划教材. 高职高专　经全国机械职业教育教学指导委员会审定

ISBN 978-7-111-62545-2

Ⅰ.①机…　Ⅱ.①王…　Ⅲ.①机械设计-高等职业教育-教材
Ⅳ.①TH122

中国版本图书馆 CIP 数据核字（2019）第 072572 号

机械工业出版社（北京市百万庄大街 22 号　邮政编码 100037）
策划编辑：王英杰　责任编辑：王英杰
责任校对：陈　越　封面设计：鞠　杨
责任印制：常天培
固安县铭成印刷有限公司印刷
2022 年 1 月第 1 版第 3 次印刷
184mm×260mm·14.5 印张·356 千字
3401—4900 册
标准书号：ISBN 978-7-111-62545-2
定价：47.00 元

电话服务　　　　　　　　　网络服务
客服电话：010 88361066　机 工 官 网：www.cmpbook.com
　　　　　010-88379833　机 工 官 博：weibo.com/cmp1952
　　　　　010-68326294　金 书 网：www.golden-book.com
封底无防伪标均为盗版　　　机工教育服务网：www.cmpedu.com

前　言

本书为全国机械行业职业教育优质规划教材（高职高专），经全国机械职业教育教学指导委员会审定。

本书是根据全国机械职业教育教学指导委员会和机械工业教育发展中心公布的首批全国机械职业教育"十二五"规划专项课题"数控技术专业系列课程开发"的子任务——机械设计基础课程开发（《机械设计基础》教材）的要求编写的。

随着高职教育改革的不断深入，培养学生职业能力和创新意识成为高职教育教学改革的一项重要内容。本书根据专业课程改革的需要，根据高等职业院校"机械设计基础"课程在机械类各专业的培养目标及知识结构与能力要求，从培养技术应用型人才的初步设计能力出发，遵循"必需、够用"的原则，精心选取教材内容，同时兼顾学生今后继续学习的需要，设计内容的深度与广度。本书内容的编排顺序依照学生的认知规律进行设计，由浅入深，由简到繁。本书重视学生实践能力和职业技能的训练，以培养学生的实际工作能力为目标。

参加本书编写的人员有：安徽机电职业技术学院王亚芹（编写第 1 章、第 2 章和第 6 章），黑龙江职业学院周延昌（编写第 10 章、第 11 章），渤海船舶职业学院陆显峰（编写第 7 章），安徽机电职业技术学院钱斌（编写第 12 ~ 14 章），安徽机电职业技术学院孙斌（编写第 8 章和第 9 章），安徽机电职业技术学院潘露（编写第 3 ~ 5 章）。本书由王亚芹任主编并统稿，周延昌、陆显峰担任副主编，安徽机电职业技术学院徐亮教授任主审。

本书在编写过程中得到了数控技术专业系列课程开发课题组专家和编者所在学校的大力支持，在此一并表示感谢。

由于编者水平有限，在编写过程中难免出现不足之处，恳请读者予以指正。

编　者

目　录

第 1 章

绪　　论

1.1　机器的组成及机械的概念

人们在工农业生产和日常生活中，会接触到各种机器。机器是人类在长期的生产实践中，为了减轻劳动强度，改善劳动条件，提高劳动生产率，而发明创造出来的。机器的种类繁多，形式各不相同，通过分析它们的组成、运动和功用，可以发现一些共同的特征，这将为研究机器的构成，探索机械设计的方法提供重要的依据。

1.1.1　机器的组成

人们在长期的生产实践中，创造发明了各种机器，并通过对机器的不断改进，减轻人们的体力劳动，提高劳动生产率，甚至完成用人力无法完成的某些生产任务。机器能够进行能量转换或完成特定的机械功能。随着生产和科学技术的发展，机器的种类、形式更加多样化，而功能也越来越贴近人们的生活。机器按其基本组成可以分为以下四个部分。

1. 动力部分

动力部分是机械的动力来源，作用是把其他形式的能转变为机械能，以驱动机械运动并做功。

2. 执行部分

执行部分是直接完成机械预定功能的部分。

3. 传动部分

传动部分是将动力部分的运动和动力传递给执行部分的中间环节，它可以改变运动速度，转换运动形式，以满足工作部分的各种要求。

4. 控制部分

控制部分是用来控制机械的部分，使操作者能随时实现或停止各项功能。这一部分通常包括机械控制系统和电子控制系统。

图 1-1 所示为牛头刨床的组成。其动力部分是电动机，可把电能转变为机械能，为牛头刨床提供运动和转矩。其执行部分是刨刀和工作台，直接完成牛头刨床的机械预定功能——工件的刨削加工。其传动部分包括带传动装置和齿轮传动装置，主要用于改变运动速度，将电动机的高转速变为工作机所需的较低转速；曲柄导杆机构的作用是将大齿轮的转动变为刨刀的往复运动，并满足工作行程等速、非工作行程急回的要求；曲柄摇杆机构和棘轮机构的作用是保证工作台的进给，三个螺旋机构 M_1、M_2、M_3 分别完成刀具的上下、工作台的上下及刀具行程的位置调整功能。其控制部分包括变速操纵机构控制和启停控制等。

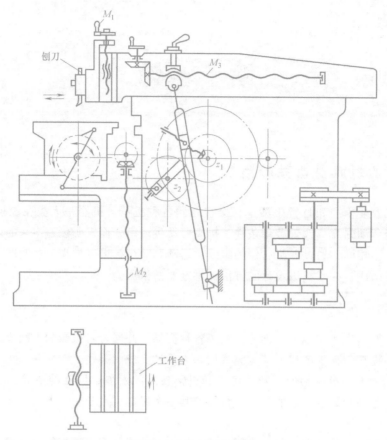

图 1-1　牛头刨床的组成

1.1.2　机械的基本概念

1. 机器、机构和机械

尽管机器有不同的形式、构造和用途，但是都具有下列三个共同特征：①机器是人为的多种实体的组合；②各部分之间具有确定的相对运动；③能完成有效的机械功或转变机械能。

机器是由一个或几个机构组成的，机构仅具有机器的前两个特征，被用来传递运动或变换运动形式。

因此，机器能实现确定的机械运动，做有用的机械功或完成能量、物料与信息的转换和传递。机构则传递运动和动力，完成运动方式的转换。通常把机器和机构统称为机械。

2. 零件、构件和部件

从制造和装配方面来分析，任何机械设备都是由许多机械零部件组成的。

零件是机器的基本制造单元，构件是机器的基本运动单元。组成机构的各个相对运动部分称为构件。构件可以是单一的零件，也可以是多个零件组成的刚性组合体。如图 1-2 所示的连杆由连杆体、螺栓、螺母、开口销、连杆盖、剖分轴瓦、轴衬七种零件组成。工作时，连杆作为一个整体做平面运动，构成一个构件，但在加工时是七种不同的零件。

在各种机械中普遍使用的零件称为通用零件，如齿轮、键、销、螺栓和弹簧等。只在某

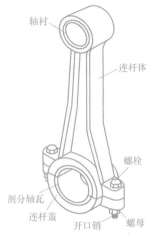

图 1-2 连杆的组成

些机械中使用的零件称为专用零件，如内燃机的活塞和曲轴等。

部件是机器的装配单元。为了便于机器的设计、制造、安装和维护，一般将整台机器分成能协同完成某一功能的相对独立系统，这样的系统称为部件，如减速器和联轴器等。

1.2 机械零件的失效形式及设计准则

1.2.1 机械零件的主要失效形式

当机械零件不能正常工作或达不到设计要求时，称该零件失效。零件失效与破坏是两个概念，失效并不一定意味着破坏，如用塑性材料制造的零件，工作时虽未断裂，但由于其过度变形而影响了其他零件的正常工作，这就是失效。齿轮由于齿面发生点蚀丧失了工作精度，带传动由于摩擦力不足而发生打滑等都是失效。

机械零件的常见失效形式有：断裂或过大的塑性变形，过大的弹性变形，工作表面失效（如磨损、疲劳点蚀、表面压溃和胶合等），发生强烈的振动以及破坏正常工作条件（如连接松动和摩擦表面打滑等）。

同一种零件可能有多种失效形式，主要的失效形式取决于零件的材料、承载情况、结构特点和工作条件。例如对于轴，它可能发生疲劳断裂，还可能发生过大的弹性变形，还可能发生共振等。对于一般载荷稳定的转轴，疲劳断裂是其主要的失效形式；对于精密主轴，过量的弹性变形是其主要的失效形式；对于高速转动的轴，发生共振、失去稳定性是其主要的失效形式。

1.2.2 机械零件的设计准则

设计是机械产品研制的第一步，设计的好坏直接关系到产品的质量、性能和经济效益。机械设计就是从使用要求出发，对机械的工作原理、结构、运动形式、力和能量的传递方式，各个零件的材料、尺寸和形状，以及使用维护等问题进行构思、分析和决策的创造性过程。本书主要讨论常用机构的设计以及常用机械传动装置和通用零部件的设计。

4

机械零件虽然有多种可能的失效形式，但归纳起来主要有强度、刚度、耐磨性和振动稳定性四方面的问题。设计机械零件时，保证零件在规定期限内不产生失效所依据的原则，称为设计计算准则。设计计算准则主要有强度准则、刚度准则、寿命准则、振动稳定性准则和可靠性准则。其中强度准则是设计机械零件首先要满足的一个基本要求。为保证零件工作时有足够的强度，设计计算时应使其危险截面或工作表面的工作应力不超过零件的许用应力，即

$$\sigma \leq [\sigma] \tag{1-1}$$

$$\tau \leq [\tau] \tag{1-2}$$

式中，σ、τ 为零件危险截面或工作表面的正应力、切应力；$[\sigma]$、$[\tau]$ 为零件的许用正应力、许用切应力。

1.3 机械设计的基本要求和一般过程

1.3.1 机械设计的基本要求

机械的性能和质量在很大程度上取决于设计的质量，而机械的制造过程实质上就是要实现设计所规定的性能和质量。机械设计作为机械产品开发研制的一个重要环节，不仅决定着产品的性能好坏，而且决定着产品质量的高低。设计和选用机械零件时，必须满足从机械整体出发对其提出的基本要求。

（1）功能性要求 设计的机械零件应在规定条件下及规定的寿命期限内，有效地实现预期的全部功能。

（2）社会效益与经济性要求 在产品设计中，经济效益和社会效益要综合考虑，应当合理选用原材料，确定适当的精度要求，减少设计和制造的周期。还需要对产品的设计、制造和销售进行综合考虑，以获得满意的经济效益与社会效益。

（3）工艺性要求 工艺性要求包含零件加工工艺性和装配工艺性两个方面。在不影响工作性能的前提下，应使机构尽可能地简化，力求用简单的机构装置取代复杂的装置完成同样的功能。零件的结构应合理，便于拆装，并尽量使用标准件。

（4）安全性要求 安全性要求有三个含义：①设备本身不因过载、失电以及其他偶然因素而损坏；②切实保障操作者的人身安全（劳动保护性）；③不会对环境造成破坏。

（5）可靠性要求 随着机械系统日益复杂化、大型化、自动化及集成化，要求机械系统在预定的环境条件下和寿命期限内，应具有保持正常工作状态的性能，这就称为可靠性。

（6）其他特殊要求 针对某一个具体的机器，会有一些特殊的要求，如飞机结构重量要轻，食品等机械要符合卫生要求，纺织机械不得对产品造成污染等。

1.3.2 机械设计的一般过程

机械设计的一般过程包括四个阶段，即明确任务阶段、方案设计阶段、技术设计阶段及施工设计阶段。

（1）明确任务阶段 在实际工作中有各种各样、用途各不相同的机器。但是，所有这些机器的设计过程都有一个共同特点，即都是从提出设计任务开始。而设计任务的提出主要

是依据工作和生产的需要。

（2）方案设计阶段　设计部门和设计人员首先要认真研究任务书，在全面明确其要求后，在调查研究、分析资料的基础上，拟订设计计划，按照下述的步骤进行设计：①机器工作原理的选择；②机器的运动设计；③机器的动力设计。

（3）技术设计阶段　技术设计阶段主要是依据原动机的特性和运转特性或根据零部件的工作载荷进行设计，根据要求设计出各零部件。

工作原理确定之后的工作，是将选定的设计方案通过必要的分析计算和结构设计，用图面（装配图、零件图等）及技术文件的形式加以具体表示，包括运动设计、动力分析、整体布局、零件结构、材料、尺寸、精度和其他参数的确定以及必要的强度和刚度计算等。

（4）施工设计阶段（工艺设计）　本阶段是将设计与制造连接起来的重要环节，包括规划零件的制造工艺流程，确定工艺参数、检测手段，设计夹具、模具等工作。这些属于机械制造工艺学课程的内容。因为施工设计阶段在很大程度上依赖于实践经验，所以计算机辅助工艺过程设计（CAPP）未能像计算机辅助设计（CAD）一样获得突破性进展和广泛应用。

一个完整的设计过程不但包含以上四个阶段，还包括制造、装配、试车和生产等所有环节，以及对图样和技术文件进行完善和修改，直到定型投入正式生产的全过程。

实际工作中，上述的几个阶段是交叉反复进行的。

随着计算机辅助设计、计算机仿真技术、三维图形技术以及虚拟装配制造技术的迅速发展，机械设计方法有了极大的变革，借助这些技术可以极大地降低设计和试制成本，提高产品的竞争力。

1.4　机械零件设计的一般步骤

机械零件设计是机械设计的重要组成部分。通常机械零件设计包括以下六个步骤：

1）根据零件在机械中的地位和作用，选择零件的类型和结构。

2）分析零件的载荷性质，拟订零件的计算简图，计算作用在零件上的载荷。

3）根据零件的工作条件及对零件的特殊要求，选择适当的材料。

4）分析零件可能出现的失效形式，确定计算准则和许用应力。

5）确定零件的主要几何尺寸，综合考虑零件的材料、承载以及加工装配工艺和经济性等因素，参照有关标准、技术规范以及经验公式，确定全部结构尺寸。

6）绘制零件工作图并确定公差和技术要求。

上述设计过程和内容并不是一成不变的，它随着具体任务和条件的不同而改变。在一般机械中，只有部分主要零件需要通过计算确定其尺寸，而其他零件则根据结构工艺上的要求，采用经验数据或参照规范进行设计，或者使用标准件。

习　　题

1-1　一般机械主要由哪些部分组成？各部分的作用是什么？

1-2　指出下列机器的动力部分、传动部分、执行部分和控制部分。

（1）汽车；（2）助力车；（3）缝纫机；（4）洗衣机；（5）牛头刨床。

1-3　机器与机构的主要区别是什么？

1-4　什么叫通用零件？什么叫专用零件？

1-5　机械零件的主要失效形式有哪些？

1-6　机械设计应满足哪些基本要求？试以助力车为例说明机械设计的一般过程。

1-7　机械零件设计的一般步骤有哪些？

第 2 章

平面机构的组成、运动简图和自由度

机构通常分为平面机构和空间机构。在生活和生产中，平面机构应用较多。为了分析机构的组成和运动，首先要正确地表达机构。工程上，为了表达方便，平面机构通常用平面机构运动简图来表示。为了研究机构的运动情况，确定机构是否具有确定的相对运动，需要计算机构的自由度。

2.1 平面机构的组成

以单缸内燃机为例。单缸内燃机中包含三种平面运动机构：气缸体、活塞、连杆和曲柄组成曲柄滑块机构，凸轮、推杆和机架组成凸轮机构，齿轮和机架组成齿轮机构。这些都是常用的平面机构。

构件和运动副是机构的基本组成要素。

2.1.1 构件的类型

构件依其在机构中的功能分为机架、主动件和从动件。机架是机构中相对静止的构件，如图 2-1 所示内燃机主体机构的气缸体；主动件又称为原动件，是输入运动和动力的构件，如活塞；从动件又称为被动件或输出件，是直接完成机构运动要求、跟随主动件运动的构件，如曲柄。图 2-1 所示的单缸四冲程内燃机由机架（气缸体）、曲柄、连杆、活塞、进气阀、排气阀、推杆、凸轮和齿轮组成。当燃烧的气体推动活塞做往复运动时，通过连杆使曲柄做连续转动，从而将燃气的压力能转换为曲柄的机械能。齿轮、凸轮和推杆的作用是按一定的运动规律按时启闭阀门，完成吸气和排气。这种内燃机中有三种机构：①曲柄滑块机构，由活塞、连杆、曲柄和机架构成，作用是将活塞的往复直线运动转换成曲柄的连续转动；②齿轮机构，由大、小三个齿轮和机架构成，作用是改变转速的大小和方向；③凸轮机构，由凸轮、推杆和机架构成，作用是将凸轮的连续转动变为推杆的往复移动，完成有规律地启闭阀门工作。

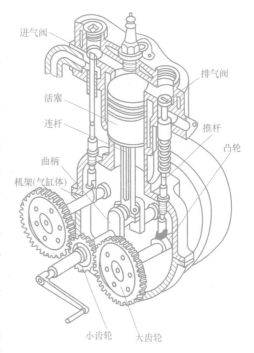

图 2-1 单缸四冲程内燃机结构简图

2.1.2 运动副的概念

机构是具有确定相对运动构件的组合体，为实现机构的各种功能，各构件之间必须以一定的方式连接起来，且具有确定的相对运动。在图 2-1 所示的内燃机中，活塞与机架（气缸体）组成可相对移动的连接；活塞和连杆、连杆和曲柄、曲柄和机架分别组成可相对转动的连接。这种两个构件通过直接接触，既保持联系又能相对运动的连接，称为运动副。

2.1.3 运动副的分类

根据运动副各构件之间的相对运动是平面运动还是空间运动，可将运动副分成平面运动副和空间运动副。

1. 平面运动副

所有构件都在同一平面上运动或可以在同一平面内研究的机构称为平面机构，平面机构的运动副称为平面运动副。按两个构件间的接触特性，平面运动副可分为低副和高副两大类。

（1）低副　两个构件间为面接触的运动副称为低副。根据构成低副的两个构件间的相对运动特点，低副又分为转动副和移动副。

两个构件只能做相对转动的运动副为转动副。图 2-2a 中轴承与轴颈的连接、图 2-2b 中铰链连接都属于转动副。

移动副是两个构件只能沿某一轴线相对移动的运动副，如工作台沿导轨移动（见图 2-2c）和导杆沿滑块中线移动（见图 2-2d）。

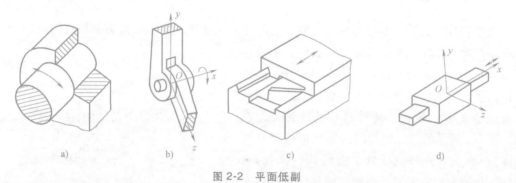

图 2-2　平面低副

（2）高副　两个构件间为点、线接触的运动副称为高副，如图 2-3 所示的车轮与钢轨、

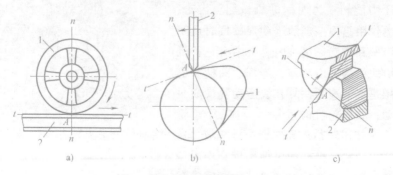

图 2-3　平面高副

a）车轮与钢轨　b）凸轮与从动件　c）齿轮啮合

凸轮与从动件以及齿轮啮合均为高副。

2. 空间运动副

常用的空间运动副有球面副（球面铰链，见图 2-4a）和螺旋副（见图 2-4b）。

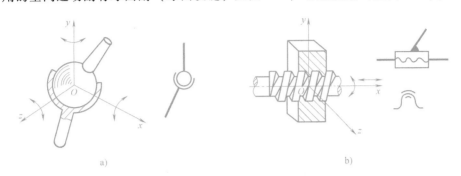

图 2-4　常用空间运动副

a）球面铰链　b）螺旋副

2.2　平面机构的运动简图

2.2.1　平面机构运动简图的概念

对机构进行分析，目的在于了解机构的运动特性。在对机构分析时，只需要考虑与运动有关的构件数目、运动副类型及相对位置，而无须考虑机构的真实外形和具体结构，因此常用一些简单的线条和符号画出图形，进行方案讨论和运动、受力分析。这种抛开实际机构中与运动关系无关的因素，并用按一定比例及规定的简化画法表示各构件间相对运动关系的工程图形，称为机构运动简图。只要求定性地表示机构的组成及运动原理，而不严格按比例绘制的机构图形，称为机构示意图。

2.2.2　运动副及构件的规定表示方法

运动副和构件的符号根据 GB/T 4460—2013《机械制图　机构运动简图用图形符号》的规定表达。运动副的简图图形符号见表 2-1，凸轮机构和齿轮机构的简图符号见表 2-2。

表 2-1　运动副的简图图形符号（摘自 GB/T 4460—2013）

序号	名称	基本符号	可用符号	附注
1	回转副			
2	棱柱副（移动副）			

序号	名称	基本符号	可用符号	附注
3	螺旋副			
4	球面副			

表 2-2　凸轮机构和齿轮机构的简图符号（摘自 GB/T 4460—2013）

序号	名称	基本符号	可用符号	附注
1	凸轮副	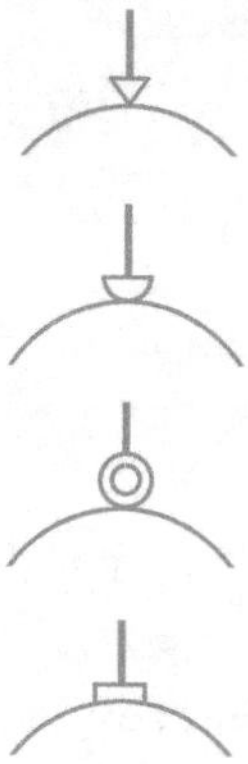		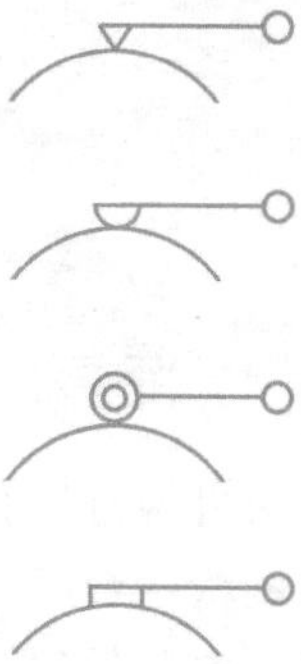
2	齿轮副	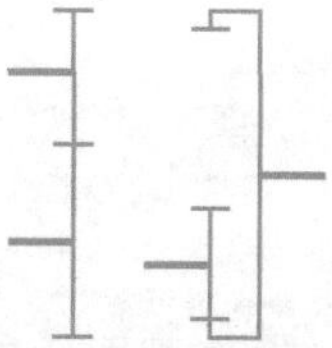	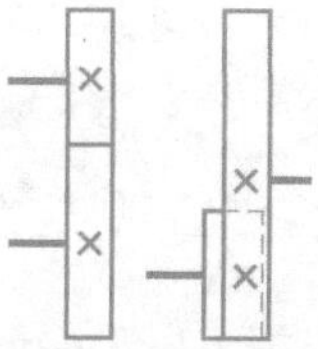	

构件及其组成部分连接的简图图形符号见表 2-3，多杆构件示例如图 2-5 所示。

表 2-3　构件及其组成部分连接的简图图形符号（摘自 GB/T 4460—2013）

序号	名称	基本符号	可用符号	附注
1	机架			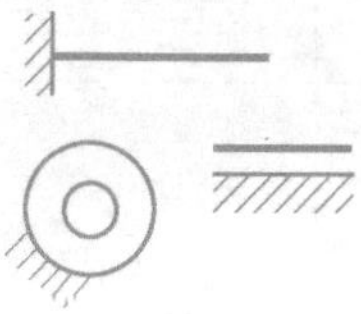
2	轴、杆			

（续）

序号	名称	基本符号	可用符号	附注
3	构件组成部分的永久连接			
4	组成部分与轴（杆）的固定连接			

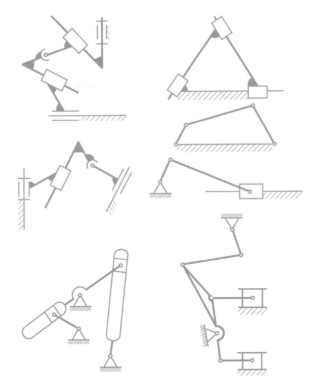

图 2-5　多杆构件示例（摘自 GB/T 4660—2013）

2.2.3　平面机构运动简图的绘制

绘制机构运动简图，首先应先了解清楚机构的构造和运动情况，再按下列步骤进行：

1）分析机构的组成，分清固定件（机架），确定主动件、从动件及数目。

2）由主动件开始，循着运动路线，依次分析构件间的相对运动形式，并确定运动副的类型和数目。

3）选择适当的视图投影面，确定机架、主动件及各运动副间的相对位置，以便清楚地表达各构件间的运动关系。通常选择与构件运动平行的平面作为投影面。

4）按适当的比例尺（mm/mm 或 m/mm），$\mu_1 = \dfrac{构件实际长度}{构件图示长度}$，用规定的符号和线条绘制机构的运动简图，并用箭头注明原动件及用数字标注构件号。

例 2-1　绘制图 2-1 所示单缸四冲程内燃机的机构运动简图。

解　1）分清固定件（机架），确定主动件、从动件及数目。

由图 2-1 可知，气缸体是机架，缸内活塞是主动件。曲柄、连杆、推杆（两个）、凸轮（两个）和齿轮（三个）是从动件。

2）确定运动副类型和数目。

由活塞开始，机构的运动路线见下面框图：

$$\boxed{活塞} \rightarrow \boxed{连杆} \rightarrow \boxed{曲柄-小齿轮} \rightarrow \boxed{大齿轮-凸轮} \rightarrow \boxed{滚子} \rightarrow \boxed{推杆}$$

图中，曲柄与小齿轮、大齿轮与凸轮均为两构件同轴。

活塞与机架构成移动副，活塞与连杆构成转动副，连杆与曲柄构成转动副，小齿轮与大齿轮（两个）构成高副，凸轮与滚子（两处）构成高副，滚子与推杆（两处）构成转动副，推杆与机架（两处）构成移动副。曲柄、大小齿轮、凸轮与机架（六处）分别构成转动副。

3）选择适当投影面，这里选择齿轮的旋转平面为正投影面，确定各运动副之间的相对位置。

4）选择恰当的比例尺，按照规定的线条和符号，绘制出该机构的运动简图，并注明原动件及标注构件号（见图 2-6）。

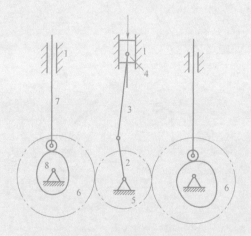

图 2-6　单缸四冲程内燃机机构运动简图

2.3　平面机构的自由度

2.3.1　构件的自由度

1. 自由度

两个构件以不同的方式相互连接，可以得到不同形式的相对运动。而没有用运动副连接的做平面运动的构件，其独立的平面运动有 3 个，即沿 x 轴方向和 y 轴方向的两个移动以及在 Oxy 平面上绕任意点的转动（见图 2-7），构件的这种独立运动称为自由度。做平面运动的自由构件具有 3 个独立的运动，即具有 3 个自由度。

2. 约束

当两个构件之间通过某种方式连接而形成运动副时，如图 2-8 所示，构件 2 与固定连接在坐标轴上的构件 1 在 A 点铰接，构件 2 沿 x 轴方向和沿 y 轴方向的独立运动受到限制。这种限制构件独立运动的作用称为约束。

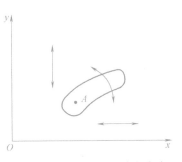

图 2-7 平面独立构件的自由度

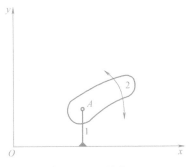

图 2-8 约束

对平面低副，由于两个构件之间只有一个相对运动，即相对移动或相对转动，说明平面低副构成受到 2 个约束，因此有低副连接的构件将失去 2 个自由度。

对平面高副，如凸轮副或齿轮副（见图 2-3b、c），构件 2 既可相对构件 1 绕接触点转动，又可沿接触点的切线方向移动，只是沿公法线方向的运动被限制。可见，组成高副时的约束为 1，即失去 1 个自由度。

2.3.2 平面机构自由度的计算

机构相对机架（固定构件）所具有的独立运动数目，称为机构的自由度。

在平面机构中，设机构的活动构件数为 n，在未组成运动副之前，这些活动构件共有 $3n$ 个自由度。用运动副连接后便引入了约束，并失去部分自由度。1 个低副因有 2 个约束而将失去 2 个自由度，1 个高副因有 1 个约束而将失去 1 个自由度。若机构中共有 P_L 个低副、P_H 个高副，则平面机构的自由度 F 的计算公式为

$$F = 3n - 2P_L - P_H \tag{2-1}$$

如图 2-6 所示的内燃机主运动机构（由机架 1、活塞 4、连杆 3 和曲柄 2 组成的曲柄滑块机构）中，其活动构件数 $n=3$，低副数 $P_L=4$，高副数 $P_H=0$，则该机构的自由度为

$$F = 3n - 2P_L - P_H = 3 \times 3 - 2 \times 4 - 0 = 1$$

2.3.3 机构具有确定运动的条件

机构能否实现预期的运动输出，取决于其运动是否具有可能性和确定性。

如图 2-9 所示的桁架，是由 3 个构件通过 3 个转动副连接而成的系统，就没有运动的可能性，因其自由度为 $F = 3n - 2P_L - P_H = 3 \times 2 - 2 \times 3 - 0 = 0$，故不能称其为机构。图 2-10 所示的

铰链五杆机构，若取构件 1 作为主动件，其自由度为 $F=3n-2P_\mathrm{L}-P_\mathrm{H}=3\times4-2\times5-0=2$。当构件 1 处于图示位置时，构件 2、3、4 则可能处于实线位置，也可能处于细双点画线位置。显然，从动件的运动是不确定的，故也不能称其为机构。如果给出 2 个主动件，即同时给定构件 1、4 的位置，则其余从动件的位置就可以唯一确定了（如图 2-10 中的实线），此时，该系统则可称为机构。图 2-11 所示的铰链四杆机构，其自由度为 $F=3n-2P_\mathrm{L}-P_\mathrm{H}=3\times3-2\times4-0=1$。当给定构件 1 的位置时，其他构件的位置也被相应确定，原动件数 = 机构自由度数，机构具有确定的运动。

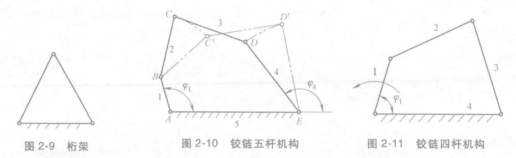

图 2-9 桁架   图 2-10 铰链五杆机构   图 2-11 铰链四杆机构

当主动件的位置确定以后，其余从动件的位置也随之确定，则称该机构具有确定的相对运动。那么究竟取一个还是几个构件作为主动件，这取决于机构的自由度。

机构的自由度就是机构具有的独立运动的数目。

因此，当机构的主动件数等于自由度数且大于零时，机构就具有确定的相对运动。若用 W 表示机构的原动件数目，则机构具有相对运动的条件可以表示为

$$F=W>0 \tag{2-2}$$

机构具有确定相对运动的条件是，机构的原动件数等于机构的自由度数且大于零。不满足这一条件，即原动件数小于机构的自由度数时，机构的运动是不确定的。通常在机构的设计中，这种情况不允许出现。

2.3.4 平面机构自由度计算需注意的问题

1. 复合铰链

2 个以上的构件共用同一条转动轴线所构成的转动副，称为复合铰链。

图 2-12 所示为 3 个构件在 A 点形成复合铰链。从左视图可见，这 3 个构件实际上构成了轴线重合的 2 个转动副，而不是 1 个转动副，故转动副的数目为 2 个。推而广之，对由 k 个构件在同一条轴线上形成的复合铰链，转动副的数目应为 $k-1$ 个，计算自由度时应注意这种情况。

2. 局部自由度

与机构整体运动无关的构件的独立运动，称为局部自由度。

在计算机构自由度时，局部自由度应略去不计。图 2-13a 所示的凸轮机构中，滚子 3 绕自身轴线的转动完全不影响从动件 2 的运动输出，因而滚子 3 转动的自由度属于局部自由度。在计算该机构的自由度时，应将滚子 3 与从动件 2 看成一个构件，如图 2-13b 所示。因此，该机构的自由度为

$$F=3n-2P_\mathrm{L}-P_\mathrm{H}=3\times2-2\times2-1=1$$

从图 2-13a 中看出，局部自由度虽不影响机构的运动关系，但可以变滑动摩擦为滚动摩擦，从而减轻了由于高副接触而引起的摩擦和磨损。因此，在机械中常见具有局部自由度的结构，如滚动轴承和滚轮等。

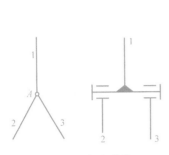

图 2-12　复合铰链

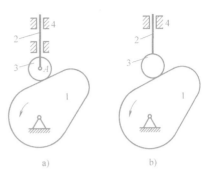

图 2-13　局部自由度

3. 虚约束

机构中不产生独立限制作用的约束，称为虚约束。

在计算自由度时，应先去除虚约束。虚约束常出现在下面几种情况中：

1）两构件在连接点上的运动轨迹重合，则该运动副引入的约束为虚约束。

图 2-14b 所示机构中，由于 EF 平行并等于 AB 及 CD，杆 5 上 E 点的轨迹与杆 3 上 E 点的轨迹完全重合，因此，由 EF 杆与杆 3 连接点上产生的约束为虚约束，计算时，应将其去除，如图 2-14a 所示。这样，该机构的自由度为 $F = 3n - 2P_L - P_H = 3 \times 3 - 2 \times 4 - 0 = 1$。但如果不满足上述几何条件，则 EF 杆带入的约束仍为有效约束，如图 2-14c 所示。此时机构的自由度为 $F = 3n - 2P_L - P_H = 3 \times 4 - 2 \times 6 - 0 = 0$。

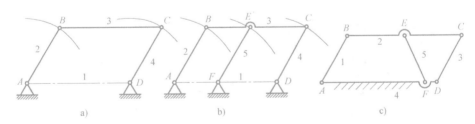

图 2-14　运动轨迹重合引入的虚约束

2）若两个构件组成多个轴线重合的转动副（见图 2-15a），或两个构件组成多个方向一致的移动副（见图 2-15b、c）时，则只需考虑其中一处的约束，其余的均为虚约束。

3）机构中对运动不起作用的对称部分引入的约束为虚约束。

图 2-16 所示的行星轮系，从传递运动而言，只需要 1 个齿轮 2 即可满足传动要求，装上 3 个相同的行星轮的目的在于使机构受力均匀，因此，其余 2 个行星轮引入的高副均为虚约束，应除去不计，故该机构的自由度 $F = 3n - 2P_L - P_H = 3 \times 3 - 2 \times 3 - 2 = 1$（$C$ 处为复合铰链）。

虚约束虽对机构运动不起约束作用，但能改善机构的受力情况，提高机构的刚性，因而在结构设计中被广泛采用。应该注意的是，虚约束对机构的几何条件要求较高，故对制造以及安装精度要求较高。当不能满足几何条件时，虚约束就会变成实约束而使机构不能运动。

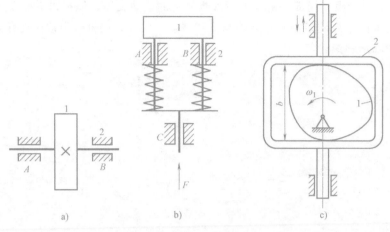

图 2-15　轴线重合的虚约束

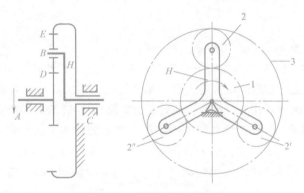

图 2-16　对称结构的虚约束

例 2-2　计算图 2-17a 所示筛料机构的自由度，判断该机构是否具有确定的相对运动。

解　1）检查机构中有无三种特殊情况。

由图 2-17a 可知，机构中滚子自转为局部自由度；顶杆 DF 与机架组成两导路重合的移动副 E'、E，故其中之一为虚约束；C 处为复合铰链。去除局部自由度和虚约束以后，应按图 2-17b 计算自由度。

2）计算机构自由度。

机构中的可动构件数为 $n=7$，$P_L=9$，$P_H=1$，故该机构的自由度为

$$F=3n-2P_L-P_H=3\times7-2\times9-1=2$$

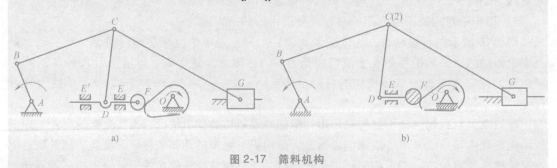

图 2-17　筛料机构

3）判断机构是否具有确定的相对运动。

$$F = W = 2 > 0$$

机构的原动件数和机构的自由度数都等于 2，因此该机构具有确定的相对运动。

习　题

2-1　吊扇的扇叶与吊架、书桌的桌身与抽斗、机车直线运动时的车轮与路轨各组成哪一类运动副？请分别画出。

2-2　绘制图 2-18 所示各机构的运动简图。

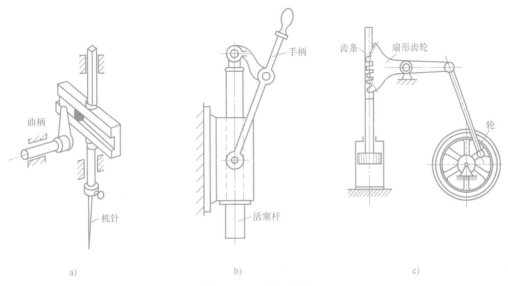

a)　　　　　　　　　　b)　　　　　　　　　　c)

图 2-18　习题 2-2 图

2-3　指出图 2-19 所示各机构中的复合铰链、局部自由度和虚约束，计算各机构的自由

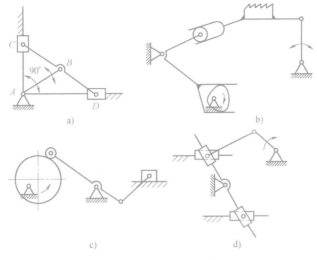

c)　　　　　　　　　　d)

图 2-19　习题 2-3 图

度，并判定它们是否有确定的运动（标有箭头的构件为原动件）。

2-4 图 2-20 所示的各机构在组成上是否合理？如不合理，请针对错误提出修改方案。

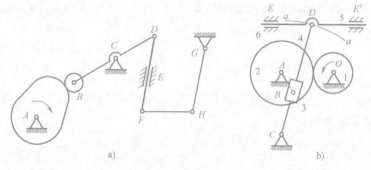

a)   b)

图 2-20 习题 2-4 图

第 3 章

平面连杆机构

平面连杆机构是由若干个构件通过低副连接而成的机构，又称平面低副机构。由 4 个构件通过低副连接而成的平面连杆机构，则称为平面四杆机构。平面连杆机构广泛应用于各种机械和仪表中，其主要优点有：①平面连杆机构中的运动副都是低副，组成运动副的两个构件之间为面接触，因而承受的压强小，便于润滑，磨损较轻，可以承受较大的载荷；②构件形状简单，加工方便；③构件之间的接触由构件本身的几何约束保持，所以构件工作可靠；④在原动件等速连续运动的条件下，当各构件的相对长度不同时，可使从动件实现多种形式的运动，满足多种运动规律的要求；⑤利用平面连杆机构中的连杆可满足多种运动轨迹的要求。

平面连杆机构的主要缺点有：①根据从动件所需要的运动规律或轨迹来设计连杆机构比较复杂；②连杆机构运动时产生的惯性力难以平衡，因此不适用于高速运动的场合。

3.1 平面四杆机构的基本形式及演化

平面四杆机构是平面连杆机构中最常见的形式，也是组成多杆机构的基础。如果所有低副均为转动副，且构件数为 4，那么这种四杆机构就称为铰链四杆机构。它是平面四杆机构最基本的形式，其他形式的四杆机构都可看作是在它的基础上演化而成的。

3.1.1 平面四杆机构的基本形式

图 3-1 所示的铰链四杆机构中，固定件 4 称为机架，与机架用回转副连接的杆 1 和杆 3 称为连架杆，不与机架直接连接的杆 2 称为连杆。能做整周转动的连架杆，称为曲柄。仅能在某一角度范围内摆动的连架杆，称为摇杆。

对于铰链四杆机构来说，机架和连杆总是存在的，因此可按照连架杆是曲柄还是摇杆，将铰链四杆机构分为三种基本形式：曲柄摇杆机构、双曲柄机构和双摇杆机构。

1. 曲柄摇杆机构

两个连架杆中，一个为曲柄，另一个为摇杆的铰链四杆机构，称为曲柄摇杆机构。曲柄摇杆机构的特点是：它能将曲柄的整周回转运动变换成摇杆的往复摆动，相反它也能将摇杆的往复摆动变换成曲柄的连续回转运动。图 3-2 所示的搅拌机和缝纫机脚踏机构均为曲柄摇杆机构。

2. 双曲柄机构

两个连架杆均为曲柄的四杆机构，称为双曲柄机构。双曲柄机构中，通常主动曲柄做匀速圆周运动，从

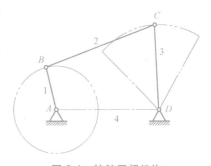

图 3-1 铰链四杆机构

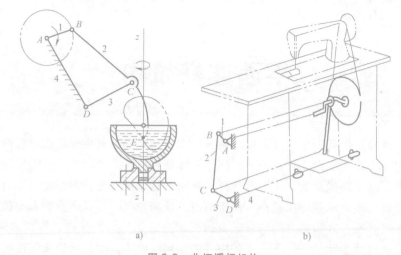

图 3-2 曲柄摇杆机构

a）搅拌机 b）缝纫机脚踏机构

动曲柄做同向变速运动。图 3-3 所示为惯性筛双曲柄机构，主动曲柄 *AB* 等速回转一周时，曲柄 *CD* 变速回转一周，使筛子 *EF* 获得加速度，从而将被筛选的材料分离。双曲柄机构的特点之一就是能将等角速度转动变为周期性变角速度转动。

　　图 3-4 所示的双曲柄机构中，两个曲柄长度相等，连杆与机架的长度也相等，称为平行双曲柄机构（也称平行四边形机构）。图 3-4a 为正平行双曲柄机构，其特点是两曲柄转向相同、转速相等，且连杆做平动，因而应用广泛。图 3-4b 为逆平行双曲柄机构，两个曲柄具有反向、不等速的特点。火车驱动轮联动机构利用了同向、等速的特点，如图 3-5a 所示。路灯检

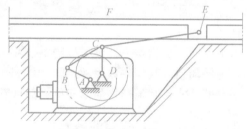

图 3-3 惯性筛双曲柄机构

修车的载人升斗利用了平动的特点，如图 3-5b 所示。车门启闭机构利用了两个曲柄反向转动的特点，如图 3-5c 所示。

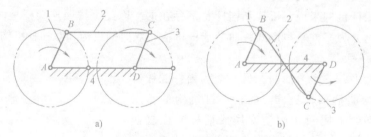

图 3-4 平行双曲柄机构

a）正平行双曲柄机构 b）逆平行双曲柄机构

3. 双摇杆机构

　　若四杆机构的两连架杆均为摇杆，则此四杆机构称为双摇杆机构。双摇杆机构在实际中的应用主要是通过适当的设计，将主动摇杆的摆角放大或缩小，使从动摇杆得到所需的摆

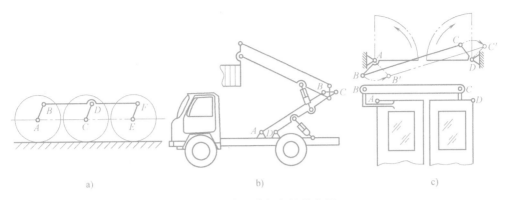

图 3-5　平行双曲柄机构的应用

a）火车驱动轮联动机构　b）路灯检修车载人升斗　c）车门启闭机构

角，或者利用连杆上某点的运动轨迹实现所需的运动。图 3-6 所示的起重机和电风扇的摇头机构，均为双摇杆机构。在图 3-6a 所示的起重机中，CD 杆摆动时，连杆 CB 上悬挂重物的点 M 在近似水平直线上移动。图 3-6b 所示的电风扇摇头机构中，电动机安装在摇杆 4 上，铰链 A 处装有一个与连杆 1 固接在一起的蜗轮。电动机转动时，电动机轴上的蜗杆带动蜗轮迫使连杆 1 绕 A 点做整周转动，从而使连架杆 2 和摇杆 4 做往复摆动，达到使风扇摇头的目的。

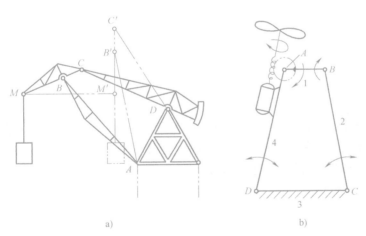

图 3-6　双摇杆机构

a）起重机　b）电风扇的摇头机构

3.1.2　平面四杆机构的演化

一般生产中广泛应用各种平面四杆机构，可通过以下四种方法得到：①以移动副代替转动副；②改变构件尺寸；③改变运动副尺寸；④变更机架。这些机构虽然具有不同的外形和构造，但都具有相同的运动特性，或一定的内在联系，并且都可看作是从铰链四杆机构演化而来的。

如以一个移动副代替铰链四杆机构中的一个转动副，便可得到滑块四杆机构，如图 3-7a所示。如以两个移动副代替铰链四杆机构中的两个转动副，便可得到三种不同形式的四杆机构，如图 3-7b 所示的曲柄移动导杆机构（正弦机构）及缝纫机刺布机构、图 3-7c 所示的双转块机构及十字沟槽联轴节和图 3-7d 所示的双滑块机构及椭圆仪。

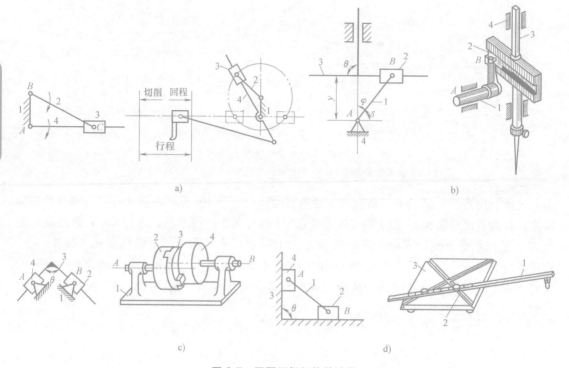

图 3-7 平面四杆机构的演化

a）滑块四杆机构　b）曲柄移动导杆机构（正弦机构）及缝纫机刺布机构
c）双转块机构及十字沟槽联轴节　d）双滑块机构及椭圆仪

滑块四杆机构是铰链四杆机构的一种常见演化机构，是含有一个移动副的四杆机构。根据机架的选择不同，其基本形式分为曲柄滑块机构（见图 3-8a）、导杆机构（见图 3-8b）、摇块机构（见图 3-8c）和定块机构（见图 3-8d）。

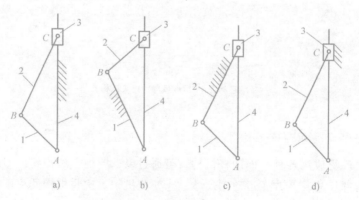

图 3-8 滑块四杆机构

a）曲柄滑块机构　b）导杆机构　c）摇块机构　d）定块机构

1. 曲柄滑块机构

图 3-9a 所示的曲柄摇杆机构中，当摇杆 DC 长度无限增加时，C 点的运动轨迹便由弧线变成了直线（见图 3-9b），摇杆 DC 便成了滑块，原来的转动副变成了移动副，曲柄摇杆机构便变成了曲柄滑块机构。图 3-9c 所示机构称为对心曲柄滑块机构。图 3-9d 所示机构有偏心距 e，则称为偏置曲柄滑块机构。

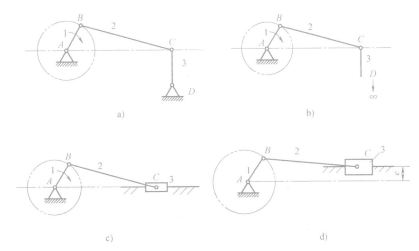

图 3-9　曲柄滑块机构的演化

2. 导杆机构

图 3-8a 所示的曲柄滑块机构中，若改取构件 AB 为机架，则机构演化为图 3-8b 所示的导杆机构。构件 AC 称为导杆。若杆长 $L_1 < L_2$，杆 2 整周回转时，杆 4 也做整周回转，这种导杆机构称为转动导杆机构；若杆长 $L_1 > L_2$，杆 2 整周回转时，杆 4 只能绕点 A 做往复摆动，这种导杆机构称为摆动导杆机构。

导杆机构具有很好的传力性能，在插床、刨床等要求传递重载的场合得到应用。在工程上，常用作回转式液压泵、牛头刨床和插床等工作机构。图 3-10 为小型插床和牛头刨床的摆动导杆机构。

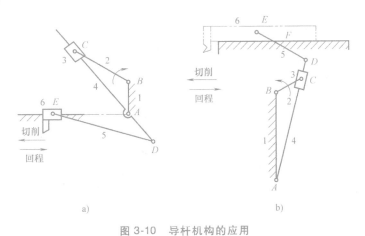

图 3-10　导杆机构的应用

a）小型插床摆动导杆机构　b）牛头刨床摆动导杆机构

3. 摇块机构

图 3-8a 所示的曲柄滑块机构中，若将与滑块铰接的构件固定成机架，使滑块只能摇摆不能移动，就成为摇块机构，如图 3-8c 所示，或称摆动滑块机构。这种机构广泛应用于摆动式内燃机和液压驱动装置内。图 3-11 所示为自卸货车翻斗机构及其运动简图，在该机构中，因为液压缸 3 绕铰链 C 摆动，故称为摇块。

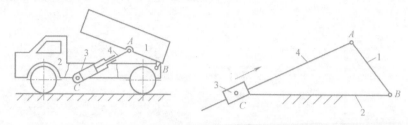

图 3-11 自卸货车翻斗机构及其运动简图

4. 定块机构

图 3-8a 所示的曲柄滑块机构中，若取构件 3 为固定件，即可得如图 3-8d 所示的固定滑块机构或称定块机构。这种机构常用于如图 3-12 所示的抽水唧筒等机构中，用手上下扳动主动件 1，使作为导路的活塞及活塞杆 4 沿唧筒中心线往复移动，实现唧水或唧油。铰链四杆机构及其演化的主要形式对比见表 3-1。

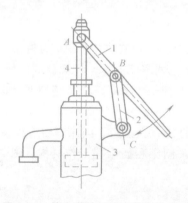

图 3-12 抽水唧筒机构及其运动简图

表 3-1 铰链四杆机构及其演化的主要形式对比

固定构件号	铰链四杆机构		含一个移动副的四杆机构($e=0$)	
4	曲柄摇杆机构		曲柄滑块机构	
1	双曲柄机构		转动导杆机构	

（续）

固定构件号	铰链四杆机构		含一个移动副的四杆机构（$e=0$）	
2	曲柄摇杆机构	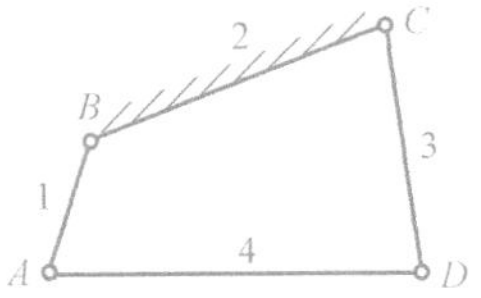	摇块机构	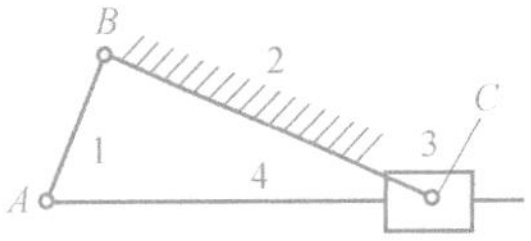
			摆动导杆机构	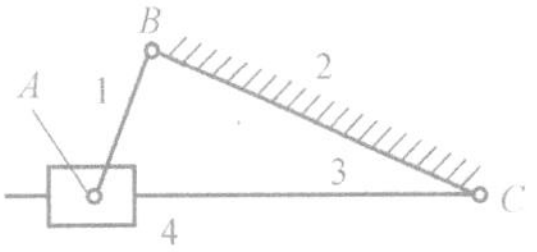
3	双摇杆机构	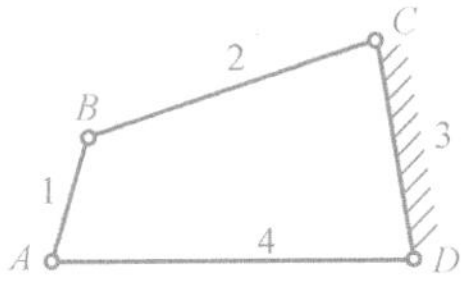	定块机构	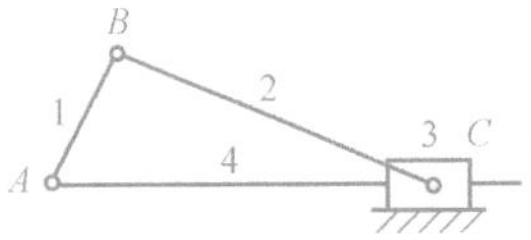

3.2　铰链四杆机构存在曲柄的条件及基本特性

3.2.1　铰链四杆机构存在曲柄的条件

在实际生活中，一般设备由电动机或其他连续转动的动力设备来驱动，这就要求机器中的原动件能够做整周回转运动。但在铰链四杆机构中，连架杆只有是曲柄时才能满足整周回转，下面讨论铰链四杆机构存在曲柄时应该满足哪些条件。

1. 整转副存在的条件

两个构件能相对转动360°的转动副称为整转副。显然，有整转副的铰链四杆机构才有可能存在曲柄。整转副存在的条件为：①最短杆与最长杆长度之和小于或等于另外两杆的长度之和（即杆长条件）；②最短杆两端的转动副为整转副（即位置条件）。

2. 曲柄存在的条件

曲柄是能与机架做360°整周转动的连架杆，由整转副的存在条件可知，铰链四杆机构存在曲柄的条件为：①最短杆与最长杆长度之和小于或等于另外两杆的长度之和；②连架杆和机架中必有一杆为最短杆。

3. 铰链四杆机构基本类型的判别方法

铰链四杆机构根据曲柄数目的不同有三种类型，显然，三种类型的区别是有无曲柄及曲柄的多少。铰链四杆机构基本类型的判别方法归纳如下。

1）当最短杆与最长杆长度之和小于或等于其余两杆长度之和（$L_{max}+L_{min} \leqslant L'+L''$）时：

① 若最短杆的相邻杆为机架，则为曲柄摇杆机构。

② 若最短杆为机架，则为双曲柄机构。

③ 若最短杆的对边杆为机架，则为双摇杆机构。

2）当最短杆与最长杆长度之和大于其余两杆长度之和（$L_{max}+L_{min}>L'+L''$）时，无论取任何杆作为机架，机构均为双摇杆机构。

3.2.2 平面四杆机构的传力特性

在实际使用过程中，不仅要求机构能实现预定的机构运动，而且还要求传动过程省力、轻便、高效，因此，需要对机构的传力特性进行分析。

如图 3-13 所示，当曲柄摇杆机构中的曲柄 AB 为原动件时，忽略构件的重力和摩擦力影响，通过连杆 BC 作用于从动件 CD 上的力 F 沿 BC 方向，此力的方向与力的作用点 C 的速度 v_c 方向之间的夹角称为压力角，用 α 表示。将 F 分解为沿 v_c 方向的切向力 F_t 和垂直于 v_c 的法向力 F_n，其中 $F_t(=F\cos\alpha)$ 为驱使从动件运动并做功的有效分力，而 $F_n(=F\sin\alpha)$ 不做功，仅增加转动副 D 中的径向压力。

因此，在 F 大小一定的情况下，分力 F_t 越大，即 α 越小，对机构工作越有利。压力角的余角称为传动角 γ。γ 越大，对机构工作越有利。由于传动角易于观察和测量，因此工程上常以传动角 γ 来衡量机构的传动性能。为了使传动角不致过小，常要求其最小值 γ_{min} 大于许用传动角 $[\gamma]$。$[\gamma]$ 一般取 40°或 50°。

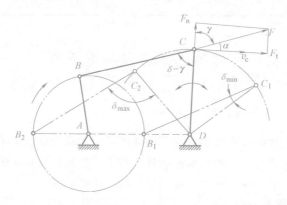

图 3-13　曲柄摇杆机构的压力角和传动角

对于曲柄滑块机构，当主动件为曲柄时，最小传动角出现在曲柄与机架垂直的位置，如图 3-14a 所示。对于图 3-14b 所示的导杆机构，由于在任何位置时主动曲柄通过滑块传给从动件的力的方向，与从动件上受力点的速度方向始终一致，故传动角始终等于 90°。

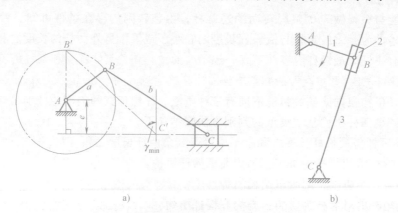

a)　　　　　　　　　　　　　　b)

图 3-14　滑块四杆机构的压力角和传动角

3.2.3　平面四杆机构的运动特性

1. 平面四杆机构的极位

在曲柄摇杆机构、曲柄滑块机构以及摆动导杆机构中，曲柄是原动件，从动件做往复摆动或移动，存在左、右两个极限位置，这两个极限位置简称极位。极位时，曲柄之间的夹角 θ 称为极位夹角。两个极位间的夹角 ψ 称为最大摆角，如图 3-15 所示。

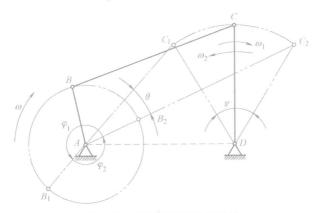

图 3-15　平面四杆机构的极位

2. 急回特性

在图 3-15 中，当曲柄摇杆机构中的主动件曲柄 AB 与连杆 BC 两次共线时，从动件摇杆分别处于 C_1D 及 C_2D 两个极限位置。当曲柄按等角速度 ω 由 AB_1 转过 $\varphi_1 = 180°+\theta$ 至极限位置 AB_2，摇杆则由极限位置 C_1D 转过 ψ 角至极限位置 C_2D；当曲柄再由 AB_2 按等角速度 ω 转过 $\varphi_2 = 180°-\theta$（由于 $\varphi_2 < \varphi_1$，因此来回摆动时间 $t_2 < t_1$）至 AB_1 位置时，摇杆则由极限位置 C_2D 摆过 ψ 角回到极限位置 C_1D。摇杆来回摆动的角度均为最大摆角 ψ，来回摆动时间 $t_2 < t_1$，因此平均速度 $\omega_2 > \omega_1$，回摆时的速度较大，产生急回运动。机构中空回行程速度大于工作行程速度的特性称为急回特性。

行程速比系数 K 为从动件回程度平均角速度和工作行程平均角速度之比，机构具有急回特性，必有 $K>1$，则极位夹角 $\theta \neq 0°$。极位夹角的定义是指当机构的从动件分别位于两个极限位置时，主动件曲柄的两个相应位置之间所夹的锐角。极位夹角 θ 和 K 之间的关系为

$$K = \frac{180°+\theta}{180°-\theta} \tag{3-1}$$

$$\theta = 180° \frac{K-1}{K+1} \tag{3-2}$$

当然，并不是所有平面四杆机构都具有急回特性。图 3-16 所示为偏置曲柄滑块机构，偏心距为 e。当 $e = 0$ 时，$\theta = 0°$，则 $K=1$，无急回特性；当 $e \neq 0$ 时，$\theta \neq 0°$，则 $K \neq 1$，机构有急回特性。图 3-14 所示为导杆机构，其极位夹角等于导杆最大摆角，也有急回特性。

四杆机构的急回特性可以节省空间、时间，提高生产率，如牛头刨床中退刀速度明显高于工作速度，

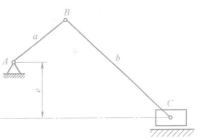

图 3-16　偏置曲柄滑块机构

就是利用了摆动导杆机构的急回特性。

3. 死点

摇杆为主动件的曲柄摇杆机构，当曲柄与连杆两次共线时，机构两个位置的传动角均为 $0°$，如图 3-17 所示。在忽略连杆质量的情况下，连杆是二力杆，因此连杆对曲柄的作用力通过曲柄铰链中心 A，给曲柄的驱动力矩为 0，机构就会出现卡死或运动不确定的现象。这种机构的压力角 $\alpha = 90°$、传动角 $\gamma = 0°$，出现卡死或运动不确定的位置点称为死点。

对于传动机构而言，死点不利于机构传动，会导致机构处于卡死或运动不确定状态。因此，可采用两组机构错开排列，如多缸内燃机、缝纫机等靠飞轮的惯性，以避免此种情况。

在工程实践中，常采用死点实现特定功能。如图 3-18 所示为利用死点夹紧工件的夹具，当卸去夹紧驱动力 P 后，由于 B、C、D 三点共线，工件对压头（杆 1）的反作用力 F_N 不能使杆 1 转动，因而工件不会松。图 3-19 所示的飞机起落架是利用死点工作的又一个典型实例。

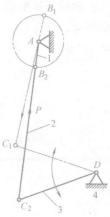

图 3-17 死点

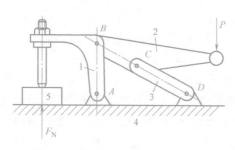

图 3-18 利用死点夹紧工件的夹具

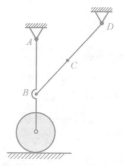

图 3-19 飞机起落架

3.3 平面四杆机构的设计

平面四杆机构的设计是指根据已知条件来确定机构各构件的尺寸，一般可归纳为如下两类基本问题。

1）实现给定的运动规律。例如要求满足给定的行程速度变化系数，以实现预期的急回特性，实现连杆的几组给定位置等。

2）实现给定的运动轨迹。例如要求连杆上某点能沿着给定轨迹运动等。

在进行四杆机构设计时，往往还需要满足一些附加的几何条件或动力条件。通常先按运动条件来设计四杆机构，然后再检验其他条件，如检验最小传动角、是否满足曲柄存在的条件、机构的运动空间尺寸等。

平面四杆机构的设计方法有图解法、解析法和试验法三种。图解法直观、清晰，一般比较简单易行，但精确程度稍差；试验法也有类似之处，而且工作也比较烦琐；解析法精确程度较好，但计算求解较复杂。设计时到底选用哪种方法，应根据实际条件而定。

3.3.1　图解法设计平面四杆机构

1. 按给定连杆上若干位置设计四杆机构

已知连杆 BC 的长度和依次占据的三个位置 B_1C_1、B_2C_2、B_3C_3，如图 3-20 所示。要求确定满足上述条件的铰链四杆机构的其他各杆件的长度和位置。

由于连杆上 B、C 两点分别与曲柄和摇杆的 B、C 两点重合，且做圆周运动，B 点的运动轨迹是由 B_1、B_2、B_3 三点所确定的圆弧，C 点的运动轨迹是由 C_1、C_2、C_3 三点所确定的圆弧，分别找出这两段圆弧的圆心 A 和 D，也就完成了本四杆机构的设计。具体作法如下：

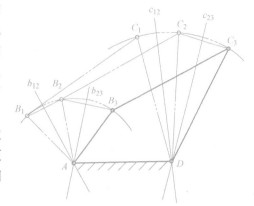

1）确定比例尺，画出给定连杆的三个位置。实际机构往往要通过缩小或放大比例后才便于作图设计，应根据实际情况选择适当的比例尺 μ_1。

2）连接 B_1B_2、B_2B_3，分别作直线段 B_1B_2 和 B_2B_3 的垂直平分线 b_{12} 和 b_{23}（图 3-20 中细实

图 3-20　按给定连杆位置设计四杆机构

线），此两条垂直平分线的交点 A 即为所求 B_1、B_2、B_3 三点所确定的圆弧圆心。

3）连接 C_1C_2、C_2C_3，分别作直线段 C_1C_2 和 C_2C_3 的垂直平分线 c_{12}、c_{23}（图 3-20 中细实线）交于点 D，该点即为所求 C_1、C_2、C_3 三点所确定的圆弧圆心。

4）以 A 点和 D 点作为连架杆铰链中心，分别连接 AB_3、B_3C_3、C_3D（图 3-20 中粗实线）即得所求四杆机构。从图 3-20 中量得各杆的长度再乘以比例尺，就得到实际结构的长度尺寸。

如果给定连杆两预定位置 B_1C_1 和 B_2C_2，由于铰链 A、D 分别为连杆上铰链 B、C 的回转中心，故可将铰链 A、D 分别选在 B_1B_2，C_1C_2 的垂直平分线上任意位置都能满足设计要求，有无穷多组解。

2. 按给定两连架杆的对应位置设计四杆机构

已知连架杆 AB 和机架 AD 的长度，两个连架杆的三组对应位置 AB_1、AB_2、AB_3 和 DE_1、DE_2、DE_3 如图 3-21 所示，要求设计该铰链四杆机构。

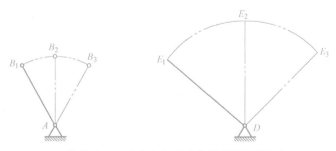

图 3-21　按给定两个连架杆的对应位置设计四杆机构（一）

用转换机构法，即改取连架杆 CD 作为机架，原先的机架 AD 作为连架杆，则 B 点总是

绕转换机构中的固定铰链点 C 转动。然后采用反转法就可以求出四杆机构。

具体步骤如下：

1）以连架杆 DE 的第一个位置 DE_1 作为反转的基准位置。作 $\triangle DE_1B_2' \cong \triangle DE_2B_2$，得到 B_2 点在机构转化过程中的新位置 B_2'，如图 3-22 所示。

2）继续以连架杆 DE 的第一位置 DE_1 作为反转的基准位置，作 $\triangle DE_1B_3' \cong \triangle DE_3B_3$，得到 B_3 点在机构转化过程中的新位置 B_3'，如图 3-23 所示。

3）如图 3-24 所示，找过 B_1、B_2' 和 B_3' 三点圆弧的圆心，即分别作 B_1B_2' 和 $B_2'B_3'$ 的中垂线，两直线的交点就是所求的圆心 C_1 点，也就是连杆 BC 与连架杆 CD 铰链点 C 的第一个位置。AB_1C_1D 就是所要求的铰链四杆机构第一位置时的机构图。

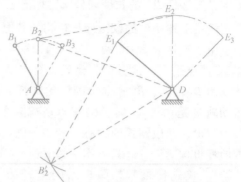

图 3-22　按给定两个连架杆的对应位置设计四杆机构（二）

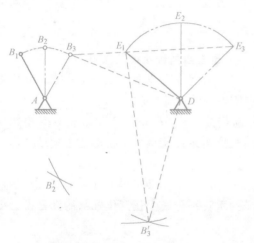

图 3-23　按给定两个连架杆的对应位置设计四杆机构（三）

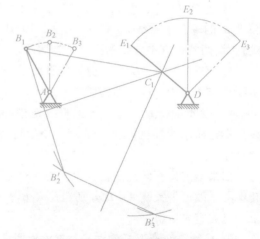

图 3-24　按给定两个连架杆的对应位置设计四杆机构（四）

3. 按给定行程速度变化系数 K 设计四杆机构

已知行程速比系数 K、摇杆长度 l_{CD}、最大摆角 ψ，用图解法设计曲柄摇杆机构，设计过程如图 3-25 所示，具体步骤如下：

1）由行程速比系数 K 计算极位夹角 θ。由式（3-2）知

$$\theta = 180° \frac{K-1}{K+1}$$

2）选择合适的比例尺，作图求摇杆的极限位置。取摇杆长度 l_{CD} 除以比例尺 μ_l 得图 3-25 中摇杆长 CD，以 CD 为半径、以定点 D 为圆心、以定点 C_1 为起点作弧 C，使弧 C 所对应的圆心角等于或大于最大摆角 ψ，连接 D 点和 C_1 点，得到的线段 C_1D 为摇杆的一个极限位置，过 D 点作与 C_1D 夹角等于最大摆角 ψ_1 的射线交圆弧于 C_2 点，得摇杆的另一个极

限位置 C_2D。

3）求曲柄铰链中心。过 C_1 点在 D 点同侧作 C_1C_2 的垂线 H，过 C_2 点作与 D 点同侧、与直线段 C_1C_2 夹角为 $(90°-\theta)$ 的直线 J 交直线 H 于 P 点，连接 C_2P，在直线段 C_2P 上截取 $C_2P/2$ 得 O 点，以 O 点为圆心、OP 为半径，画圆 K，在 C_1C_2 弧段以外的 K 上任取一点 A 为铰链中心。

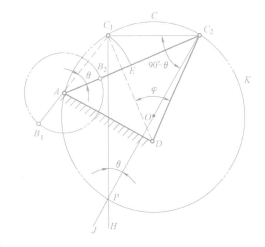

4）求曲柄和连杆的铰链中心。连接 A、C_2 点，得到的直线段 AC_2 为曲柄与连杆长度之和，以 A 点为圆心、AC_1 为半径作弧交 AC_2 于 E 点，可以证明曲柄长度 $AB=C_2E/2$，于是以 A 点为圆心、$C_2E/2$ 为半径画弧交 AC_2 于 B_2 点，B_2 点为曲柄与连杆的铰接中心。

5）计算各杆的实际长度。分别量取图 3-25 中 AB_2、AD、B_2C_2 的长度，计算得：曲柄长 $l_{AB}=\mu_1AB_2$，连杆长 $l_{BC}=\mu_1B_2C_2$，机架长 $l_{AD}=\mu_1AD$。

图 3-25　按给定行程速度变化系数设计四杆机构

3.3.2　试验法设计平面四杆机构

平面四杆机构运动时，连杆做平面运动，其上任一点都能描绘出一条封闭曲线，这种曲线称为连杆曲线。连杆曲线的形状随点在连杆上的位置和各构件相对长度的不同而不同。为方便设计使用，工程上已将不同杆长通过试验法获得的连杆上不同点的轨迹汇总，称为图谱册。

日常设计过程中，常借用已汇编成册的《四连杆机构分析图谱》，根据预定运动轨迹从图谱中选择形状相近的曲线，同时查得机构各杆尺寸及描述点在连杆平面上的位置，再用缩放仪求出图谱曲线与所需轨迹曲线的缩放倍数，即可求得四杆机构的结构及运动尺寸。图 3-26 所示为连杆曲线图谱。

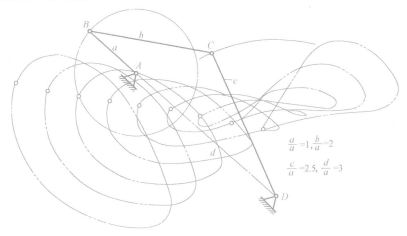

$\dfrac{a}{a}=1,\dfrac{b}{a}=2$

$\dfrac{c}{a}=2.5,\dfrac{d}{a}=3$

图 3-26　连杆曲线图谱

习　　题

3-1　铰链四杆机构按运动形式可分为哪三种类型？各有什么特点？试举出它们的应用实例。

3-2　铰链四杆机构中曲柄存在的条件是什么？

3-3　机构的急回特性有何作用？判断四杆机构有无急回特性的根据是什么？

3-4　试根据图 3-27 中标注尺寸判断所列铰链四杆机构是曲柄摇杆机构、双曲柄机构，还是双摇杆机构。

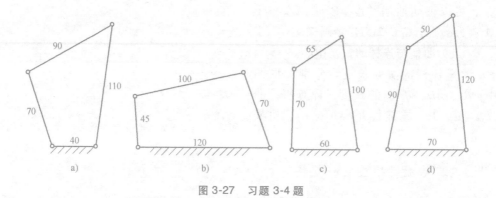

图 3-27　习题 3-4 题

3-5　试设计一个用于启闭炉门的铰链四杆机构，水平位置为炉门开启时的位置。要求铰链中心 *A*、*D* 安装在 *y-y* 轴线上，炉门有关尺寸如图 3-28 所示。

3-6　试用图解法设计一个脚踏轧棉机的曲柄摆杆机构，并说明该机构的死点位置。如图 3-29 所示，要求踏板 *CD* 在水平位置上、下各摆 $10°$，且 $L_{CD} = 50\text{mm}$，$L_{AB} = 1000\text{mm}$。

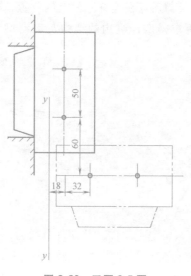

图 3-28　习题 3-5 题

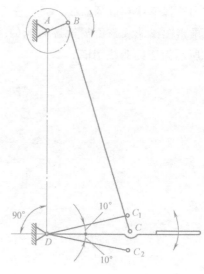

图 3-29　习题 3-6 题

第 4 章

凸 轮 机 构

　　凸轮是一种具有曲线轮廓或凹槽的构件，通过与从动件的高副接触，可以使从动件获得连续或不连续的任意预期运动，并能够严格按照预定运动规律运动。本章仅讨论凸轮与从动件做平面运动的凸轮机构（称为平面凸轮机构），重点研究尖顶、滚子从动件盘形凸轮机构的设计计算等问题。

4.1　凸轮机构的应用和特点

　　凸轮机构是由凸轮、从动件和机架三个基本构件组成的高副机构，结构简单，只要设计出适当的凸轮轮廓曲线，就可以使从动件实现任何预期的运动规律，因此在自动机床、纺织机械、印刷机械、食品机械、包装机械和机电一体化产品中得到广泛应用。另一方面，凸轮与从动件间为点接触或线接触，易磨损，只宜用于传力不大的场合；凸轮轮廓精度要求较高，需用数控机床进行加工；从动件的行程不能过大，否则会使凸轮变得笨重。

　　图 4-1 所示为内燃机配气机构，盘形凸轮做等速转动，通过其向径的变化可使从动杆按预期规律做上、下往复移动，从而达到控制气阀启闭的目的。图 4-2 所示为靠模车削机构，工件回转，凸轮作为靠模被固定在床身上，机架在弹簧的作用下与凸轮轮廓紧密接触。当拖板纵向移动时，机架在靠模（凸轮）曲线轮廓的推动下做横向移动，从而切削出与靠模曲线一致的工件。

　　图 4-3 所示为自动机床中的横向进给机构，当凸轮等速回转一周时，凸轮的曲线轮廓推

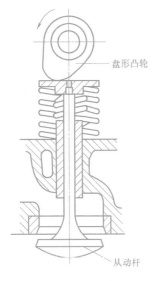

图 4-1　内燃机配气机构

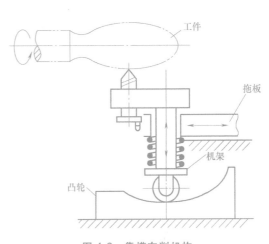

图 4-2　靠模车削机构

动从动件带动刀架完成以下动作：车刀快速接近工件，等速进刀切削，切削结束后刀具快速退回，停留一段时间再进行下一个运动循环。

图 4-4 所示为糖果包装剪切机构，它采用了凸轮-连杆机构，槽凸轮 1 绕定轴 B 转动，摇杆 2 与机架铰接于 A 点。构件 5 和 6 与构件 2 组成转动副 D 和 C，与构件 3 和 4（剪刀）组成转动副 E 和 F。构件 3 和 4 绕定轴 K 转动。凸轮 1 转动时，通过构件 2、5 和 6，使剪刀打开或关闭。

图 4-5 所示为机械手及进出糖机构。送糖盘从输送带上取得糖块，并与钳糖机械手反向同步放置到进料工位 I，经顶糖、折边后，产品被机械手送至工位 II 后落下。机械手开闭由机械手开合凸轮控制，该凸轮的轮廓线由两个半径不同的圆弧组成，机械手的夹紧主要靠弹簧力。

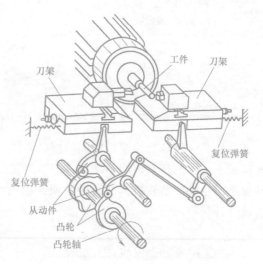

图 4-3　自动机床中的横向进给机构

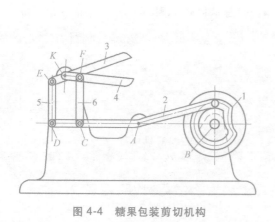

图 4-4　糖果包装剪切机构

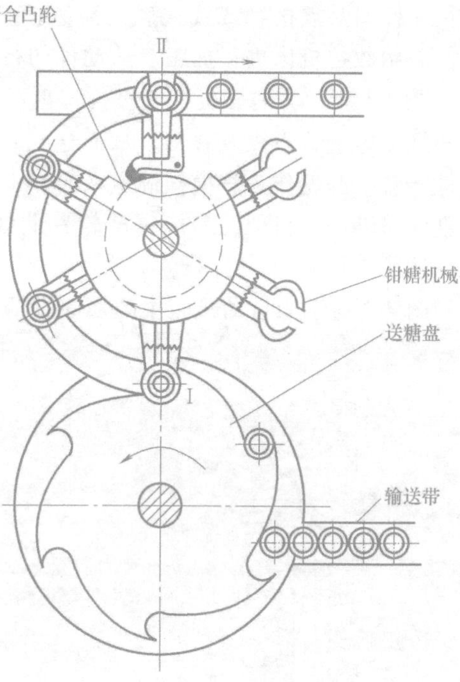

图 4-5　机械手及进出糖机构

4.2　凸轮机构的分类

凸轮机构的种类很多，可从以下几个不同的角度进行分类，见表 4-1。

表4-1　凸轮机构的分类

盘形凸轮机构			圆柱凸轮机构	移动凸轮机构	锁合方式
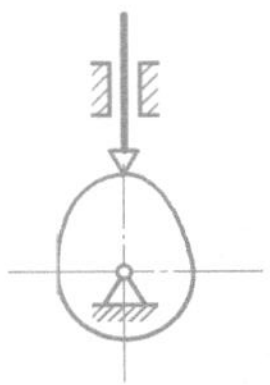 尖顶对心直动从动件	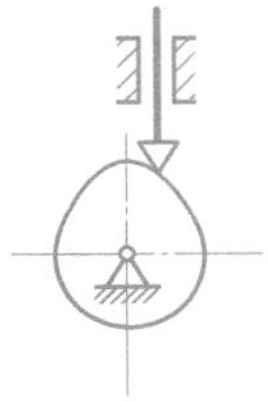 尖顶偏置直动从动件	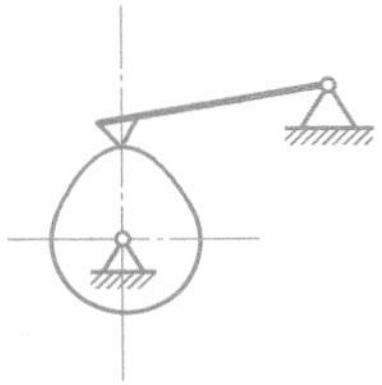 尖顶摆动从动件	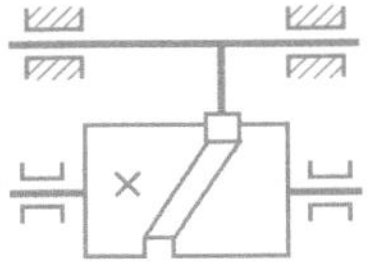 移动从动件	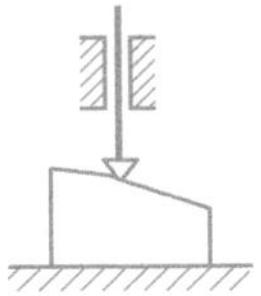 尖顶移动从动件	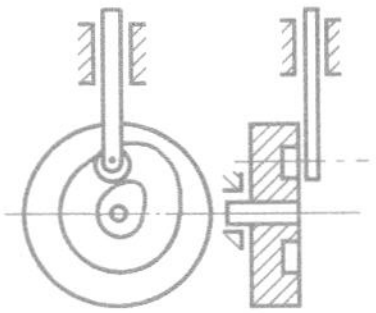 形锁合
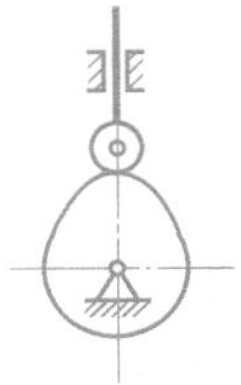 滚子对心直动从动件	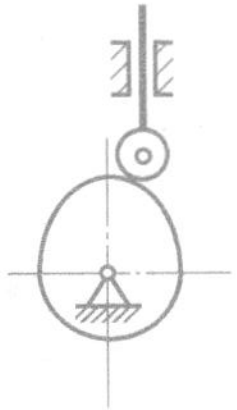 滚子偏置直动从动件	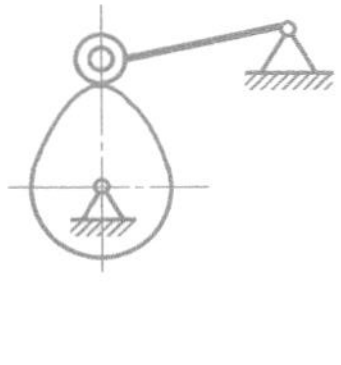 滚子摆动从动件	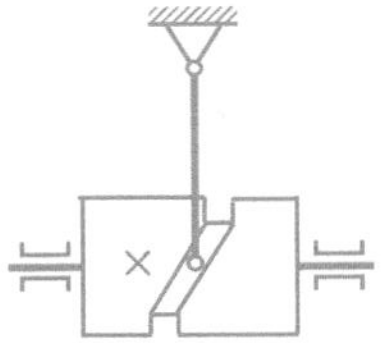 摆动从动件	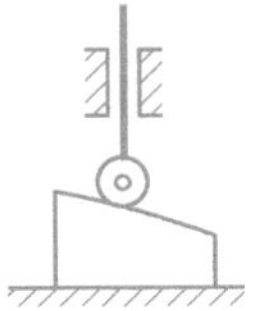 滚子直动从动件	力锁合
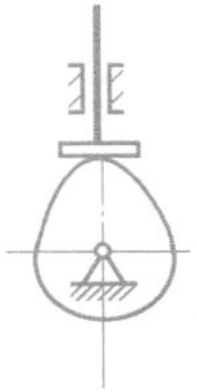 平底对心直动从动件	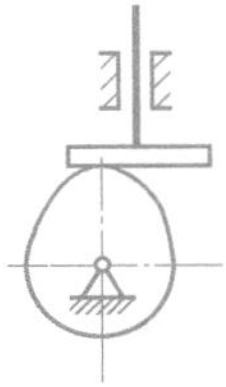 平底偏置直动从动件	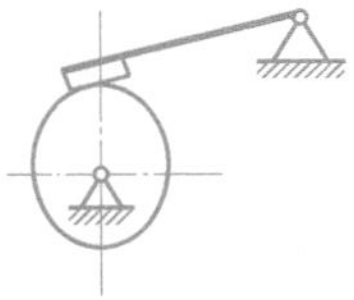 平底摆动从动件	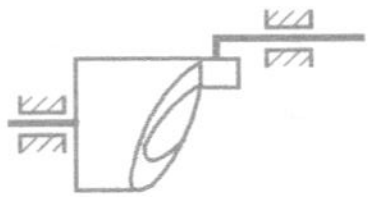 移动从动件	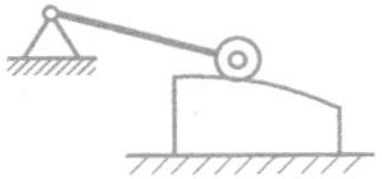 滚子摆动从动件	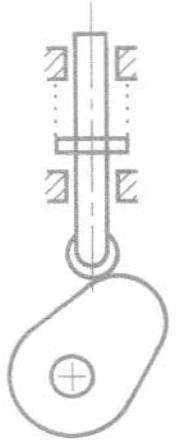

1. 按凸轮形状分类

（1）盘形凸轮　它是凸轮最基本的形式。凸轮是绕固定轴转动且向径变化的盘形零件，凸轮与从动件互做平面运动，是平面凸轮机构。

（2）移动凸轮　它可看作是回转半径无限大的盘形凸轮。凸轮做往复移动，也是平面凸轮机构。

（3）圆柱凸轮　它可看作是移动凸轮绕在圆柱体上演化而成的，从动件与凸轮之间的相对运动为空间运动，是一种空间凸轮机构。

（4）曲面凸轮　曲面凸轮是圆柱表面用圆弧面代替后演化出的凸轮机构。

2. 按从动件形式分类

1）尖顶从动件　尖顶能与复杂的凸轮轮廓保持接触，从而实现任意预期的运动规律。但由于凸轮与从动件之间通过点接触或线接触，容易产生磨损，因此只适用于受力较小的低速凸轮机构。

2）滚子从动件　在从动件端部装一滚子，即成为滚子从动件。滚子与凸轮之间为滚动摩擦，磨损较小，并且可承受较大的载荷。缺点是凸轮凹陷的轮廓未必能很好地与滚子接触，从而影响预期的运动规律。

3）平底从动件　在从动件端部固定一平板，即成为平底从动件。平底与凸轮之间易于形成油膜，利于润滑，适用于高速运行，而且凸轮驱动从动件的力始终与平底相垂直，传动效率高。缺点也是凸轮凹陷的轮廓未必能很好地与平底接触。

从动件不仅有不同的结构形式，而且有不同的运动形式。根据从动件的运动形式不同，可以把从动件分为直动（即直线运动）从动件和摆动从动件两种。

3. 按从动件与凸轮保持接触（称为锁合）的方式分类

（1）力锁合　利用弹簧力或从动件自身重力使从动件与凸轮始终保持接触。

（2）形锁合　利用凸轮与从动件的特殊结构形状使从动件与凸轮始终保持接触。

4.3　凸轮机构中从动件的运动规律

凸轮机构设计的主要任务是保证从动件按照设计要求实现预期的运动规律，因此确定从动件的运动规律是凸轮设计的前提。

4.3.1　平面凸轮机构的工作过程和运动参数

图 4-6a 所示为尖顶对心直动从动件盘形凸轮机构，以凸轮轮廓的最小向径 r_b 为半径所作的圆称为基圆，r_b 为基圆半径，凸轮以等角速度 ω 逆时针转动。在图 4-6a 所示位置，尖顶与凸轮在 A 点接触，A 点是基圆与开始上升的轮廓曲线的交点，此时，从动件的尖顶离凸轮轴最近。凸轮转动时，向径增大，从动件被凸轮轮廓向上推，到达向径最大的 B 点时，从动件距凸轮轴轴心最远，这一过程称为推程。与之对应的凸轮转角 δ_0 称为推程运动角，从动件上升的最大位移 h 称为行程。当凸轮继续转过 δ_s 角时，由于轮廓 BC 段为向径不变的圆弧，因此从动件停留在最远处不动，此过程称为远停程，对应的凸轮转角 δ_s 称为远停程角。当凸轮继续转过 δ_0' 角时，凸轮向径由最大减至 r_b，从动件从最远处回到基圆上的 D 点，此过程称为回程，对应的凸轮转角 δ_0' 称为回程运动角。当凸轮继续转过 δ_s' 角时，由于轮廓

DA 段为向径不变的基圆圆弧，因此从动件继续停在距轴心最近处不动，此过程称为近停程，对应的凸轮转角 δ'_s 称为近停程角。此时，$\delta_0 + \delta_s + \delta'_0 + \delta'_s = 2\pi$，凸轮刚好转过一圈，机构完成一个工作循环，从动件则完成一个"升—停—降—停"的运动循环。

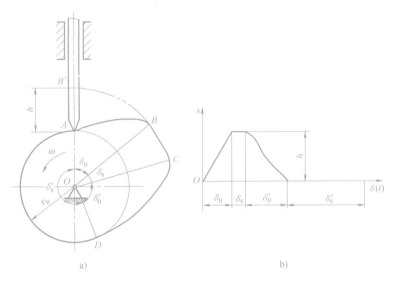

图 4-6　凸轮机构的运动过程

a）尖顶对心直动从动件盘形凸轮机构　b）从动件的位移线图

从动件的位移 s 与凸轮转角 δ 的关系可以用从动件的位移线图来表示，如图 4-6b 所示。由于大多数凸轮做等速转动，转角与时间成正比，因此横坐标也代表时间 t。

由上述讨论可知，从动件的运动规律取决于凸轮的轮廓形状，因此在设计凸轮的轮廓曲线时，必须先确定从动件的运动规律。

4.3.2　平面凸轮机构从动件的四种运动规律

从动件在运动过程中，其位移 s、速度 v、加速度 a 随时间 t（或凸轮转角）的变化规律，称为从动件的运动规律。由此可见，从动件的运动规律完全取决于凸轮的轮廓形状。工程中，从动件的运动规律通常是由凸轮的使用要求确定的。因此，根据实际要求的从动件运动规律来设计凸轮的轮廓曲线，完全能实现预期的生产要求。

常用的从动件运动规律有等速运动规律、等加速等减速运动规律、简谐运动规律以及摆线运动规律等。

1. 等速运动规律

从动件推程或回程的运动速度为常数的运动规律，称为等速运动规律。其运动线图如图 4-7 所示。

由图 4-7 可知，从动件在推程（或回程）开始和终止的瞬间，速度有突变，其加速度和惯性力在理论上为无穷大，致使凸轮机构产生强烈的冲击、噪声和磨损，这种冲击为刚性冲击。因此，等速运动规律只适用于低速、轻载的场合。

2. 等加速等减速运动规律

从动件在一个行程 h 中，前半行程做等加速运动，后半行程做等减速运动，这种运动规

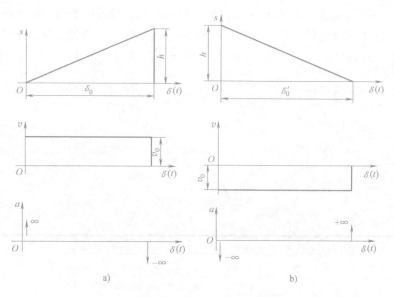

图 4-7　等速运动规律的运动线图

a）推程　b）回程

律称为等加速等减速运动规律。通常加速度和减速度的绝对值相等，其运动线图如图 4-8 所示。

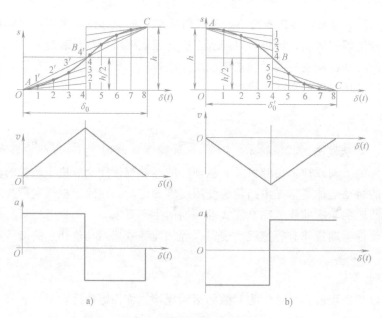

图 4-8　等加速等减速运动规律的运动线图

a）推程　b）回程

由运动线图可知，这种运动规律的加速度在 A、B、C 三处存在有限的突变，因而会在机构中产生有限的冲击，这种冲击称为柔性冲击。与等速运动规律相比，其冲击程度大为减小。因此，等加速等减速运动规律适用于中速、中载的场合。

3. 简谐运动规律

当质点在圆周上做匀速运动时，它在该圆直径上投影的运动规律称为简谐运动。因其加速度按余弦曲线变化，故也称余弦加速度运动规律，其运动规律的运动线图如图4-9所示。

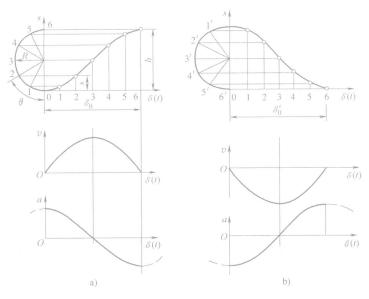

图 4-9　简谐运动规律的运动线图

a）推程　b）回程

由图4-9可知，此运动规律在行程的始末两点加速度存在有限突变，故也存在柔性冲击，只适用于中速场合。但当从动件做无停歇的"升—降—升"连续往复运动时，则得到连续的余弦曲线，柔性冲击被消除，这种情况下可用于高速场合。

4. 摆线运动规律

当一圆沿纵轴做匀速纯滚动时，圆周上某定点A的运动轨迹为一摆线，而定点A运动时在纵轴上投影的运动规律即为摆线运动规律。因其加速度按正弦曲线变化，故又称正弦加速度运动规律，其运动规律的运动线图如图4-10所示。

从动件按摆线运动规律运动时，在全行程中无速度和加速度的突变，因此不产生冲击，适用于高速场合。

在选择从动件的运动规律时，应根据机器工作时的运动要求来确定。如机床中控制刀架进刀的凸轮机构，要求刀架进刀时做等速运动，则从动件应选择等速运动规律，至于行程始末端，可以通过拼接其他运动规律的曲线来消除冲击。对于无一定运动要求的，只需要从动件有一定位移量的凸轮机构

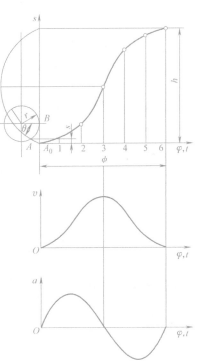

图 4-10　摆线运动规律的运动线图

（如夹紧、送料等凸轮机构），可以只考虑加工方便，采用由圆弧、直线等组成的凸轮轮廓。对于高速机构，应减小惯性力，改善动力性能，选用摆线运动规律或其他改进型的运动规律。

4.4 常用凸轮轮廓曲线的设计

从动件的运动规律和凸轮基圆半径确定后，即可进行凸轮轮廓设计。其设计方法有图解法和解析法两种。图解法简便直观，但作图误差大，精度较低，适用于低速或对从动件运动规律要求不高的一般精度凸轮设计；对于精度要求高的高速凸轮、靠模凸轮等，必须用解析法列出凸轮轮廓曲线的方程式，借助于计算机辅助设计精确地设计凸轮轮廓。另外，采用的加工方法不同，则凸轮轮廓的设计方法也不同。

4.4.1 图解法原理

图解法绘制凸轮轮廓曲线的原理是"反转法"，即在整个凸轮机构（凸轮、从动件、机架）上加一个与凸轮角速度大小相等、方向相反的角速度（-ω），于是凸轮静止不动，而从动件则与机架（导路）一起以角速度（-ω）绕凸轮转动，且从动件仍按原来的运动规律相对导路移动（或摆动），如图 4-11 所示。因为从动件尖顶始终与凸轮轮廓保持接触，所以从动件在反转行程中，其尖顶的运动轨迹就是凸轮的轮廓曲线。

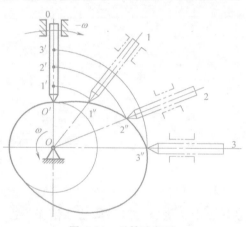

图 4-11 反转法原理

4.4.2 尖顶直动从动件盘形凸轮轮廓的设计

例 4-1 已知凸轮逆时针回转，基圆半径 $r_b = 30$mm，从动件运动规律为

1）当凸轮转角为 $0° \sim 180°$ 时，从动件的运动规律为等速上升 30mm。

2）当凸轮转角为 $180° \sim 300°$ 时，从动件的运动规律为等加速等减速下降到原点。

3）当凸轮转角为 $300° \sim 360°$ 时，从动件停止不动。

试设计此凸轮机构。

解 设计步骤如下：

1）选取适当比例尺作位移线图。选取长度比例尺和角度比例尺为

$$\mu_l = 0.002 \text{m/mm} \quad \mu_\delta = 6°/\text{mm}$$

按角度比例尺在横轴上由原点向右量取 30mm、20mm、10mm 分别代表推程角 180°、回程角 120°、近停程角 60°。每 30° 取一等分点等分推程和回程，得分点 1、2、…、10，停程不必取分点，在纵轴上按长度比例尺向上截取 15mm 代表推程位移 30mm。按已知运动规律作位移线图（见图 4-12a）。

2）作基圆取分点。任取一点 O 为圆心，以点 B 为从动件尖顶的最低点，由长度比例

尺取 $r_b = 15mm$ 作基圆。从 B 点开始，按 $-\omega$ 方向取推程角、回程角和近停程角，并分成与位移线图对应的相同等份，得分点 B_1、B_2、$\cdots$、B_{10}，B_{11} 与 B 点重合。

3）画轮廓曲线。连接 OB_1 并在延长线上取 $B_1B_1' = 11'$ 得点 B_1'，同样在 OB_2 延长线上取 $B_2B_2' = 22'$，得点 B_2'，直到得点 B_9'，点 B_{10}' 与基圆上点 B_{10} 重合。将 B_1'、B_2'、$\cdots$、B_{10}' 连接为光滑曲线，即得所求的凸轮轮廓曲线，如图 4-12b 所示。

若从动件为滚子，则可把尖顶看作是滚子中心，其运动轨迹就是凸轮的理论轮廓曲线，凸轮的实际轮廓曲线是与理论轮廓曲线相距滚子半径 r_T 的一条等距曲线。应注意的是，凸轮的基圆指的是理论轮廓线上的基圆，如图 4-12c 所示。

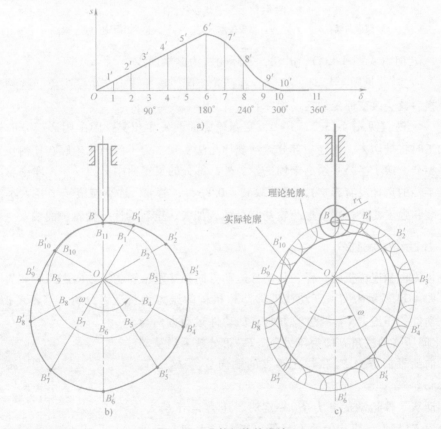

图 4-12 凸轮机构的设计

对于其他从动件凸轮曲线的设计，可参照上述方法。

4.5 凸轮机构基本尺寸的确定

4.5.1 滚子半径的选择

从减少凸轮与滚子间的接触应力来看，滚子半径越大越好；但是必须注意，滚子半径增大后对凸轮实际轮廓曲线有很大影响。如图 4-13 所示，设理论轮廓外凸部分的最小曲率半

径为 ρ_{min}，滚子半径为 r_T，则相应位置实际轮廓的曲率半径为 $\rho' = \rho_{min} - r_T$。

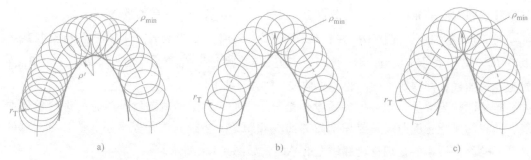

图 4-13　滚子半径的选择

a）圆滑曲线（$\rho_{min} > r_T$）　b）出现尖点（$\rho_{min} = r_T$）　c）发生干涉（$\rho_{min} < r_T$）

当 $\rho_{min} > r_T$ 时（见图 4-13a），$\rho' > 0$，实际轮廓为圆滑曲线。

当 $\rho_{min} = r_T$ 时（见图 4-13b），$\rho' = 0$，在凸轮实际轮廓曲线上产生了尖点，这种尖点极易磨损，磨损后就会改变原定的运动规律。

当 $\rho_{min} < r_T$ 时（见图 4-13c），$\rho' < 0$，实际轮廓曲线发生相交，图中阴影部分的轮廓曲线在实际加工时将被切去，使这一部分运动规律无法实现。为了使凸轮轮廓在任何位置既不变尖，也不相交，滚子半径必须小于理论轮廓外凸部分的最小曲率半径 ρ_{min}（理论轮廓内凹部分对滚子半径的选择没有影响）。通常取 $r_T \leqslant 0.8\rho_{min}$，若 ρ_{min} 过小使滚子半径太小，导致不能满足安装和强度要求，则应把凸轮基圆半径 r_b 加大，重新设计凸轮轮廓曲线。

4.5.2　压力角的校核

凸轮机构也和连杆机构一样，从动件运动方向和接触轮廓法线方向之间所夹的锐角称为压力角。图 4-14 所示为尖顶直动从动件凸轮机构的压力角及受力分析。当不考虑摩擦时，凸轮给从动件的作用力 $\boldsymbol{F}_R$ 沿法线方向，从动件运动方向与 $\boldsymbol{F}_R$ 方向之间所夹的锐角 α 即为压力角。$\boldsymbol{F}_R$ 可分解为沿从动件运动方向的轴向分力 $\boldsymbol{F}'_R$ 和与之垂直的侧向分力 $\boldsymbol{F}''_R$，且 $\boldsymbol{F}''_R = \boldsymbol{F}'_R \tan\alpha$。

当驱动从动件运动的分力 $\boldsymbol{F}'_R$ 一定时，压力角 α 越大，则侧向分力 $\boldsymbol{F}''_R$ 越大，机构的效率越低。当 α 增大到一定程度，使 $\boldsymbol{F}''_R$ 所引起的摩擦阻力大于轴向分力 $\boldsymbol{F}'_R$ 时，无论凸轮加给从动件的作用力多大，从动件都不能运动，这种现象称为自锁。

由以上分析可以看出，为了保证凸轮机构正常工作并具有一定的传动效率，必须对压力角加以限制。凸轮轮廓曲线上各点的压力角是变化的，在设计时应使最大压力角不超过许用值。通常对直动从动件凸轮机构建议取许用压力角 $[\alpha] = 30°$，对摆动从动件凸轮机构建议取许用压力角 $[\alpha] = 45°$。常见的依靠外力维持接触的凸轮机构，其从动件是在

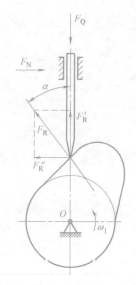

图 4-14　尖顶直动从动件凸轮机构的压力角及受力分析

弹簧或重力作用下返回的，回程不会出现自锁。因此，对于这类凸轮机构，通常只需对推程的压力角进行校核。

在设计凸轮机构时，通常根据结构需要初步选定基圆半径，然后用图解法或解析法设计凸轮轮廓。为确保运动性能，必须对轮廓各处的压力角进行校核，检验最大压力角是否在许用范围之内。用图解法检验时，可在凸轮理论轮廓曲线比较陡的地方取若干点（如图 4-12c 中的 B_1'、B_2' 等点），作出过这些点的法线和从动件 B 点的运动方向线，求出它们之间所夹的锐角 α_1、α_2 等，若其中所夹锐角的最大值超过许用压力角，则应考虑修改设计，可采用加大凸轮基圆半径或将对心凸轮机构改为偏置凸轮机构的方法。

4.5.3　基圆半径的选择

设计凸轮轮廓时，首先应确定凸轮的基圆半径 r_b。由前述可知：基圆半径 r_b 的大小，不但直接影响凸轮的结构尺寸，而且还影响到从动件的运动是否"失真"和凸轮机构的传力性能。因此，对凸轮基圆的选取必须给予足够重视。

目前，凸轮基圆半径的选取常用以下两种方法：

（1）根据凸轮的结构确定 r_b　当凸轮与轴做成一体（凸轮轴）时

$$r_b = r + r_T + (2 \sim 5)\,\text{mm} \tag{4-1}$$

当凸轮装在轴上时

$$r_b = (1.5 \sim 1.7)r + r_T + (2 \sim 5)\,\text{mm} \tag{4-2}$$

式中，r 为凸轮轴的半径，单位为 mm；r_T 为从动件滚子的半径，单位为 mm。

若凸轮机构为非滚子从动件，在计算基圆半径时，式（4-1）和式（4-2）中的 r_T 可不计。

（2）根据 $\alpha_{max} \leqslant [\alpha]$ 确定基圆最小半径 r_{bmin}　图 4-15 所示为工程上常用的诺模图，图中上半圆的标尺代表凸轮转角 δ_0，下半圆的标尺为最大压力角 α_{max}，直径的标尺代表

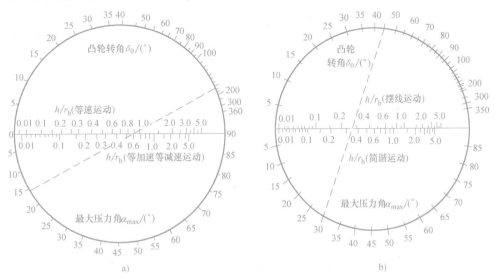

图 4-15　诺模图

a）等速运动、等加速等减速运动　b）摆线运动和简谐运动

从动件规律的 h/r_b 的值（h 为从动件的行程，r_b 为基圆半径）。下面举例说明该图的使用方法。

例 4-2　设计一尖顶对心直动从动件盘形凸轮机构，已知凸轮的推程运动角为 $\delta_t=175°$，从动件在推程中按等加速等减速规律运动，行程 $h=18\text{mm}$，最大压力角 $\alpha_{max}=16°$。试确定凸轮的基圆半径 r_b。

解　1）按已知条件将位于圆周上的标尺为 $\delta_0=175°$、$\alpha_{max}=16°$ 的两点，以直线相连（如图 4-15a 中虚线所示）。

2）由虚线与直径上等加速和等减速运动规律的标尺的交点得 $h/r_b=0.6$。

3）计算最小基圆半径得 $r_{bmin}=h/0.6=18\text{mm}/0.6=30\text{mm}$。

4）基圆半径 r_b 可按 $r_b \geqslant r_{bmin}$ 选取。

习　题

4-1　试标出图 4-16 所示位移线图中的行程 h、推程运动角 δ_0、远停程角 δ_s、回程运动角 δ_0'、近停程角 δ_s'。

4-2　试写出图 4-17 所示凸轮机构的名称，并在图上作出行程 h，基圆半径 r_b，凸轮转角 δ_0、δ_s、δ_0'、δ_s' 以及 A、B 两处的压力角。

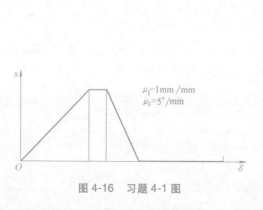

图 4-16　习题 4-1 图

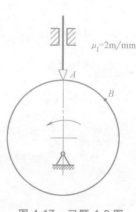

图 4-17　习题 4-2 图

4-3　图 4-18 所示为偏心圆凸轮机构，O 为偏心圆的几何中心，偏心距 $e=15\text{mm}$，$d=60\text{mm}$，试在图中标出：

（1）凸轮的基圆半径 r_b、从动件的最大位移 H 和推程运动角 δ 的值。

（2）凸轮转过 90° 时从动件的位移 s。

4-4　图 4-19 所示为滚子对心直动从动件盘形凸轮机构。试在图中画出该凸轮的理论轮廓曲线、基圆半径、推程最大位移 H 和图示位置的凸轮机构压力角。

4-5　标出图 4-20 所示各凸轮机构 A 位置的压力角和再转过 45° 时的压力角。

4-6　设计一个尖顶对心直动从动件盘形凸轮机构。已知凸轮顺时针匀速转动，基圆半径 $r_b=40\text{mm}$，从动件的运动规律见表 4-2。

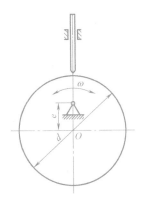

图 4-18 习题 4-3 图

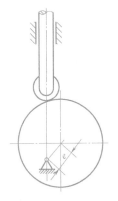

图 4-19 习题 4-4 图

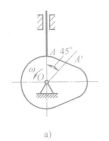 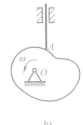  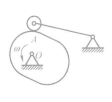

a)   b)   c)   d)

图 4-20 习题 4-5 图

表 4-2 习题 4-6 表

转角 δ	0~90°	90°~180°	180°~240°	240°~360°
运动规律	等速上升	停止	等加速等减速下降	停止

第 5 章

螺旋机构和常见间歇运动机构

在日常应用中，除了平面四杆机构和凸轮机构之外，还会经常用到螺旋机构和间歇运动机构。其中，螺旋机构中的螺旋传动利用螺母和螺杆组成的螺旋副将回转运动转换为直线运动，并传递运动和动力，也可用于零件位置的调整。另外，当主动件做连续运动时，常需要从动件产生周期性的运动和停歇，实现这种运动的机构称为间歇运动机构。

5.1 螺旋机构

5.1.1 螺纹的分类

根据螺纹截面形状，螺纹可分为三角形螺纹、矩形螺纹、梯形螺纹和锯齿形螺纹等，如图 5-1 所示。

根据螺旋线的绕行方向，可分为左旋螺纹和右旋螺纹，规定将螺纹直立时螺旋线向右上升的螺纹称为右旋螺纹，向左上升的螺纹称为左旋螺纹。

根据螺纹所在位置，将圆柱或圆锥体外表面螺纹称为外螺纹，内表面螺纹称为内螺纹。

机械制造中一般采用右旋螺纹，有特殊要求时，才采用左旋螺纹。

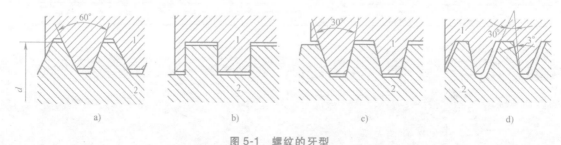

图 5-1 螺纹的牙型

a）三角形螺纹 b）矩形螺纹 c）梯形螺纹 d）锯齿形螺纹

三角形螺纹主要用于联接，矩形螺纹、梯形螺纹和锯齿形螺纹主要用于传动。除矩形螺纹外，其他三种螺纹均已标准化。

5.1.2 螺纹的参数

以圆柱螺纹为例。在普通螺纹基本牙型中，外螺纹直径用小写字母表示，内螺纹直径用大写字母表示，如图 5-2 所示。

（1）大径 d 大径是指与外螺纹牙顶（或内螺纹牙底）相重合的假想圆柱体的直径。

（2）小径 d_1 小径是指与外螺纹牙底（或内螺纹牙顶）相重合的假想圆柱体的直径。

（3）中径 d_2 中径是指螺纹轴线平面内，牙厚等于牙槽宽处的假想圆柱体的直径。

（4）螺距 P 螺距是指相邻两牙在中径上对应两点间的轴向距离。

（5）导程 P_h 导程是指在同一条螺旋线上，相邻两牙在中径线上对应两点间的轴向距离。设螺纹线数为 n，则有 $P_h = nP$。

（6）螺纹升角 ϕ 螺纹升角是指中径 d_2 圆柱上，螺旋线的切线与垂直于螺纹轴线的平面间的夹角。

$$\tan\phi = \frac{P_h}{\pi d_2} = \frac{nP}{\pi d_2} \tag{5-1}$$

（7）牙型角 α 牙型角是指螺纹轴线平面内螺纹牙两侧边的夹角。

（8）螺纹牙的工作高度 h 螺纹牙的工作高度是指内外螺纹旋合后，螺纹接触面在垂直于螺纹轴线方向上的距离。

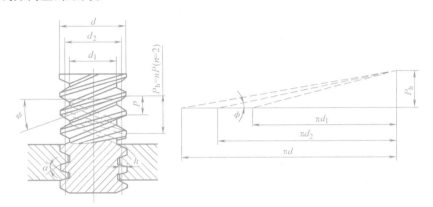

图 5-2 圆柱螺纹的主要几何参数

5.1.3 螺旋传动的类型

螺旋传动主要用来把回转运动变为直线运动。螺旋传动按使用要求的不同可分为三类：传力螺旋、传导螺旋和调整螺旋。

1. 传力螺旋

传力螺旋以传递动力为主，要求用较小的力矩转动螺杆（或螺母），使螺母（或螺杆）产生轴向运动和较大的轴向力，这个轴向力可用来做起重和加压等工作，如图 5-3 所示的螺旋千斤顶和图 5-4 所示的螺旋压力机等。

2. 传导螺旋

传导螺旋以传递运动为主，并要求具有很高的运动精度，它常用作机床刀架或工作台的进给机构，如图 5-5 所示的机床刀架进给螺旋机构。

3. 调整螺旋

调整螺旋用于调整并固定零件或部件之间的相对位置，如图 5-6 所示的用于调整带传动初拉力的螺栓。

5.1.4 螺旋机构的传动效率和自锁

如图 5-7a 所示，在外力（或外力矩）作用下，螺旋副的相对运动可看作推动滑块沿螺纹表面运动。如图 5-7b 所示，将矩形螺纹沿中径 d_2 处展开，得一倾斜角（螺旋升角）为 ϕ 的斜面，斜面上的滑块代表螺母，螺母与螺杆的相对运动可看成滑块在斜面上的运动。

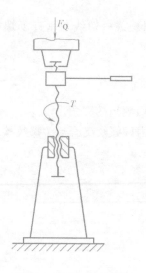

图 5-3　螺旋千斤顶

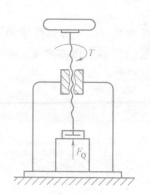

图 5-4　螺旋压力机

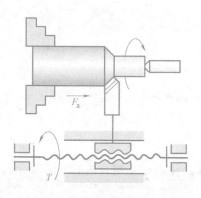

图 5-5　机床刀架进给螺旋机构

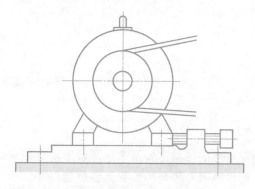

图 5-6　带传动张紧机构

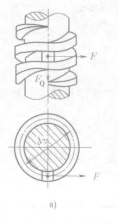

a)

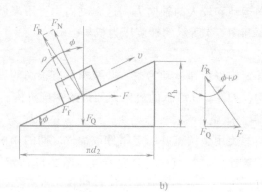

b)

图 5-7　螺纹的受力

如图 5-7b 所示，当滑块沿斜面向上等速运动时，所受作用力包括轴向载荷 F_Q、水平推力 F、斜面对滑块的法向反力 F_N 以及摩擦力 F_f。F_N 与 F_f 的合力为 F_R，$F_f = fF_N$，f 为摩擦因数，F_R 与 F_N 的夹角为摩擦角 ρ。由力 F_R、F 和 F_Q 组成的力多边形封闭图得

$$F = F_Q \tan(\phi + \rho) \tag{5-2}$$

转动螺纹所需的转矩为

$$T_1 = F \frac{d_2}{2} = \frac{d_2}{2} F_Q \tan(\phi + \rho) \tag{5-3}$$

螺旋副的效率 η 是指有用功与输入功之比。螺母旋转一周所需的输入功为 $W_1 = 2\pi T_1$，有用功为 $W_2 = F_Q P_h$，其中，$P_h = \pi d_2 \tan\phi$（见图 5-7b）。因此，螺旋副的效率为

$$\eta = \frac{W_2}{W_1} = \frac{F_Q \pi d_2 \tan\phi}{F_Q \pi d_2 \tan(\phi + \rho)} = \frac{\tan\phi}{\tan(\phi + \rho)} \tag{5-4}$$

由式（5-4）可知，效率 η 与螺纹升角 ϕ 和摩擦角 ρ 有关，螺纹线的线数多，螺纹升角大，则效率高，反之亦然。当 ρ 一定时，对式（5-4）求极值，可得当螺纹升角 $\phi \approx 40°$ 时效率最高。但是，螺纹升角过大，螺纹制造很困难，而且当 $\phi > 25°$ 后，效率增长不明显，因此，通常螺纹升角不超过 25°。

如图 5-7b 所示，当滑块沿斜面等速下滑时，轴向载荷 F_Q 变为驱动滑块等速下滑的驱动力，F 为阻碍滑块下滑的支持力，摩擦力 F_f 的方向与滑块运动方向相反。由 F_R、F 和 F_Q 组成的力多边形封闭图得

$$F = F_Q \tan(\phi - \rho) \tag{5-5}$$

此时，螺母反转一周时的输入功为 $W_1 = F_Q P_h$，输出功为 $W_2 = F \pi d_2$，则螺旋副的效率为

$$\eta' = \frac{W_2}{W_1} = \frac{F_Q \tan(\phi - \rho) \pi d_2}{F_Q \pi d_2 \tan\phi} = \frac{\tan(\phi - \rho)}{\tan\phi} \tag{5-6}$$

由式（5-6）可知，当 $\phi \leq \rho$ 时，$\eta' \leq 0$，说明无论 F_Q 力多大，滑块（即螺母）都不能运动，这种现象称为螺旋副的自锁。$\eta' = 0$ 表明螺旋副处于临界自锁状态。因此，螺旋副的自锁条件是

$$\phi \leq \rho \tag{5-7}$$

设计螺旋副时，对要求正、反转自由运动的螺旋副，应避免自锁现象。工程中也可以应用螺旋副的自锁特性（如起重螺旋做成自锁螺旋），省去制动装置。

5.1.5　滑动螺旋机构

按照螺杆上螺旋副的数目，滑动螺旋机构可分为单螺旋机构（见图 5-8a）和双螺旋机构（见图 5-8b）。

1. 单螺旋机构

单螺旋机构由一个螺杆和一个螺母组成。当螺杆转过角 φ 时，螺母的位移 l 为

$$l = P_{hB} \frac{\varphi}{2\pi} \tag{5-8}$$

2. 双螺旋机构

双螺旋机构由一个具有两段螺纹的螺杆和两个螺母组成。按照两段螺纹的螺旋方向是否相同，双螺旋机构分为差动螺旋机构和复式螺旋机构。

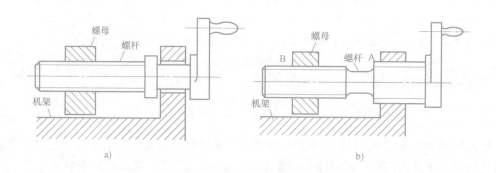

图 5-8　滑动螺旋机构

a）单螺旋机构　b）双螺旋机构

（1）差动螺旋机构　若图 5-8b 中螺旋副 A（导程为 P_{hA}）与螺旋副 B（导程为 P_{hB}）的螺旋方向相同，则称为差动螺旋机构。当手柄螺杆回转角为 φ 时，螺母的位移 l 为两个螺旋副移动量之差，即

$$l = (P_{hA} - P_{hB}) \frac{\varphi}{2\pi} \tag{5-9}$$

由式（5-9）可知，若 P_{hA} 和 P_{hB} 相近，则位移 l 可以很小。差动螺旋传动广泛应用于各种微动装置中。

（2）复式螺旋机构　若图 5-8b 中螺旋副 A（导程为 P_{hA}）与螺旋副 B（导程为 P_{hB}）的螺旋方向相反，则称为复式螺旋机构。当手柄螺杆回转角为 φ 时，螺母的位移 l 为两个螺旋副移动量之和，即

$$l = (P_{hA} + P_{hB}) \frac{\varphi}{2\pi} \tag{5-10}$$

由式（5-10）可知，螺母将获得较大的位移，它能使被联接的两个构件快速接近或分开。这种复式螺旋机构常用于要求快速夹紧的夹具或锁紧装置中，如钢索的拉紧装置、某些螺旋式夹具等。

螺旋机构结构简单、制造方便，它能将回转运动变换为直线运动，运动准确性高，降速比大，可传递很大的轴向力，工作平稳，无噪声，有自锁作用，但效率低，需要有反向机构才能反向传动。

螺旋机构在机械工业、仪器仪表、工装、测量工具等方面用得较广泛，如螺旋压力机、千斤顶、车床刀架和工作台的丝杠、台虎钳、车厢联接器、螺旋测微器等。

5.2　常见间歇运动机构

最常见的间歇运动机构有棘轮机构、槽轮机构和不完全齿轮机构等，它们广泛用于自动机床的进给机构、送料机构、刀架的转位机构、精纺机的成形机构等。以下将简要介绍这几类间歇运动机构。

5.2.1　棘轮机构

1. 棘轮机构的工作原理

图 5-9 所示为棘轮机构，它主要由摇杆、驱动棘爪、棘轮、制动爪和机架等组成。弹簧用来使制动爪和棘轮保持接触。摇杆和棘轮的回转轴线重合。当摇杆逆时针摆动时，驱动棘爪插入棘轮的齿槽中，推动棘轮转过一定角度，而制动爪则在棘轮的齿背上滑过。当摇杆顺时针摆动时，驱动棘爪在棘轮的齿背上滑过，而制动爪阻止棘轮做顺时针转动，使棘轮静止不动。因此，当摇杆做连续的往复摆动时，棘轮将做单向间歇转动。

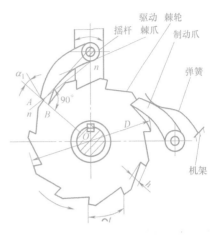

图 5-9　棘轮机构

2. 棘轮机构的类型

棘轮机构按工作原理可分为轮齿式棘轮机构和摩擦式棘轮机构，按结构可分为外啮合式棘轮机构和内啮合式棘轮机构，按传动方向分为单向式棘轮机构和双向式棘轮机构。

（1）轮齿式棘轮机构　轮齿式棘轮机构有外啮合（见图 5-10a）和内啮合（见图 5-10b）两种形式。当棘轮的直径为无穷大时，变为棘条，此时棘轮的单向转动变为棘条的单向移动，如图 5-10c 所示。

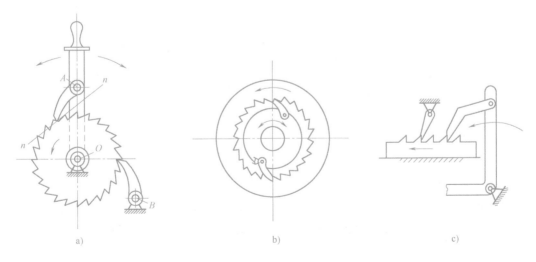

图 5-10　轮齿式棘轮机构
a) 外啮合　b) 内啮合　c) 棘条

根据棘轮的运动又可分为：

1) 单向式棘轮机构。单向式棘轮机构可分为单动式（见图 5-10a）和双动式（见图 5-11a、b）两种。

2) 双向式棘轮机构。图 5-12 所示为双向式棘轮机构，可使棘轮做双向间歇运动。它采用具有矩形齿的棘轮。当棘爪处于实线位置时，棘轮做逆时针间歇转动；当棘爪处于细双点画线位置时，棘轮则做顺时针间歇运动。

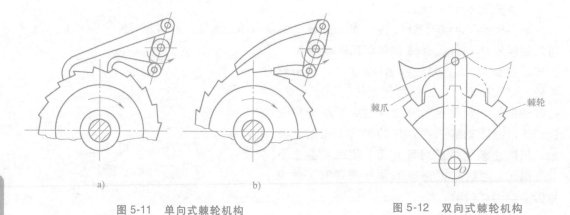

图 5-11　单向式棘轮机构

a）单动式　b）双动式

图 5-12　双向式棘轮机构

（2）摩擦式棘轮机构　为减少棘轮机构的冲击和噪声，并实现无级调节，可采用摩擦式棘轮机构实现间歇运动。摩擦式棘轮机构分为外啮合（图 5-13a）和内啮合（图 5-13b）两种形式。

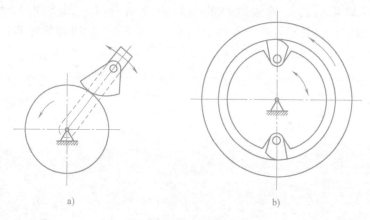

图 5-13　摩擦式棘轮机构

3. 棘轮转角的调整

（1）可通过调节摇杆摆动角度的大小来控制棘轮的转角　图 5-14a 所示的棘轮机构是利用曲柄摇杆机构带动棘轮做间歇运动，可通过调节螺钉改变曲柄长度，以进一步改变摇杆摆角大小，从而控制棘轮的转角。

（2）用遮板调节棘轮转角　在棘轮的外面罩一个遮板（遮板不随棘轮一起转动），使棘爪行程的一部分在遮板上滑过，不与棘轮的齿接触，通过变更遮板的位置即可改变棘轮转角的大小，如图 5-14b 所示。

4. 棘轮机构的特点及应用

轮齿式棘轮机构在回程时，棘爪在齿面上滑过，故有噪声，平稳性较差，且棘轮的步进转角较小。如要调节棘轮的转角，可以改变棘爪的摆角或拨过棘轮的齿数，也可以将摇杆所

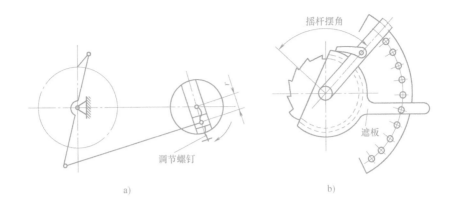

图 5-14 棘轮转角的调整

在的曲柄摇杆机构做成可以调节的结构,通过调节摇杆摆角改变棘轮转角的大小。

棘轮机构结构简单,制造容易,运动可靠,而且棘轮的转角在很大范围内可调;但工作时有较大的冲击与噪声,运动精度不高,所以常用于低速、轻载的场合,如图 5-15a 所示自行车后轮轴的棘轮机构。棘轮机构还常用作防止机构逆转的停止器,这类停止器广泛用于卷扬机、提升机以及运输机中,如图 5-15b 所示提升机构的棘轮停止器。

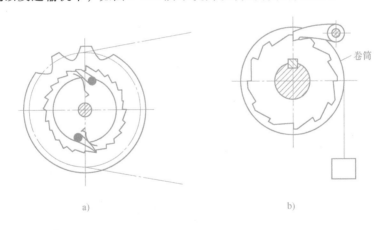

图 5-15 棘轮机构的应用

a) 自行车后轮轴的棘轮机构 b) 提升机构的棘轮停止器

5.2.2 槽轮机构

1. 槽轮机构的工作原理

图 5-16 所示的槽轮机构。由具有径向槽的槽轮、带有圆柱销 A 的拨盘和机架组成。拨盘做匀速转动时,驱使槽轮做时转时停的间歇运动。拨盘上的圆柱销 A 未进入槽轮的径向槽时,由于槽轮的内凹锁住弧 β 被拨盘的外凸圆弧 α 卡住,因此槽轮静止不动;当圆柱销 A 开始进入槽轮的径向槽时,锁住弧被松开,槽轮受圆柱销 A 驱使沿逆时针转动;当圆柱销 A

开始脱出槽轮的径向槽时，槽轮的另一内凹锁住弧又被拨盘的外凸圆弧卡住，致使槽轮又静止不动。直到圆柱销 A 再进入槽轮的另一径向槽时，两者又重复上述的运动循环。

2. 槽轮机构的类型

槽轮机构分为平面槽轮机构和空间槽轮机构。

平面槽轮机构有两种形式：一种是外槽轮机构（见图 5-17a），另一种是内槽轮机构（见图 5-17b）。这两种槽轮机构都用于传递平行轴的运动。

图 5-18 所示为空间球面槽轮机构，它是用于传递两垂直相交轴的间歇运动机构，从动槽轮呈半球形，主动构件（拨盘）的轴线与圆柱销的轴线都通过球心 O，当主动构件（拨盘）连续转动时，球面槽轮得到间歇转动。

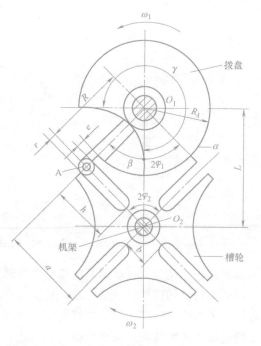

图 5-16　槽轮机构

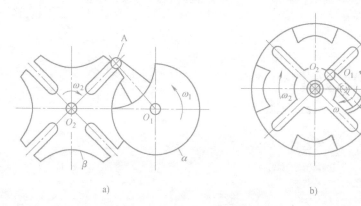

a)   b)

图 5-17　平面槽轮机构

a）外槽轮机构　b）内槽轮机构

3. 槽轮机构的特点和应用

槽轮机构的特点是结构简单，工作可靠，机械效率高，在进入和脱离接触时运动较平稳，能准确控制转动的角度，但槽轮的转角不可调节，故只能用于定转角的间歇运动机构中，如自动机床、电影机械和包装机械等。

图 5-19 所示为转塔车床的刀架转位机构。刀架上装有六种刀具，与刀架固连的槽轮上开有六个径向槽，拨盘上装有一个圆柱销 A，每当拨盘转动一周，圆柱销 A 就进入槽轮一次，驱使槽轮转过 60°，刀架也随之转动 60°，从而将下一工序的刀具换到工作位置上。

图 5-20所示为放映机的卷片机构。为了适应人眼的视觉暂留现象的生理特点，采用了槽轮机构，使影片做间歇运动。

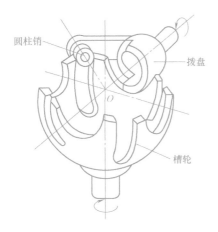

图 5-18　空间球面槽轮机构

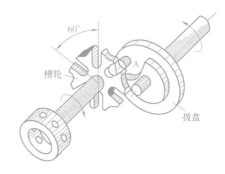

图 5-19　转塔车床的刀架转位机构

5.2.3　不完全齿轮机构

1. 不完全齿轮机构的工作原理

不完全齿轮机构是由普通渐开线齿轮机构演化而成的一种间歇运动机构。它与普通渐开线齿轮机构的不同之处是轮齿不布满整个圆周。如图 5-21 所示，主动轮连续转动一周，从动轮分别转 1/8 周（见图 5-21a）和 1/4 周（见图 5-21b），达到主动轮做连续转动、从动轮做间歇转动的目的。为防止从动轮在静止时间内游动，主、从动轮上分别有外凸圆弧和内凹锁住弧。

图 5-20　放映机的卷片机构

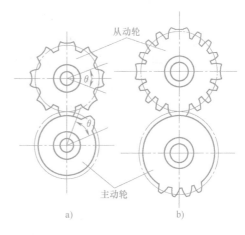

图 5-21　不完全齿轮机构

2. 不完全齿轮机构的类型

不完全齿轮机构按照啮合形式，可分为外啮合（见图 5-22a）、内啮合（见图 5-22b）和齿轮齿条传动（见图 5-22c）。与普通渐开线齿轮一样，外啮合的不完全齿轮机构两轮转向相反，内啮合的不完全齿轮机构两轮转向相同。

3. 不完全齿轮机构的特点和应用

不完全齿轮机构与槽轮机构相比，其从动轮每转一周的停歇时间、运动时间及每次转动

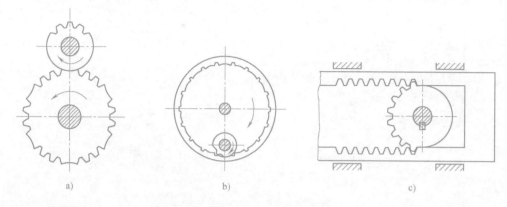

图 5-22 不完全齿轮机构

a）外啮合 b）内啮合 c）齿轮齿条传动

的角度变化范围都较大，设计较灵活。但其加工工艺较复杂，而且从动轮在运动开始与终止时冲击较大，故一般用于低速、轻载的场合，如在自动机和半自动机中用于工作台的间歇转位，以及要求具有间歇运动的进给机构、计数机构等。

习　题

5-1　螺纹的主要参数有哪些？螺距和导程有什么区别？如何判断螺纹的线数和旋向？

5-2　棘轮机构的工作原理及运动特点是什么？

5-3　已知一普通粗牙螺纹，大径 $d = 24$mm，中径 $d_2 = 22.051$mm，螺纹副间的摩擦因数 $f = 0.17$。试求：（1）螺纹升角；（2）该螺纹副能否自锁？若用于起重，其效率为多少？

5-4　图 5-23 所示为一差动螺旋传动，机架与螺杆在 A 处用右旋螺纹联接，导程 $P_{hA} = 4$mm，螺母相对机架只能移动，不能转动；当摇柄沿箭头方向转动 5 圈时，螺母向左移动 5mm，试计算螺旋副 B 的导程 P_{hB} 并判断螺纹的旋向。

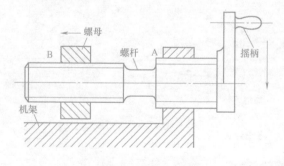

图 5-23　习题 5-4 图

第 6 章

带传动与链传动

机械传动装置是机器中的常用组成部分。机械传动有多种形式，按照工作原理主要分为两类：①靠机件间的摩擦力传递动力和运动的摩擦传动，包括带传动、绳传动和摩擦轮传动等；②靠主动件与从动件啮合或借助中间件啮合传递动力或运动的啮合传动，包括齿轮传动、蜗杆传动、链传动和螺旋传动等。按照主、从动件是否直接接触主要分为两类：

① 主、从动件直接接触的传动，包括齿轮传动、蜗杆传动、螺旋传动等；②主、从动件不直接接触的挠性传动，包括带传动、链传动等。所谓挠性传动是指主动轴和从动轴之间利用中间挠性元件传递运动和动力的传动，一般用于两轴中心距较大的场合。

6.1 带传动概述

带传动（见图 6-1）是一种挠性传动，它结构简单，成本低廉，使用和维护方便，承载能力强，在机械传动中应用广泛。这种传动能适应轴间距较大的传动场合，如发生过载打滑，能起到缓冲和保护传动装置的作用，但一般不能用于大功率的场合，也不能保证准确的传动比。

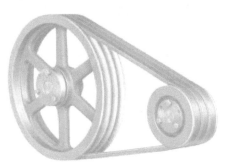

图 6-1　带传动

6.1.1 带传动的类型和应用

带传动按工作原理分为摩擦型和啮合型两种，如图 6-2 所示。

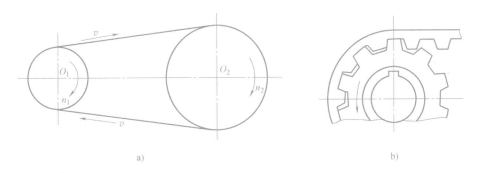

a)　　　　　　　　　　　　　　　　b)

图 6-2　带传动按工作原理分类
a）摩擦型带传动　b）啮合型带传动

摩擦型带传动靠摩擦力传递运动和动力。带传动安装时必须张紧，使带和带轮接触面之间产生正压力。当主动轮转动时，带与带轮之间产生摩擦力，从而使带和带轮一起运动；同样，从动轮上带和带轮之间的摩擦力，使带带动从动轮转动。这样，主动轮的运动和动力通过带传递给了从动轮。

按带横截面形状的不同，摩擦型带传动可分为平带传动、V 带传动、多楔带传动和圆带传动等类型，如图 6-3 所示。

平带的横截面为扁平矩形，内表面为工作面（见图 6-3a）。平带传动结构简单，带轮制造方便，在传动中心距较大的情况下应用较多。

V 带的横截面为等腰梯形，工作面为与轮槽接触的两侧面（见图 6-3b）。根据楔形面的受力分析，在相同张紧力和摩擦因数的条件下，V 带传动产生的摩擦力约是平带传动的 3 倍。加上 V 带传动允许较大的传动比，所以 V 带传动结构紧凑，承载能力高，应用最为广泛。

多楔带以其扁平部分为基体，下面有几条等距纵向槽，工作面为与轮槽接触的侧面（见图 6-3c）。这种带兼有平带的弯曲应力小和 V 带传动摩擦力大等优点，常用于传递功率较大而结构要求紧凑的场合。

圆带的横截面呈圆形（见图 6-3d）。圆带传动仅用于载荷较小的传动，如缝纫机和牙科医疗器械等。

啮合型带传动是利用带内侧的齿与带轮上的齿相啮合来传递运动和动力的。较典型的是同步带（见图 6-3e）。同步带兼有带传动和链传动的优点，应用日益广泛。

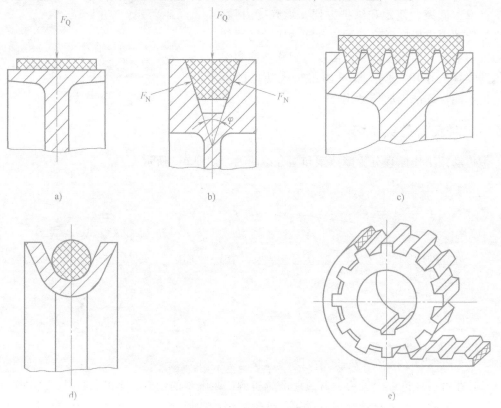

图 6-3　按传动带的截面形状分类
a）平带　b）V 带　c）多楔带　d）圆带　e）同步带

带传动一般用于传动中心距较大、传动速度较高的场合。一般带速为 5~25m/s。平带传动的传动比通常为 3 左右，最大可达到 5；V 带传动的传动比一般不超过 8。带传动效率低，一般为 0.94~0.97，通常用于传递中、小功率的场合。带传动不宜在高温、易燃、易爆及有腐蚀介质的场合下工作。

6.1.2　摩擦型带传动的特点

摩擦型带传动具有下列特点：①传动带具有良好的弹性，可以缓冲和吸收振动，因而传动平稳，噪声小；②带传动过载时带与带轮之间会打滑，可防止其他零件破坏，起到过载保护的作用；③带传动结构简单，制造、安装和维护方便，成本低廉；④带与带轮之间存在弹性滑动，不能保证准确的传动比；⑤传动效率低，带的寿命短；⑥带传动的外廓尺寸大，结构不紧凑；⑦轴的压力大，往往需要张紧装置等。

6.1.3　同步带传动简介

同步带传动是兼有带传动和链传动优点的一种新型带传动。如图 6-2b 所示，同步带的工作表面有齿，与带轮轮缘表面相应的齿槽啮合传递运动和转矩。由于带与带轮之间无弹性滑动，能保证两带轮圆周速度同步。

同步带由基体和强力层两部分构成。基体包括带齿和带背两部分，材料为氯丁橡胶或聚氨酯；强力层通常为钢丝绳或玻璃纤维。同步带的这种结构使带薄而轻、强度高，可用于大功率、高速传动。同步带传动无相对滑动，能保持准确的传动比。同步带传动效率高，结构紧凑。正是由于同步带传动有上述优点，因此它在机械、仪器仪表、化工、生物医疗器械等方面应用日益广泛。

同步带的基本参数有：节距 p、模数 m、带的节线周长 L_d。同步带的标记为：模数（mm）×宽度（mm）×齿数，即 $m \times b \times z$。同步带型号分为最轻型 MXL、超轻型 XXL、特轻型 XL、轻型 L、重型 H、特重型 XH 及超重型 XXH 七种。

6.2　普通 V 带和 V 带轮

V 带分为普通 V 带、窄 V 带、大楔角 V 带等多种类型，其中普通 V 带应用最广。本节主要介绍普通 V 带。

6.2.1　普通 V 带的结构和标准

普通 V 带为无接头的环形橡胶带，截面为等腰梯形。普通 V 带由伸张层（顶胶）、强力层（抗拉体）、压缩层（底胶）和包布层（胶帆布）组成，如图 6-4 所示。

普通 V 带按强力层材料的不

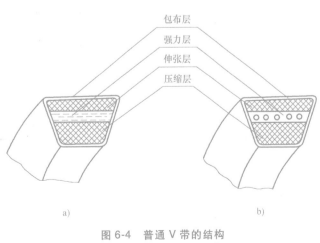

a)　　　　　　　　　　　　　b)

图 6-4　普通 V 带的结构

a）帘布结构　b）线绳结构

同分为帘布结构和线绳结构两种。帘布结构 V 带的强力层由数层胶帘布组成，抗拉强度高，型号齐全，应用广泛。线绳结构 V 带的强力层由一层胶线绳组成，柔韧性好，抗弯强度高，适用于带轮直径较小、载荷不大、转速较高的场合。

普通 V 带是标准件，按截面尺寸由小到大分为 Y、Z、A、B、C、D、E 七种型号，其截面基本尺寸见表 6-1。

表 6-1　普通 V 带的截面尺寸（GB 11544—2012）　　　　　（单位：mm）

	型号	Y	Z	A	B	C	D	E
	顶宽 b	6.0	10.0	13.0	17.0	22.0	32.0	38.0
	节宽 b_p	5.3	8.5	11.0	14.0	19.0	27.0	32.0
	高度 h	4.0	6.0	8.0	11.0	14.0	19.0	23.0
	楔角 α				40°			
	单位长度质量 q（kg/m）	0.03	0.06	0.11	0.19	0.33	0.66	1.02

V 带在规定的张紧力下，位于测量带轮基准直径上的周线长度称为基准长度 L_d，它是 V 带传动几何尺寸计算中所用带长，为标准值。普通 V 带基准长度系列和带长修正系数 K_L 见表 6-2。

表 6-2　普通 V 带基准长度系列和带长修正系数 K_L

Y		Z		A		B		C		D		E	
L_d/mm	K_L	L_d/mm	K_L	L_d/mm	K_L	L_d/mm	K_L	L_d/mm	K_L	L_d/mm	K_L	L_d/mm	K_L
200	0.81	405	0.87	630	0.81	930	0.83	1565	0.82	2740	0.82	4660	0.91
224	0.82	475	0.90	700	0.83	1000	0.84	1760	0.85	3100	0.86	5040	0.92
250	0.84	530	0.93	790	0.85	1100	0.86	1950	0.87	3330	0.87	5420	0.94
280	0.87	625	0.96	890	0.87	1210	0.87	2195	0.90	3730	0.90	6100	0.96
315	0.89	700	0.99	990	0.89	1370	0.90	2420	0.92	4080	0.91	6850	0.99
355	0.92	780	1.00	1100	0.91	1560	0.92	2715	0.94	4620	0.94	7650	1.01
400	0.96	920	1.04	1250	0.93	1760	0.94	2880	0.95	5400	0.97	9150	1.05
450	1.00	1080	1.07	1430	0.96	1950	0.97	3080	0.97	6100	0.99	12230	1.11
500	1.02	1330	1.13	1550	0.98	2180	0.99	3520	0.99	6840	1.02	13750	1.15
		1420	1.14	1640	0.99	2300	1.01	4060	1.02	7620	1.05	15280	1.17
		1540	1.54	1750	1.00	2500	1.03	4600	1.05	9140	1.08	16800	1.19
				1940	1.02	2700	1.04	5380	1.08	10700	1.13		
				2050	1.04	2870	1.05	6100	1.11	12200	1.16		
				2200	1.06	3200	1.07	6815	1.14	13700	1.19		
				2300	1.07	3600	1.09	7600	1.17	15200	1.21		
				2480	1.09	4060	1.13	9100	1.21				
				2700	1.10	4430	1.15	10700	1.24				
						4820	1.17						
						5370	1.20						
						6070	1.24						

6.2.2　普通 V 带轮的材料与结构

带传动一般安装在传动系统的高速级，带轮的转速较高。V 带轮设计的一般要求是：带轮要有足够的强度和刚度，良好的结构工艺，质量小且分布均匀，轮槽保持适宜的精度和表面质量，高速时要进行动平衡试验。

带轮的常用材料为灰铸铁。当带速 $v \leqslant 30\text{m/s}$ 时，一般采用铸铁 HT150 或 HT200；当转速较高时，可用铸钢或者钢板冲压焊接结构；当功率小时，可用铸铝或塑料。

带轮的结构一般由轮缘、轮毂、轮辐等部分组成。轮缘是带轮具有轮槽的部分。轮槽的形状和尺寸与相应型号的带截面尺寸相适应。规定梯形轮槽的楔角为 32°、34°、36° 和 38° 四种，都小于 V 带两侧面的夹角 40°。这样可以使带在弯曲变形时胶带能紧贴轮槽两侧。

在 V 带轮上，与所配用 V 带的节宽 b_d 相对应的带轮直径，称为带轮的基准直径，以 d_d 表示，带轮基准直径按表 6-3 选用。普通 V 带轮的轮槽尺寸见表 6-4。

表 6-3　普通 V 带轮最小直径及基准直径系列　　　　　　　　（单位：mm）

V 带轮型号	Y	Z		A		B	C	D	E
d_{dmin}	20	50		75		125	200	355	500
基准直径系列	28 31.5 40 50 56 63 71 75 80 90 95 100 106 112 118 125 132 140								
	150 160 180 200 212 224 236 250 280 315 355 375 400 425 450 475								
	500 530 560 630								

表 6-4　普通 V 带轮的轮槽尺寸　　　　　　　　（单位：mm）

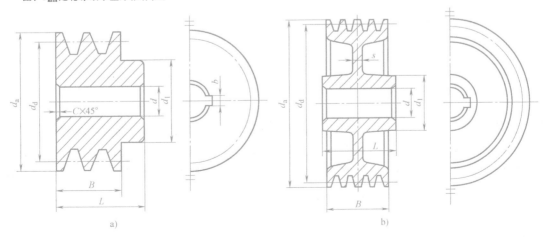

尺寸		Y	Z	A	B	C	D	E
基准宽度 b_d		5.3	8.5	11	14	19	27	32
基准线上槽深 h_{amin}		1.6	2.0	2.75	3.5	4.8	8.1	9.6
基准线下槽深 h_{fmin}		4.7	7.0	8.7	10.8	14.3	19.9	23.4
槽间距 e		8±0.3	12±0.3	15±0.3	19±0.4	25.5±0.5	37±0.6	44.5±0.7
槽边距 f_{min}		6	7	9	11.5	16	23	28
轮缘厚 δ_{min}		5	5.5	6	7.5	10	12	15
外径 d_a		$d_a = d_d + 2h_a$						
φ	32°	基准直径 d_d	≤60	—	—	—	—	—	—
	34°		—	≤80	≤118	≤190	≤315	—	—
	36°		>60	—	—	—	—	≤475	≤600
	38°		—	>80	>118	>190	>315	>475	>600

注：δ_{min} 是轮缘最小壁厚推荐值。

a）实心式　b）腹板式

图 6-5　V 带轮的结构

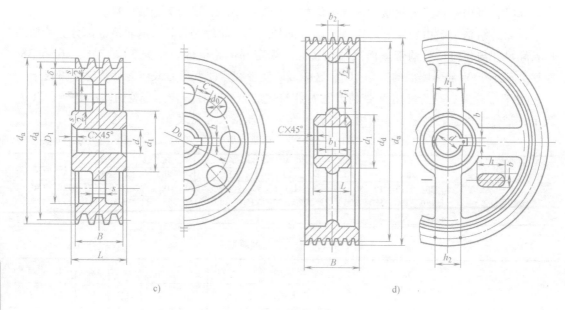

图 6-5 V 带轮的结构（续）

c）孔板式 d）椭圆轮辐式

$d_1 = (1.8 \sim 2)d_0$，$L = (1.5 \sim 2)d_0$，d_0 为轮毂直径。$s = (1/7 \sim 1/4)B$，

$$h_1 = 290\sqrt[3]{\frac{P}{nA}}$$，式中，P 为传递功率；n 为带轮的转速；A 为轮辐数

$h_2 = 0.8h_1$，$b_1 = 0.4h_1$，$b_2 = 0.4b_1$，$f_1 = 0.2h_1$，$f_2 = 0.2h_2$

带轮的结构由带轮直径大小确定。当带轮直径较小，$d_d \leq 200mm$ 时，可采用实心式结构，代号为 S；当带轮直径 $d_d \leq 400mm$ 时，可采用腹板式，代号为 P；若腹板面积较大时，采用孔板式，代号为 H；当 $d_d > 400mm$ 时，采用椭圆轮辐式，代号为 E。V 带轮的结构如图 6-5 所示。

6.3 带传动的工作情况分析

6.3.1 带传动的受力分析

1. 有效拉力

在带传动中，传动带必须以初拉力 F_0 张紧在带轮上，使带和带轮接触面间产生足够的摩擦力。带传动不工作时，传动带两边受到大小相同的拉力 F_0，如图 6-6a 所示。当带传动工作时，主动轮作用在带上的摩擦力方向和主动轮的运动方向相同；带作用在从动轮上的摩擦力方向也与带的运动方向相同。由于摩擦力的作用，带两边的拉力不再相等，如图 6-6b 所示。即将绕进主动轮的一边，拉力由 F_0 增加到 F_1，称为紧边；另一边的拉力由 F_0 减小到 F_2，称为松边。由力矩平衡条件可得

$$F_1 - F_2 = F_f \tag{6-1}$$

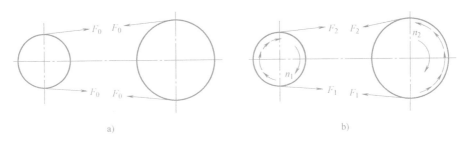

图 6-6　带传动的工作原理

a）不工作时　　b）工作时

紧边拉力与松边拉力之差，是带传动中起传动作用的拉力，称为有效拉力，用 F 表示。其大小由带与带轮接触面间的总摩擦力 F_f 确定。即

$$F = F_f = F_1 - F_2 \tag{6-2}$$

带传动所能传递的功率 P 为

$$P = Fv \tag{6-3}$$

当带速一定时，传递功率的大小取决于有效圆周力的大小。有效圆周力等于带与带轮之间的摩擦力的总和。若带所传递的圆周力超过带与带轮接触面间的最大摩擦力的总和，带与带轮之间就会产生显著的相对滑动，这种现象称为打滑。当摩擦力达到最大时，带所能传递的有效圆周力也达到最大值。此时，F_1 与 F_2 之间的关系可以用柔韧体摩擦的欧拉公式表示为

$$\frac{F_1}{F_2} = e^{f_v \alpha} \tag{6-4}$$

式中，F_1、F_2 分别为带即将打滑时紧边拉力、松边拉力，单位为 N；e 为自然对数的底数；f_v 为当量摩擦因数，$f_v = \dfrac{f}{\sin \beta / 2}$，$f$ 为平面摩擦因数，β 为槽形夹角；α 为小带轮的包角。

将式（6-2）和式（6-4）联立求解得

$$F_{max} = F_1 \left(1 - \frac{1}{e^{f_v \alpha}} \right) \tag{6-5}$$

由式（6-5）可知，带传动的最大有效圆周力与摩擦因数、小带轮包角和拉力有关。增大摩擦因数、小带轮包角和拉力，则有效摩擦力增大，传动能力增强。增大小带轮包角，可以使带与带轮接触弧上的摩擦力增大，从而使最大有效圆周力增大。拉力增大，带与带轮之间的正压力增大，传动时产生的摩擦力增大，最大有效圆周力也就增大。但拉力过大会使磨损加剧，降低带的寿命，增大轴与轴承的压力，且带易松弛。因此，应合理选择带的拉力。

2. 离心拉力

当带沿带轮轮缘做圆周运动时，将会产生离心拉力。离心拉力作用于带的全长。离心拉力使带与带轮之间的正压力和摩擦力减小，降低了带的工作能力。离心拉力 F_c 的大小近似为

$$F_c = qv^2 \tag{6-6}$$

式中，q 为单位长度质量，其值见表 6-1。

6.3.2 带传动的应力分析

带传动工作时，带中有以下几种应力：

1. 拉应力

拉应力是由紧边拉力和松边拉力产生的。

紧边拉应力
$$\sigma_1 = \frac{F_1}{A} \tag{6-7}$$

松边拉应力
$$\sigma_2 = \frac{F_2}{A} \tag{6-8}$$

式中，A 为带的横截面面积。

2. 离心拉应力

由离心拉力引起的带的离心拉应力存在于整个带长，其大小为

$$\sigma_c = \frac{qv^2}{A} \tag{6-9}$$

3. 弯曲应力

带绕过带轮时，因弯曲而产生弯曲应力，其大小为

$$\sigma_b = \frac{2Eh_a}{d_d} \tag{6-10}$$

式中，E 为带的弹性模量；h_a 为带的节面到最外层的垂直距离，其值见表 6-4；d_d 为带轮的基准直径，其值见表 6-3。

由式（6-10）可知，带的高度越大，带轮直径越小，带的弯曲应力就越大。为了避免弯曲应力过大而影响带的寿命，对每种型号的带轮都规定了最小直径，其值见表 6-3。

带传动工作时，传动带中各截面的应力分布如图 6-7 所示，各截面的应力大小用对应位置的径向线表示。最大应力发生在紧边绕入小带轮的切点，其大小为

$$\sigma_{max} = \sigma_1 + \sigma_c + \sigma_{b1} \tag{6-11}$$

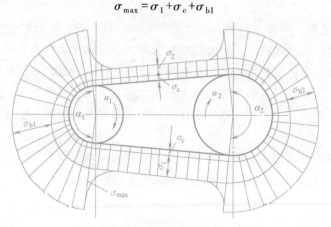

图 6-7 带工作时应力分布情况

6.3.3　带的弹性滑动与打滑

带是弹性体，受拉力作用后会产生变形。由于紧边拉力大于松边拉力，因此紧边的单位伸长量大于松边的单位伸长量。如图 6-6b 所示，当带绕入主动轮时，拉力由 F_1 降到 F_2，带的单位伸长量逐渐减少，带相对带轮回缩，带与带轮之间产生相对滑动，从而使带速 v 落后于主动轮的圆周速度 v_1。同样，当带绕入从动轮时，带的拉力由 F_2 增加到 F_1，带相对带轮伸长，带沿轮面向前滑动，使带速 v 超前于从动轮带速 v_2。这种由于带的弹性变形而引起带与带轮之间的相对滑动称为弹性滑动。由于带传动中紧边拉力和松边拉力不相等，因此，弹性滑动不可避免。

弹性滑动导致从动轮的圆周速度 v_2 低于主动轮的圆周速度 v_1，这种由于带的弹性滑动而引起的从动轮的速度降低率称为滑动率，用符号 ε 表示，其大小为

$$\varepsilon = \frac{v_1 - v_2}{v_1} = \frac{\pi d_{d1} n_1 - \pi d_{d2} n_2}{\pi d_{d1} n_1} = 1 - \frac{d_{d2} n_2}{d_{d1} n_1} \tag{6-12}$$

因而带的实际传动比为

$$i = \frac{n_1}{n_2} = \frac{d_{d2}}{d_{d1}(1 - \varepsilon)} \tag{6-13}$$

通常 V 带传动的滑动率 $\varepsilon = 1\% \sim 2\%$，一般可忽略不计。

弹性滑动和打滑是两个不同的概念。打滑是指由于过载而引起的带沿带轮整个接触面的滑动。打滑时，从动轮转速急剧下降，带的磨损加剧，带传动失效，应当避免。而弹性滑动则使带传动不能保证准确的传动比，且是不可避免的。

6.4　V 带传动的设计计算

6.4.1　带传动的主要失效形式和设计计算准则

带传动的应力变化是周期性的，带每运动一周，应力就循环变化一个周期。当应力循环次数达到一定值时，带会发生疲劳破坏。当带传动过载时，会发生打滑。因此，带传动的主要失效形式是打滑和疲劳破坏。

带传动的设计计算准则是：在保证带传动不打滑的前提下，使带具有一定的疲劳强度。

6.4.2　单根普通 V 带能传递的功率

在载荷平稳、包角 $\alpha = 180°$、传动比 $i = 1$、特定带长的试验条件下，单根普通 V 带能传递的功率 P_0 见表 6-5。在实际工作条件下，由于工件条件不同，传递的功率也会发生变化。实际工作条件下单根普通 V 带能传递的功率，也称作普通 V 带的基本额定功率，用 $[P_0]$ 表示，其值可用下式计算，即

$$[P_0] = (P_0 + \Delta P_0) K_\alpha K_L \tag{6-14}$$

式中，ΔP_0 为普通 V 带基本额定功率的增量，考虑传动比 $i \neq 1$ 时，传动能力有所提高，而附加一个增量，见表 6-6；K_α 为小带轮的包角系数，考虑 $\alpha \neq 180°$ 时对传动能力的影响，见表 6-7；K_L 为带长修正系数，考虑带长不为特定带长对传动的影响，见表 6-2。

表 6-5 单根普通 V 带能传递的功率 P_0 （单位：kW）

带型	小带轮基准直径/mm	小带轮转速 $n_1/(\text{r/min})$						
		400	730	800	980	1200	1460	2800
Z	50	0.06	0.09	0.10	0.12	0.14	0.16	0.26
	63	0.08	0.13	0.15	0.18	0.22	0.25	0.41
	71	0.09	0.17	0.20	0.23	0.27	0.31	0.50
	80	0.14	0.20	0.22	0.26	0.30	0.36	0.56
A	75	0.27	0.42	0.45	0.52	0.60	0.68	1.00
	90	0.39	0.63	0.68	0.79	0.93	1.07	1.64
	100	0.47	0.77	0.83	0.97	1.14	1.32	2.05
	112	0.56	0.93	1.00	1.18	1.39	1.62	2.51
	125	0.67	1.11	1.19	1.40	1.66	1.93	2.98
B	125	0.84	1.34	1.44	1.67	1.93	2.20	2.96
	140	1.05	1.69	1.82	2.13	2.47	2.83	3.85
	160	1.32	2.16	2.32	2.72	3.17	3.64	4.89
	180	1.59	2.61	2.81	3.30	3.85	4.41	5.76
	200	1.85	3.05	3.30	3.86	4.50	5.15	6.43
C	200	2.41	3.80	4.07	4.66	5.29	5.86	5.01
	224	2.99	4.78	5.12	5.89	6.71	7.47	6.08
	250	3.62	5.82	6.23	7.18	8.21	9.06	6.56
	280	4.32	6.99	7.52	8.65	9.81	10.74	6.13
	315	5.14	8.34	8.92	10.23	11.53	12.48	4.16
	400	7.06	11.52	12.10	13.67	15.04	15.51	—

表 6-6 单根普通 V 带额定功率的增量 ΔP_0 （单位：kW）

带型	小带轮转速 $n_1/(\text{r/min})$	传动比 i									
		1.00~1.01	1.02~1.04	1.05~1.08	1.09~1.12	1.13~1.18	1.19~1.24	1.25~1.34	1.35~1.51	1.52~1.99	≥2.0
Z	400	0.00	0.00	0.00	0.00	0.00	0.00	0.00	0.00	0.01	0.01
	730	0.00	0.00	0.00	0.00	0.00	0.00	0.01	0.01	0.01	0.02
	800	0.00	0.00	0.00	0.00	0.01	0.01	0.01	0.01	0.02	0.02
	980	0.00	0.00	0.00	0.01	0.01	0.01	0.01	0.02	0.02	0.02
	1200	0.00	0.00	0.01	0.01	0.01	0.01	0.02	0.02	0.02	0.03
	1460	0.00	0.00	0.01	0.01	0.01	0.02	0.02	0.02	0.02	0.03
	2800	0.00	0.01	0.02	0.02	0.03	0.03	0.03	0.04	0.04	0.04

（续）

带型	小带轮转速 n_1/(r/min)	传动比 i									
		1.00~1.01	1.02~1.04	1.05~1.08	1.09~1.12	1.13~1.18	1.19~1.24	1.25~1.34	1.35~1.51	1.52~1.99	≥2.0
A	400	0.00	0.01	0.01	0.02	0.02	0.03	0.03	0.04	0.04	0.05
	730	0.00	0.01	0.02	0.03	0.04	0.05	0.06	0.07	0.08	0.09
	800	0.00	0.01	0.02	0.03	0.04	0.05	0.06	0.08	0.09	0.10
	980	0.00	0.01	0.03	0.04	0.05	0.06	0.07	0.08	0.10	0.11
	1200	0.00	0.02	0.03	0.05	0.07	0.08	0.10	0.11	0.13	0.15
	1460	0.00	0.02	0.04	0.06	0.08	0.09	0.11	0.13	0.15	0.17
	2800	0.00	0.04	0.08	0.11	0.15	0.19	0.23	0.26	0.30	0.34
B	400	0.00	0.01	0.03	0.04	0.06	0.07	0.08	0.10	0.11	0.13
	730	0.00	0.02	0.05	0.07	0.10	0.12	0.15	0.17	0.20	0.22
	800	0.00	0.03	0.06	0.08	0.11	0.14	0.17	0.20	0.23	0.25
	980	0.00	0.03	0.07	0.10	0.13	0.17	0.20	0.23	0.26	0.30
	1200	0.00	0.04	0.08	0.13	0.17	0.21	0.25	0.30	0.34	0.38
	1460	0.00	0.05	0.10	0.15	0.20	0.25	0.31	0.36	0.40	0.46
	2800	0.00	0.10	0.20	0.29	0.39	0.49	0.59	0.69	0.79	0.89
C	400	0.00	0.04	0.08	0.12	0.16	0.20	0.23	0.27	0.31	0.35
	730	0.00	0.07	0.14	0.21	0.27	0.34	0.41	0.48	0.55	0.62
	800	0.00	0.08	0.16	0.23	0.31	0.39	0.47	0.55	0.63	0.71
	980	0.00	0.09	0.19	0.27	0.37	0.47	0.56	0.65	0.74	0.83
	1200	0.00	0.12	0.24	0.35	0.47	0.59	0.70	0.82	0.94	1.06
	1460	0.00	0.14	0.28	0.42	0.58	0.71	0.85	0.99	1.14	1.27
	2800	0.00	0.27	0.55	0.82	1.10	1.37	1.64	1.92	2.19	2.47

表 6-7 包角修正系数 K_α

包角 α_1	180°	170°	160°	150°	140°	130°	120°	110°	100°	90°
K_α	1.00	0.98	0.95	0.92	0.89	0.86	0.82	0.78	0.74	0.69

6.4.3 V带传动的参数选择和设计计算

设计 V 带传动的已知条件：传动功率 P、小带轮转速 n_1、大带轮转速 n_2（或传动比 i_{12}）、传动用途、工作条件、位置尺寸要求等。

设计内容：选择合理的传动参数，确定普通 V 带的型号、基准长度和根数；确定带轮的材料、结构和尺寸；计算带的初拉力和轴压力。

带传动的参数选择和设计计算一般步骤如下：

（1）确定设计计算功率 P_d

$$P_d = K_A P \tag{6-15}$$

式中，P_d 为设计计算功率；K_A 为工作情况系数，见表 6-8；P 为所需传递功率。

（2）选择带的型号　根据设计计算功率 P_d 和小带轮的转速 n_1 由图 6-8 选择。若选择的坐标点落在两种带型分界线附近时，应分别选择两种带型设计计算，然后择优选用。

（3）确定带轮基准直径 d_{d1}、d_{d2}

1）选择小带轮的基准直径 d_{d1}。初选小带轮直径 d_{d1}，使 $d_{d1} \geqslant d_{min}$，d_{min} 为 V 带轮的最小直径，见表 6-3。d_{d1} 应在结构允许的前提下尽可能选大一些，以减小弯曲应力，提高带的寿命。

表 6-8　工作情况系数 K_A

载荷性质	工作机	原　动　机					
		电动机（交流起动、三角起动、直流并励），四缸以上的内燃机			电动机（联机交流起动、直流复励或串励），四缸以下的内燃机		
		每天工作时间/h					
		<10	10~16	>16	<10	10~16	>16
载荷变动很小	液体搅拌机、通风机和鼓风机（≤7.5kW）、离心式水泵和压缩机、轻负荷输送机	1.0	1.1	1.2	1.1	1.2	1.3
载荷变动小	带式输送机（不均匀负荷）、通风机（>7.5kW）、旋转式水泵和压缩机（非离心式）、发动机、金属切削机床、印刷机、旋转筛和木工机械	1.1	1.2	1.3	1.2	1.3	1.4
载荷变动较大	制砖机、斗式提升机、往复式水泵和压缩机、起重机、磨粉机、冲剪机床、橡胶机械、振动筛、纺织机械、重载输送机	1.2	1.3	1.4	1.4	1.5	1.6
载荷变动很大	破碎机（旋转式、颚式等），磨碎机（球磨、棒磨、管磨）	1.3	1.4	1.5	1.5	1.6	1.8

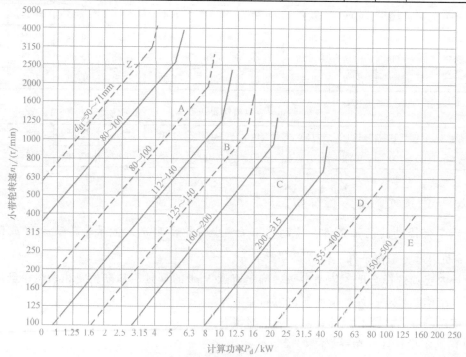

图 6-8　普通 V 带选型图

2）验算带速。

$$v = \frac{\pi d_{d1} n_1}{60 \times 1000} \tag{6-16}$$

式中，v 为带速，单位为 m/s；d_{d1} 为小带轮的基准直径，单位为 mm；n_1 为小带轮转速，单位为 r/min。

一般带速 v 在 5～25m/s 范围内。若带速过大，将缩短带的寿命，降低带的传动能力。

3）计算大带轮的基准直径 d_{d2}。由式（6-13）可得

$$d_{d2} = i(1-\varepsilon) d_{d1} = \frac{n_1}{n_2}(1-\varepsilon) d_{d1} \tag{6-17}$$

d_{d1}、d_{d2} 均应符合表 6-3 所列的带轮的基准直径系列。

（4）确定中心距 a 及带的基准长度 L_d

1）初定中心距 a_0。若设计要求中未对中心距提出明确要求，可按式（6-18）初选中心距 a_0，即

$$0.7(d_{d1}+d_{d2}) \le a_0 \le 2(d_{d1}+d_{d2}) \tag{6-18}$$

2）初算带的基准长度 L_{d0}。初选中心距 a_0 后，根据带传动的几何关系，可按式（6-19）初算带的基准长度 L_{d0}，即

$$L_{d0} \approx 2a_0 + \frac{\pi}{2}(d_{d1}+d_{d2}) + \frac{(d_{d2}-d_{d1})^2}{4a_0} \tag{6-19}$$

3）确定带的基准长度 L_d。按表 6-2 将 L_{d0} 圆整至相近的标准基准长度 L_d。

4）确定中心距 a。确定带的基准长度 L_d 后，可按式（6-20）计算实际中心距 a，即

$$a \approx a_0 + \frac{L_d - L_{d0}}{2} \tag{6-20}$$

考虑到安装、调整和松弛后张紧的需要，实际中心距允许有一定的调整范围，其大小为

$$a_{min} = a - 0.015 L_d$$
$$a_{max} = a + 0.03 L_d \tag{6-21}$$

（5）验算小带轮包角 α_1　为保证传动能力，应使小带轮包角

$$\alpha_1 = 180° - 57.3° \frac{d_{d2}-d_{d1}}{a} \tag{6-22}$$

若验算不满足要求，可加大中心距或减小传动比，或者采用张紧轮，使 α_1 在允许的范围内。

（6）确定 V 带的根数

$$Z \ge \frac{P_d}{[P_0]} \tag{6-23}$$

计算后应将 Z 圆整为整数。通常 Z 应不超过 8 根，若计算结果不符合要求，应重新选择 V 带型号或加大带轮直径后再计算。

（7）确定带的初拉力 F_0　带传动正常工作时应保持适当的初拉力。若初拉力不足，则摩擦力减小，易打滑；若初拉力过大，则降低带的寿命，并增大轴和轴承的压力。单根 V 带的初拉力可由式（6-24）计算，即

$$F_0 = 500 \frac{P_d}{vZ}\left(\frac{2.5}{K_\alpha} - 1\right) + qv^2 \tag{6-24}$$

（8）计算带的轴压力 F_Q 为设计轴和轴承，应计算 V 带作用于轴上的压力。通常不考虑松、紧边的拉力差，近似按两边拉力均为 F_0 计算，由图 6-9 可得

$$F_Q \approx 2ZF_0 \sin \frac{\alpha_1}{2} \qquad (6-25)$$

（9）设计带轮结构，绘制带轮工作图（略）

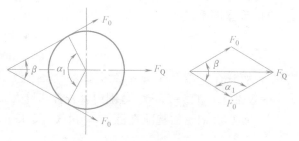

图 6-9　带作用在轴上的压力

例　设计某带式输送机的普通 V 带传动。已知电动机额定功率 $P = 5.5\mathrm{kW}$，主动轮转速 $n_1 = 1440\mathrm{r/min}$，从动轮转速 $n_2 = 500\mathrm{r/min}$，两班制工作，要求中心距为 600mm，载荷变动较小。

解　1）确定设计计算功率 P_d。查表 6-8 得 $K_A = 1.2$，由式（6-15）得

$$P_d = K_A P = 1.2 \times 5.5\mathrm{kW} = 6.6\mathrm{kW}$$

2）选择带的型号。根据 $P_d = 6.6\mathrm{kW}$ 和 $n_1 = 1440\mathrm{r/min}$，由图 6-8 查得带的型号为 A 型。

3）确定带轮基准直径 d_{d1}、d_{d2}。

① 选择小带轮的基准直径 d_{d1}。由表 6-3 初选小带轮直径 $d_{d1} = 125\mathrm{mm}$。

② 验算带速。

$$v = \frac{\pi d_{d1} n_1}{60 \times 1000} = \frac{3.14 \times 125 \times 1440}{60 \times 1000}\mathrm{m/s} = 9.42\mathrm{m/s}$$

带速 v 在 5~25m/s 范围内，符合要求。

③ 计算大带轮的基准直径 d_{d2}。

取 $\varepsilon = 2\%$，由式（6-17）可得

$$d_{d2} = \frac{n_1}{n_2}(1 - \varepsilon)d_{d1} = \frac{1440}{500} \times (1 - 0.02) \times 125\mathrm{mm} = 352.8\mathrm{mm}$$

由表 6-3 带的基准直径系列得 $d_{d2} = 355\mathrm{mm}$。

4）确定带的基准长度 L_d。

① 初定中心距 a_0。根据设计要求取 $a_0 = 600\mathrm{mm}$。

② 初算带的基准长度 L_{d0}。由式（6-19）可得

$$L_{d0} \approx 2a_0 + \frac{\pi}{2}(d_{d1} + d_{d2}) + \frac{(d_{d2} - d_{d1})^2}{4a_0}$$

$$= \left[2 \times 600 + \frac{3.14}{2} \times (125 + 355) + \frac{(355 - 125)^2}{4 \times 600} \right]\mathrm{mm}$$

$$= 1975.64\mathrm{mm}$$

③ 确定带的基准长度 L_d。按表 6-2 将 L_{d0} 圆整至相近的标准基准长度：$L_d = 1940\mathrm{mm}$。

5）确定中心距 a。由式（6-20）可得

$$a \approx a_0 + \frac{L_d - L_{d0}}{2} = \left(600 + \frac{1940 - 1975.64}{2}\right) \text{mm} \approx 582\text{mm}$$

由式（6-21）可得实际中心距的调整范围为

$$a_{\min} = a - 0.015L_d = (582 - 0.015 \times 2000)\text{mm} = 553\text{mm}$$

$$a_{\max} = a + 0.03L_d = (582 + 0.03 \times 2000)\text{mm} = 640\text{mm}$$

6）验算小带轮包角 α_1。由式（6-22）可得

$$\alpha_1 = 180° - 57.3° \frac{d_{d2} - d_{d1}}{a} = 180° - 57.3° \frac{355 - 125}{582} = 157.36° > 120°$$

α_1 在允许的范围内，满足要求。

7）确定 V 带的根数。查表 6-5，得 $P_1 = 1.91\text{kW}$；查表 6-6，得 $\Delta P_1 = 0.17\text{kW}$；查表 6-7，得 $K_\alpha = 0.94$；查表 6-2，得 $K_L = 1.02$。

由式（6-23）得

$$Z \geqslant \frac{P_d}{[P_0]} = \frac{P_d}{(P_0 + \Delta P_0) K_\alpha K_L} = \frac{6.6}{(1.91 + 0.17) \times 0.94 \times 1.02} = 3.28$$

将 Z 圆整为整数：$Z = 4$。

8）确定带的初拉力 F_0。查表 6-1，得 $q = 0.11\text{kg/m}$。

由式（6-24）得

$$F_0 = 500 \frac{P_d}{vZ}\left(\frac{2.5}{K_\alpha} - 1\right) + qv^2 = \left[500 \times \frac{6.6}{9.42 \times 4} \times \left(\frac{2.5}{0.94} - 1\right) + 0.11 \times 9.42^2\right]\text{N}$$

$$= 155.14\text{N}$$

9）计算带的轴压力 F_Q。由式（6-25）可得

$$F_Q \approx 2ZF_0\sin\frac{\alpha_1}{2} = 2 \times 4 \times 155.14 \times \sin\frac{157.36°}{2}\text{N} = 1216.3\text{N}$$

10）设计带轮结构，绘制带轮工作图（略）。

6.5　带传动的张紧、安装与维护

6.5.1　带传动的张紧

V 带传动靠摩擦力传递动力和转矩，只有保持一定的初拉力 F_0 才能保证带的传动能力。带安装时需张紧，使初拉力为 F_0；带传动工作一段时间后，由于磨损和塑性变形，使带的初拉力减小，传递动力的能力下降，这时需重新张紧。常用的张紧装置有以下三种：

1. 人工定期张紧

如图 6-10a 所示，把连接带轮的电动机安装在水平导轨上，通过调节调整螺钉加大中心距达到张紧的目的。图 6-10b 所示的张紧装置用于倾斜布置，通过调节调整螺钉使摆架转动而达到张紧的目的。

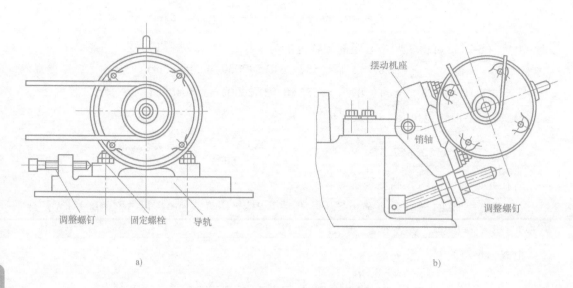

图 6-10　V 带的定期张紧装置

a）导轨式　b）摆架式

2. 自动张紧装置

如图 6-11 所示，将连接带轮的电动机安装在摆架上，利用重力产生的转矩与初拉力产生的转矩相平衡，当初拉力减小时，摆架摆动，实现自动张紧。

3. 张紧轮张紧装置

当带传动中心距不可调节时，可采用张紧轮张紧。如图 6-12 所示，V 带张紧时，张紧轮一般装在松边内侧，使带只受单向弯曲；张紧轮应靠近大带轮，以免小带轮包角减小太多。

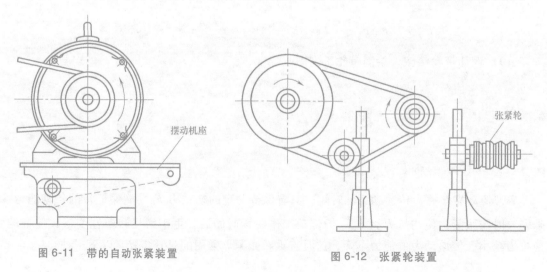

图 6-11　带的自动张紧装置

图 6-12　张紧轮装置

6.5.2　带传动的安装和维护

V 带传动的安装和维护一般应满足以下要求：

1）多根 V 带传动时，应选同型号、同尺寸、同配组公差的 V 带，使各带受力均匀。

2）安装 V 带时，先将中心距缩小、带套上带轮后，再逐渐加大中心距使带张紧。安装时还应使两带轮轴线平行，同一带所在的轮槽共面，不同带所在的平面互相平行。

3）定期检查 V 带，适时张紧。当有一根 V 带松弛或损坏时，应全部更换，避免新旧带混用。

4）带传动应避免与酸、碱、油污等接触，避免日晒，工作温度不宜超过 60℃。

5）带传动应设有保护罩。若带传动闲置时间较长，应将传动带放松。

6.6　链传动概述

链传动通常用于传动装置的低速级传动。小链轮通常安装在减速器的输出端，通过链传动将传动速度降低，再将传动传到工作机。

链传动是一种由中间挠性元件连接的啮合传动。由于链传动的平均传动比准确，结构简单，经济可靠，对工作环境要求不高，因此链传动应用广泛。

6.6.1　链传动的类型、特点及应用

1. 链传动的类型

链传动由主动轮、从动轮和传动链组成，如图 6-13 所示。工作时，链轮轮齿与链条链节相啮合，从而传递运动和动力。

链条的种类很多，按用途不同分为传动链、起重链和运输链三类。传动链一般用于机械装置中传递运动和动力，起重链主要用于起重机械中提起重物，运输链主要用于各类输送装置中。按结构不同，传动链分为套筒链、滚子链、齿形链、板式链等类型，如图 6-14 所示。齿形链又称无声链，结构平稳，噪声小，承受载荷能力高；但结构复杂、价格高，因而主要用于高速、大传动比、高精度的场合。滚子链质量小、价格低，应用最广泛。

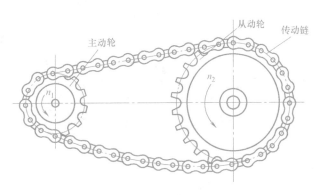

图 6-13　链传动

2. 链传动的特点和应用

链传动的特点如下：

1）链传动是啮合传动，无弹性滑动现象，故能保证平均传动比恒定。

2）结构紧凑，传动功率大。

3）传动不需要初拉力，轴和轴承压力小。

4）可在高温、潮湿、多尘、油污等恶劣环境下工作。

5）瞬时传动比不恒定，传动平稳性差，有冲击和噪声，不能用于变载和急速反转的场合。

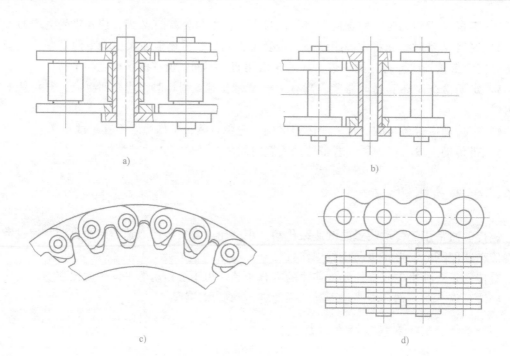

图 6-14 传动链的类型

a）套筒链 b）滚子链 c）齿形链 d）板式链

6）链条易磨损，只能用于平行轴之间的传动。

链传动适用于两轴线平行、大中心距、对瞬时传动比要求不严格、工作环境恶劣等场合，广泛应用于农业、采矿、石化、冶金、运输等各类机械中。链传动传递功率可达 3600kW，链速可达 30~40m/s，润滑良好时效率可达 97%~98%。一般链传动传递的功率 $P \leqslant 100$kW，链速 $v \leqslant 15$m/s，传动比 $i \leqslant 7$，中心距 $a \leqslant 6$m。

6.6.2 滚子链及其链轮

1. 滚子链的结构

滚子链的结构如图 6-15 所示，它由内链板、外链板、销轴、套筒和滚子组成。外链板与销轴采用过盈配合，构成外链节；内链板与套筒也采用过盈配合，构成内链节。内、外链节交错连接构成链条。销轴、套筒、滚子之间均采用间隙配合，这样内、外链节就可以相对转动，使链条具有挠性。当链条与链轮啮合时，滚子与链轮之间相对滚动，减轻了链与链轮之间的摩擦与磨损。

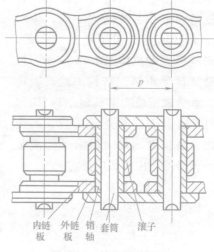

图 6-15 滚子链的结构

滚子链的接头形式如图 6-16 所示，接头处通常用开口销（见图 6-16a）或弹簧卡（见图 6-16b）固定。当链条的链节数为偶数时，内、外链节刚好相接。当链条的链节数为奇数时，则需采用过渡链节（见图 6-16c）。由于过渡链节在承载时要承受附加的弯曲应力，这使得链的承载能力降低约 20%，故应尽量避免使用过渡链节。因此，在设计时一般链节数取偶数。

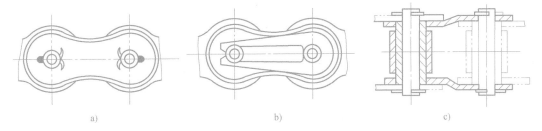

图 6-16 滚子链的接头形式与过渡链节

a）开口销 b）弹簧卡 c）过渡链节

滚子链上相邻两销轴中心间的距离称为节距，用 p 表示，它是链传动的基本参数。节距越大，链节的尺寸越大，则承载能力越强，但冲击和振动也增大。滚子链的排数有单排、双排和多排，双排链如图 6-17 所示，相邻两排链条中心线间的距离称为排距，用 p_t 表示。当传递功率较大、转速较高时，可采用小节距双排链或多排链，但链传动的排数不宜过多，一般不应超过四排。

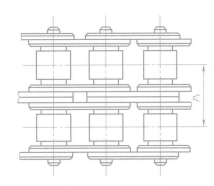

图 6-17 双排滚子链

滚子链已标准化，其基本参数和尺寸见表 6-9。根据使用场合和极限拉伸载荷的不同，滚子链分为 A、B 两个系列，其中 A 系列主要供设计使用，B 系列主要用于维修。其中链号乘以 25.4/16mm 即为链节距 p 的值。

表 6-9 滚子链的基本参数和尺寸

链号	节距 p/mm	排距 p_t/mm	滚子外径 d_0/mm max	内节内宽 b_1/mm min	销轴直径 d_2/mm max	内链板高度 h_2/mm max	抗拉强度 F_u/kN			单排质量 q/(kg·m⁻¹)
							单排 min	双排 min	三排 min	
05B	8.00	5.64	5.00	3.00	2.31	7.11	4.4	7.8	11.1	0.18
06B	9.525	10.24	6.35	5.72	3.28	8.29	8.9	16.9	24.9	0.40
08A	12.70	14.38	7.95	7.85	3.98	12.07	13.9	27.8	41.7	0.60
08B	12.70	13.92	8.51	7.75	4.45	11.81	17.8	31.1	44.5	0.70
10A	15.875	18.11	10.16	9.40	5.09	15.09	21.8	43.6	65.4	1.00
12A	19.05	22.78	11.91	12.57	5.96	18.10	31.3	62.6	93.9	1.50
16A	25.40	29.29	15.88	15.75	7.94	24.13	55.6	111.2	166.8	2.60
20A	31.75	35.76	19.05	18.90	9.54	30.17	87	174	261	3.80
24A	38.10	45.44	22.23	25.22	11.11	36.20	125	250	375	5.60
28A	44.45	48.87	25.40	25.22	12.71	42.23	170	340	510	7.50
32A	50.80	58.55	28.58	31.55	14.29	48.26	223	446	669	10.10
40A	63.50	71.55	39.68	37.85	19.85	60.33	347	694	1041	16.10
48A	76.20	87.83	47.63	47.35	23.81	72.39	500	1000	1500	22.60

2. 滚子链链轮的结构和材料

滚子链链轮的齿形已标准化。按照 GB/T 1243—2006 规定即可。链轮的端面齿形如图 6-18 所示。滚子链链轮主要尺寸见表 6-10。

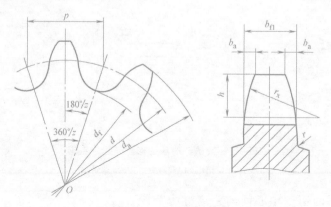

图 6-18　链轮的齿形

表 6-10　滚子链链轮主要尺寸

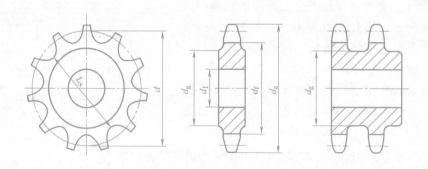

名　称	符号	公　式	说　明
分度圆直径	d	$d = \dfrac{p}{\sin(180°/z)}$	
齿顶圆直径	d_a	$d_{amax} = d + 1.25p - d_1$ $d_{amin} = d + (1 - 1.6/z)p - d_1$	可在 d_{amax} 与 d_{amin} 范围内选取。但当选用 d_{amax} 时,应注意用展成法加工,d_a 要取整数
分度圆弦齿高	h_a	$h_{amax} = (0.625 + 0.8/z)p - 0.5d_1$ $h_{amin} = 0.5(p - d_1)$	h_a 是为简化放大齿形图的绘制而引入的辅助尺寸。h_{amax} 对应于 d_{amax},h_{amin} 对应于 d_{amin}
齿根圆直径	d_f	$d_f = d - d_1$	
最大齿根距离	L_x	奇数齿:$L_x = d\cos(90°/z) - d_1$ 偶数齿:$L_x = d_f = d - d_1$	

链轮的轴向齿廓为圆弧形,其主要尺寸见表 6-11。

表 6-11　链轮轴向齿廓尺寸

名　称		计　算　公　式	
		$p \leqslant 12.7\text{mm}$	$p > 12.7\text{mm}$
齿宽 b_{f1}	单排	$0.93b_1$	$0.95b_1$
	双排、三排	$0.91b_1$	$0.93b_1$
	四排以上	$0.88b_1$	$0.93b_1$
倒角宽 b_a		$b_a = (0.1 \sim 0.15)p$	
倒角半径 r_x		$r_x \geqslant p$	
倒角深 h		$h = 0.5p$	
齿侧缘(或排间槽)圆角半径 r_a		$r_a \approx 0.04p$	
链轮齿总宽 b_{fm}		$b_{fm} = (m-1)p_t + b_{f1}$ (m 为排数)	

链轮的结构与链轮的直径有关。小直径链轮采用实心式结构，如图 6-19a 所示；中等直径链轮采用孔板式，如图 6-19b 所示；大直径链轮常采用螺栓联接式；以便更换齿圈，如图 6-19c 所示，大直径的链轮也可以采用焊接式，如图 6-19d 所示。

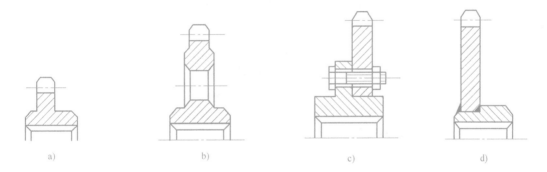

a)　　　　　　　　b)　　　　　　　　c)　　　　　　　　d)

图 6-19　链轮的结构

a) 实心式　b) 孔板式　c) 螺栓联接式　d) 焊接式

链传动在工作时可承受较大的载荷，因此，链轮的材料应使轮齿具有足够的强度和耐磨性。链轮常用材料及应用范围见表 6-12。

表 6-12　链轮常用材料及应用范围

材　料	齿面硬度	应　用　范　围
15,20	渗碳淬火 50~60HRC	$z \leqslant 25$ 的高速、重载、有冲击载荷的链轮
35	正火 160~200HBW	$z > 25$ 的低速、轻载、平稳传动的链轮
45,50,ZG45	淬火 40~45HRC	低、中速、轻、重载、无激烈冲击、振动和易磨损工作条件下的链轮
15Cr,20Cr	渗碳淬火 50~60HRC	$z < 25$ 的大功率传动链轮,高速、重载的重要链轮
35SiMn,35CrMo,40Cr	淬火 40~45HRC	高速、重载、有冲击、连续工作的链轮
Q235,Q275	140HBW	中速、传递中等功率的链轮,较大链轮
灰铸铁(不低于 HT200)	260~280HBW	载荷平稳、速度较低、齿数较多($z > 50$)的从动链轮
夹布胶木	—	传递功率小于 6kW、速度较高、传动平稳、噪声小的链轮

6.6.3　链传动的运动特性

1. 平均链速和平均传动比

链传动工作时，整个链条是挠性体，每个链节则视为刚性体。当链条与链轮啮合时，链条呈正多边形分布在链轮上，多边形的边长就是节距 p（单位：mm），边数为链轮齿数 z。链轮每转过一周，链条转过的长度为 zp。若主、从动轮的转速分别为 n_1、n_2（单位：r/min），则链的平均速度 v（单位：m/s）为

$$v = \frac{z_1 p n_1}{60 \times 1000} = \frac{z_2 p n_2}{60 \times 1000} \tag{6-26}$$

链传动的平均传动比为

$$i = \frac{n_1}{n_2} = \frac{z_2}{z_1} \tag{6-27}$$

2. 瞬时链速和瞬时传动比

如图 6-20 所示，为了便于分析，使链的紧边始终处于水平位置。若主动链轮以等角速度 ω_1 回转，销轴 A 开始随主动轮做等速圆周运动，其圆周速度 $v_1 = R_1 \omega_1$，对 v_1 进行分解，则

水平分速度 $\qquad\qquad v_x = R_1 \omega_1 \cos\beta \qquad\qquad$ (6-28)

垂直分速度 $\qquad\qquad v_y = R_1 \omega_1 \sin\beta \qquad\qquad$ (6-29)

式中，β 为啮合过程中链节销轴中心 A 与链轮中心 O_1 连线与铅垂方向所夹的锐角，也称位置角。由图 6-20b 可知，链条的链节在主动轮上对应的中心角为 φ_1，β 在 $\pm\varphi_1/2$ 的范围内进行周期变化。当 $\beta = 0$ 时，链速最大，$v_{\max} = R_1 \omega_1$；当 $\beta = \pm 180°/z_1$ 时，链速最小，$v_{\min} = R_1 \omega_1 \cos(180°/z_1)$。

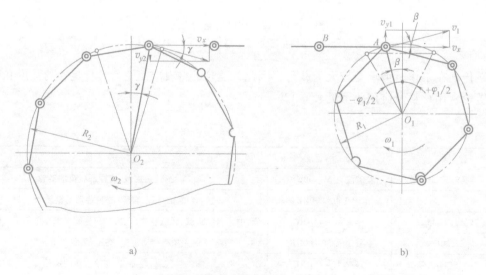

图 6-20　链传动的速度分析

由以上分析可知：主动轮虽然等速转动，但链条的瞬时速度在周期性地变化，每转一个链节，链速的变化就重复一次。链轮齿数越少，链节距越大，则链速的波动就越大。

同样，每一链节在与从动轮啮合的过程中，链节销轴中心在从动轮上的位置角 γ 也在 $\pm 180°/z_2$ 的范围内变化。由图 6-20a 可知 $v_x = R_2\omega_2\cos\gamma$，所以

$$\omega_2 = \frac{v_x}{R_2\cos\gamma} = \frac{R_1\omega_1\cos\beta}{R_2\cos\gamma} \tag{6-30}$$

故链传动的传动比为

$$i_{12} = \frac{\omega_1}{\omega_2} = \frac{R_2\cos\gamma}{R_1\cos\beta} \tag{6-31}$$

通常 $\beta \neq \gamma$。因此，即使主动链轮以等角速度回转，瞬时链速、从动轮的角速度和瞬时传动比也都是进行周期性变化的，从而产生动载荷。同时，铰链销轴的垂直分速度 v_y 也进行周期性变化，使链在垂直方向上产生有规律的振动，从而使链条上下抖动。在链条进入链轮的瞬间，也会产生冲击和振动。因此，链传动中不可避免地产生动载荷，使传动不平稳。链轮齿数越少、转速越高、链节距越大，则动载荷越大。一般链传动常用于低速级，设计时合理选择齿数和节距，可减小动载荷和冲击，从而获得较为平稳的传动。

6.6.4　链传动的张紧与维护

1. 链传动的布置与张紧

链传动的布置是否合理，会直接影响链传动的工作能力和寿命。通常链传动的布置应注意以下几点：

1）链传动两轴应平行，两链轮应位于同一平面内。

2）两轮中心线一般采用水平或接近水平布置，且紧边在上，松边在下，以防止链条下垂与链轮轮齿发生干涉，如图 6-21a、b 所示。

3）链传动尽量避免铅垂布置，铅垂布置时应采用张紧轮，如图 6-21c 所示，或使上、下轮偏置，使两轮轴线不在同一铅垂面内。

链传动要适当张紧，以避免松边下垂量过大产生啮合不良或振动过大现象。一般链传动应设计成中心距可调整的方式，通过调整中心距进行张紧。或采用张紧轮张紧，张紧轮一般设置在松边，其布置如图 6-21 所示。

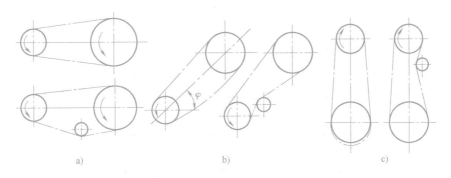

a)　　　　　　　　　　b)　　　　　　　　　　c)

图 6-21　链传动的布置与张紧

2. 链传动的润滑

链传动应保持良好的润滑，以减小摩擦和磨损，延长链的寿命和防止脱链。链传动的润滑方式一般分为四种，可以根据链速和链号由图 6-22 选取。链传动的润滑油可以根据环境

温度选取，通常，5~25℃选用 L-AN 32 全损耗系统用油；25~65℃选用 L-AN 46 全损耗系统用油；65℃以上选用 L-AN 64 全损耗系统用油。

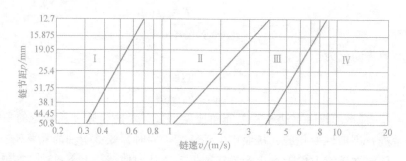

图 6-22　链传动的推荐润滑方式

Ⅰ—人工定期润滑　Ⅱ—滴油润滑　Ⅲ—油浴或飞溅润滑　Ⅳ—压力喷油润滑

习　题

6-1　带传动有哪些特点？

6-2　带传动的常用类型有哪些？

6-3　V 带的型号有哪些？

6-4　带传动工作时，最大应力发生在什么位置？其值是多少？

6-5　什么是弹性滑动？

6-6　什么是打滑？

6-7　带传动为什么要张紧？常用的有哪些张紧方法？

6-8　观察报废的 V 带，分析失效原因。

6-9　某普通 V 带传动，用 Y 系列三相异步电动机驱动。已知转速 $n_1 = 1460 \text{r/min}$，$n_2 = 650 \text{r/min}$，小带轮直径 $d_{d1} = 140 \text{mm}$，若采用三根 B 型带，中心距在 1000mm 左右，载荷有轻微冲击，两班制工作，试计算带传动所能传递的功率。

6-10　试设计某一普通 V 带传动。已知电动机功率 $P = 5.5 \text{kW}$，转速 $n_1 = 960 \text{r/min}$，传动比 $i_{12} = 2.5$，载荷平稳，两班制工作，要求两带轮的中心距在 900mm 左右。

6-11　与带传动相比，链传动有哪些优缺点？

6-12　影响链传动速度不均匀性的主要参数是什么？

6-13　链速 V 一定时，链轮齿数 z 的多少和链节距 p 的大小对链传动的动载荷有何影响？

6-14　链传动为什么要适当张紧？常用的有哪些张紧方法？如何适当控制松边的下垂度？

6-15　链传动有哪些润滑方法？各在什么情况下采用？常使用哪些润滑剂和润滑装置？

6-16　观察自行车的链传动机构，了解滚子链的传动特点，测量链条的规格，并回答问题：链传动的传动比多大？小链轮有几个齿？链节数是多少？

第7章

齿 轮 传 动

本章主要介绍渐开线标准直齿圆柱齿轮、标准斜齿圆柱齿轮以及标准直齿锥齿轮传动的设计计算，具体包括渐开线的性质、啮合特点、啮合传动、齿轮的失效形式及材料选择、设计准则等。

7.1 齿轮传动概述

7.1.1 齿轮传动的特点及应用

齿轮机构一般用于传递任意两轴之间的运动和动力，是应用最广，同时也是最古老的传动机构之一。它通过轮齿啮合实现传动要求，因此与带传动、链传动等机械传动相比较，其显著特点是：适用的圆周速度和功率范围广，效率较高，传动比稳定，寿命较长，工作可靠性较高，可实现任意两轴之间的传动。

齿轮传动也有一定的不足：制造、安装精度要求较高，故成本高；不适宜进行轴间距过大的传动。

7.1.2 齿轮传动的分类

齿轮传动的类型很多，按照两轴的相对位置和齿向的分类如下所示，具体传动类型如图7-1所示。

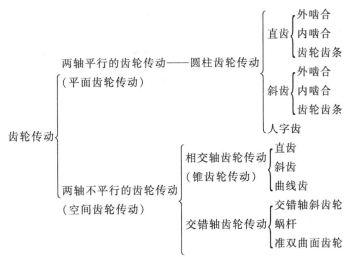

按照轮齿齿廓曲线的形状，齿轮传动可分为渐开线齿轮传动、圆弧齿轮传动和摆线齿轮传动等，本章仅讨论渐开线齿轮传动。

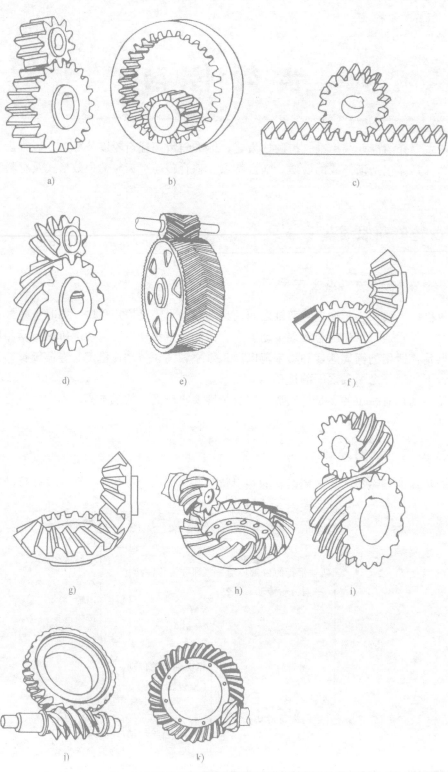

图 7-1　齿轮传动的分类

a）外啮合直齿　b）内啮合直齿　c）直齿齿轮齿条　d）外啮合斜齿　e）人字齿　f）直齿锥齿轮

g）斜齿锥齿轮　h）曲线齿锥齿轮　i）交错轴斜齿轮　j）蜗杆　k）准双曲面齿轮

按照工作条件，齿轮传动可分为开式齿轮传动和闭式齿轮传动两种，前者轮齿外露，灰尘易于落入齿面；后者轮齿封闭在箱体内。

按照齿廓表面的硬度，齿轮传动可分为软齿面（硬度≤350HBW）齿轮传动和硬齿面（硬度>350HBW）齿轮传动。

7.2　渐开线与渐开线标准直齿圆柱齿轮的几何尺寸计算

7.2.1　渐开线的性质和渐开线齿廓的啮合特点

如图 7-2 所示，当一直线 BK 沿一圆周做纯滚动时，直线上任意点 K 的轨迹 AK 称为该圆的渐开线。这个圆称为渐开线的基圆，它的半径用 r_b 表示；直线 BK 称为渐开线的发生线。渐开线上任一点 K 的向径 OK 与起始点 A 的向径 OA 间的夹角 $\angle AOK$ 称为渐开线上 K 点的展角，用 θ_K 表示。

1. 渐开线的性质

根据渐开线的形成过程，可知渐开线具有下列性质：

1）发生线沿基圆滚过的长度，等于基圆上被滚过的圆弧长度，即

$$\overline{BK} = \widehat{AB}$$

2）因发生线 BK 沿基圆做纯滚动，故它与基圆的切点 B 即为其速度瞬心，所以发生线 BK 即为渐开线在点 K 的法线。又因发生线恒切于基圆，故可得出结论：渐开线上任意点的法线恒与基圆相切。

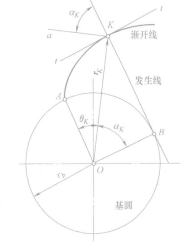

图 7-2　渐开线的形成

3）可以证明，发生线与基圆的切点 B 也是渐开线在点 K 处的曲率中心，而线段 KB 就是渐开线在点 K 处的曲率半径。又由图 7-2 可见，渐开线越接近于其基圆的部分，其曲率半径越小。在基圆上其曲率半径为零。

4）渐开线的形状取决于基圆的大小。如图 7-3 所示，在展角相同的条件下，基圆半径越大，其渐开线的曲率半径也越大。当基圆半径为无穷大时，其渐开线就变成一条直线。故齿条的齿廓曲线为直线。

5）基圆以内无渐开线。

2. 渐开线齿廓的啮合特点

（1）瞬时传动比恒定　图 7-4 所示为一对渐开线齿廓在任意点 K 啮合，O_1、O_2 分别为两轮的转动中心，渐开线 C_1、渐开线 C_2 为两齿轮上相互啮合的齿廓。

过啮合点 K 所作的两齿廓的公法线 N_1N_2 必与两基圆相切，即 N_1N_2 为两基圆的内公切线，N_1、N_2 为切点。由于齿轮基圆的大小和位置均固定，两圆同一方向的内公切线只有一条，所以无论两齿廓在哪点啮合，过啮合点所作的公法线都一定与 N_1N_2 重合。故任意啮合点 K 的公法线 N_1N_2 为一定直线，其与两轮连心线 O_1O_2 的交点 P 为一定点，P 点称为节点，以 O_1、O_2 为圆心，过节点 P 所作的圆称为节圆，其半径用 r_1'、r_2' 表示。设该瞬时两轮的角

速度分别为 ω_1、ω_2，则两轮在 K 点的速度分别为 $v_{K1} = \omega_1 \overline{O_1K}$，$v_{K2} = \omega_2 \overline{O_2K}$，齿轮传动时，两轮在过啮合点 K 的公法线上的分速度必须相等，否则将会出现两轮分离或嵌入，而不能正常传动。由此可知

$$v_{K1}\cos\alpha_{K1} = v_{K2}\cos\alpha_{K2}$$

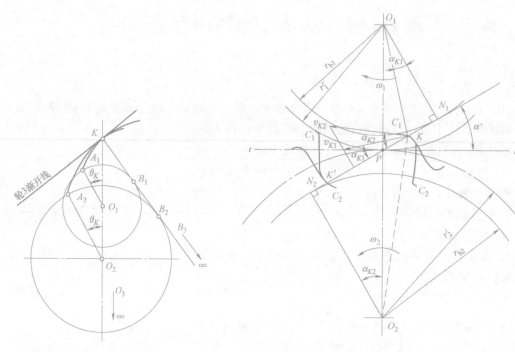

图 7-3　不同基圆的渐开线比较　　　　图 7-4　渐开线齿轮的啮合

即
$$\omega_1 \overline{O_1K}\cos\alpha_{K1} = \omega_2 \overline{O_2K}\cos\alpha_{K2}$$

则瞬时传动比
$$i_{12} = \frac{\omega_1}{\omega_2} = \frac{\overline{O_2K}\cos\alpha_{K2}}{\overline{O_1K}\cos\alpha_{K1}} = \frac{\overline{O_2N_2}}{\overline{O_1N_1}} = \frac{r_{b2}}{r_{b1}} = 常数 \tag{7-1}$$

由式（7-1）可知，瞬时传动比恒定，又因 $\triangle O_1PN_1 \backsim \triangle O_2PN_2$，可得

$$i_{12} = \frac{\omega_1}{\omega_2} = \frac{\overline{O_2N_2}}{\overline{O_1N_1}} = \frac{\overline{O_2P}}{\overline{O_1P}} = \frac{r_2'}{r_1'} \tag{7-2}$$

由式（7-2）可知，$\omega_1 r_1' = \omega_2 r_2' = v_{P1} = v_{P2}$，这说明两节圆的圆周速度相等，所以齿轮传动时可看作两节圆在做纯滚动。

注意：两齿廓在节点啮合时，其线速度相等，齿面上无滑动存在。除此之外，在任意点啮合时（如 K 点），两轮在该点的线速度并不相等，必会产生沿着齿面方向上的相对滑动，造成齿面的磨损等。

（2）中心距可分性　由式（7-2）可知，渐开线齿轮的传动比等于两轮基圆半径的反比。齿轮在加工完成后，基圆半径就确定了，因此在安装时，若中心距略有变化，也不会改变传动比的大小，这一特性称为中心距可分性。该特性对于渐开线齿轮装配和使用都是十分

有利的。

（3）啮合角和传力方向不变　既然一对渐开线齿廓在任何位置啮合时，过啮合点的公法线都是同一条直线 N_1N_2，这说明一对渐开线齿廓从开始啮合到脱离啮合，所有的啮合点均在直线 N_1N_2 上，即直线 N_1N_2 是两齿廓啮合点的轨迹，故称它为渐开线齿轮传动的啮合线。啮合线 N_1N_2 与两轮节圆公切线 t-t 之间所夹的锐角称为啮合角，以 α' 表示。由于 N_1N_2 位置固定，因此啮合角 α' 不变。啮合线 N_1N_2 又是啮合点的公法线，两啮合齿廓的正压力沿公法线方向，故齿廓间的正压力方向始终不变，这对齿轮传动的平稳性是很有利的。

由此可知，啮合线、公法线、正压力方向线和基圆的内公切线四线合一。

7.2.2　渐开线标准直齿圆柱齿轮的基本参数和几何尺寸计算

为了进一步学习齿轮传动的有关内容，必须先熟悉齿轮各部分的名称、主要参数和几何尺寸的计算。

1. 直齿圆柱齿轮各部分名称和符号

图 7-5 所示为直齿圆柱齿轮各部分的名称和符号。

齿顶圆——过轮齿顶端所作的圆，其半径用 r_a 表示。

分度圆——在齿顶圆和齿根圆之间，规定一个直径为 d 的圆，作为计算齿轮各部分尺寸的基准，这个圆称为齿轮的分度圆，其半径用 r 表示。规定分度圆上的所有参数和尺寸均不带下标且为标准值。

基圆——形成渐开线的圆，其半径用 r_b 表示。

齿根圆——过轮齿槽底所作的圆，其半径用 r_f 表示。

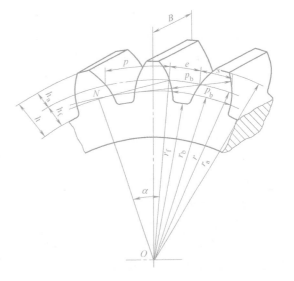

图 7-5　直齿圆柱齿轮各部分的名称和符号

齿厚——沿任意圆周所量得的轮齿的弧线厚度称为该圆周上的齿厚，用 s_i 表示。

齿槽宽——相邻两轮齿之间的齿槽沿任意圆周所量得的弧线宽度，称为该圆周上的齿槽宽，用 e_i 表示。

齿距——沿任意圆周所量得的相邻两齿上同侧齿廓之间的弧长称为该圆周上的齿距，用 p_i 表示，且 $p_i = s_i + e_i$。

齿顶高——分度圆与齿顶圆之间的径向距离，用 h_a 表示。

齿根高——分度圆与齿根圆之间的径向距离，用 h_f 表示。

全齿高——齿顶圆与齿根圆之间的径向距离，用 h 表示，显然 $h = h_a + h_f$。

2. 标准直齿圆柱齿轮的基本参数

标准直齿圆柱齿轮的基本参数有五个：z、m、α、h_a^*、c^*，所有几何尺寸都由这些参数表示，下面逐一介绍。

（1）齿数　在齿轮整个圆周上轮齿的总数称为齿数，用 z 表示。

（2）模数 由于齿轮分度圆的周长等于 zp，故分度圆的直径 d 表示为：$d=zp/\pi$，但式中 π 是个无理数，这将给齿轮的制造和计量带来麻烦。为了便于计算、制造和检验，把分度圆上的比值 p/π 人为地规定成一些简单值和标准值（见表7-1），并用 m 表示，称为齿轮的模数。它是齿轮尺寸计算中一个重要的基本参数。当齿数相同时，模数越大，尺寸越大，因而承载能力也就越高，如图7-6所示。

表7-1 通用机械和重型机械用渐开线圆柱齿轮法向模数（GB/T 1357—2008）

（单位：mm）

第一系列	1,1.25,1.5,2,2.5,3,4,5,6,8,10,12,16,20,25,32,40,50
第二系列	1.125,1.375,1.75,2.25,2.75,3.5,4.5,5.5,(6.5),7,9,11,14,18,22,28,36,45

注：1. 选取时优先采用第一系列，括号内的模数尽可能不用。
    2. 对斜齿轮，该表所示为法向模数。

（3）压力角 如前所述，齿轮齿廓上的各点压力角是不同的。通常所说的压力角是指分度圆上的压力角，用 α 表示

$$\alpha = \arccos(r_b/r) \qquad (7\text{-}3)$$

国家标准（GB/T 1356—2001）中规定，齿轮压力角的标准值为 20°。在某些场合，也有采用其他值的情况。

至此，可以给分度圆下一个完整的定义：分度圆就是齿轮上具有标准模数和标准压力角的圆。

（4）齿顶高系数 h_a^* 和顶隙系数 c^* 当齿轮模数确定后，齿轮的齿顶高、齿根高可表示为

$$h_a = h_a^* m$$

$$h_f = (h_a^* + c^*) m$$

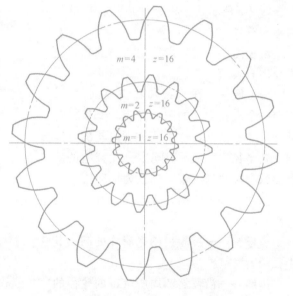

$m=4 \quad z=16$
$m=2 \quad z=16$
$m=1 \quad z=16$

图7-6 不同模数的齿轮的比较

式中，h_a^* 为齿顶高系数；c^* 为顶隙系数。国家标准规定：对于正常齿，$h_a^* = 1$，$c^* = 0.25$；对于短齿，$h_a^* = 0.8$，$c^* = 0.3$。

由上式可见，齿轮的齿根高大于齿顶高。这是为了齿轮传动时，能保证一个齿轮的齿顶圆与另一个齿轮的齿根圆之间具有一定的径向间隙，此间隙称为顶隙，用 c 表示，$c = c^* m$。顶隙可以避免传动时一个齿轮的齿顶与另一个齿轮的齿根互相顶撞，且有利于贮存润滑油。

3. 标准直齿圆柱齿轮的几何尺寸计算

所谓标准齿轮，是指 m、α、h_a^*、c^* 均为标准值，且 $e=s$ 的齿轮。标准直齿圆柱齿轮几何尺寸的计算公式见表7-2。

在齿轮传动的设计计算中，有时还需计算齿轮相邻两齿同侧齿廓间沿公法线方向的距离

表7-2　标准直齿圆柱齿轮几何尺寸的计算公式

序号	名称	符号	计算公式
1	齿顶高	h_a	$h_a = h_a^* m$
2	齿根高	h_f	$h_f = (h_a^* + c^*) m$
3	全齿高	h	$h = (h_a + h_f) = (2h_a^* + c^*) m$
4	顶隙	c	$c = c^* m$
5	分度圆直径	d	$d = mz$
6	基圆直径	d_b	$d_b = d\cos\alpha$
7	齿顶圆直径	d_a	$d_a = d \pm 2h_a = (z \pm 2h_a^*) m$
8	齿根圆直径	d_f	$d_f = d \mp 2h_f = (z \mp 2h_a^* \mp 2c^*) m$
9	齿距	p	$p = \pi m$
10	齿厚	s	$s = \dfrac{p}{2} = \dfrac{\pi m}{2}$
11	齿槽宽	e	$e = \dfrac{p}{2} = \dfrac{\pi m}{2}$
12	标准中心距	a	$a = \dfrac{1}{2}(d_2 \pm d_1) = \dfrac{1}{2}m(z_2 \pm z_1)$

注：表中正负号处，上面符号用于外齿轮，下面符号用于内齿轮。

（称为齿轮的法向齿距）。根据渐开线的性质可知，它与基圆上的齿距 p_b 是相等的。所以今后不论是法向齿距还是基圆齿距均用 p_b 表示，且

$$p_b = \pi d_b / z = \pi m \cos\alpha = p\cos\alpha \tag{7-4}$$

英美等国家不采用模数制，而采用径节制。径节（DP）和模数成倒数关系。径节 DP 的单位为 in^{-1}，可由下式将径节换算成模数，即

$$m = \frac{25.4}{DP}$$

7.2.3　内齿轮和齿条

1. 齿条

图7-7所示的齿条与齿轮相比有以下两个主要特点：

1）由于齿条的齿廓是直线，所以齿廓上各点的法线是平行的，而且由于传动时齿条做直线移动，所以齿条齿廓上各点的压力角相同，其大小等于齿廓直线的倾斜角。

2）由于齿条上各齿同侧的齿廓是平行的，所以不论在分度线上或与其平行的其他直线上，其齿距都相等，即 $p_i = p = \pi m$。

齿条的基本尺寸（如 h_a、h_f、s、e、p、p_b 等）均可参照齿轮几何尺寸的计算公式进行计算。

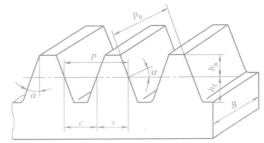

图7-7　齿条

2. 内齿轮

图 7-8 所示为内齿圆柱齿轮，由于内齿轮的轮齿是分布在空心圆柱体的内表面上，所以它与外齿轮相比较有下列不同点：

1）内齿轮的轮齿相当于外齿轮的齿槽，内齿轮的齿槽相当于外齿轮的轮齿。所以外齿轮的齿廓是外凸的，而内齿轮的齿廓是内凹的。

2）内齿轮的齿根圆大于齿顶圆。这与外齿轮正好相反。

3）为了使内齿轮齿顶的齿廓全部为渐开线，其齿顶圆必须大于基圆。

基于内齿轮与外齿轮的上述不同点，其基本尺寸也不难计算，如内齿轮的分

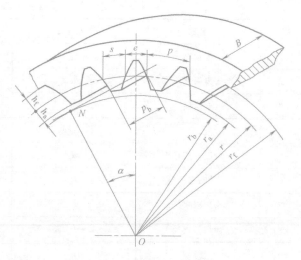

图 7-8　内齿圆柱齿轮

度圆直径仍为 $d = mz$，而齿顶圆直径 $d_a = d - 2h_a$，齿根圆直径 $d_f = d + 2h_f$ 等。

例 7-1　一对标准渐开线齿轮，$z_1 = 20$，$z_2 = 60$，$m = 4\text{mm}$，试求两个齿轮的齿距 p_1、p_2，基圆齿距 p_{b1}、p_{b2}，基圆半径 r_{b1}、r_{b2}，齿顶圆直径 d_{a1}、d_{a2} 和齿根圆直径 d_{f1}、d_{f2}。

解　根据渐开线标准直齿圆柱齿轮的几何关系公式，计算如下：

1）齿距。

$$p_1 = \pi m = 3.14 \times 4\text{mm} = 12.56\text{mm}$$

$$p_2 = \pi m = 3.14 \times 4\text{mm} = 12.56\text{mm}$$

2）基圆齿距。

$$p_{b1} = p_1 \cos\alpha = \pi m \cos\alpha = 12.56 \times \cos20°\text{mm} = 11.81\text{mm}$$

$$p_{b2} = p_2 \cos\alpha = \pi m \cos\alpha = 12.56 \times \cos20°\text{mm} = 11.81\text{mm}$$

3）基圆半径。

$$r_{b1} = r_1 \cos\alpha = (mz_1/2)\cos\alpha = (4 \times 20/2)\cos20°\text{mm} = 37.6\text{mm}$$

$$r_{b2} = r_2 \cos\alpha = (mz_2/2)\cos\alpha = (4 \times 60/2)\cos20°\text{mm} = 112.8\text{mm}$$

4）齿顶圆直径。

$$d_{a1} = d_1 + 2h_a^* m = mz_1 + 2h_a^* m = 4 \times 20\text{mm} + 2 \times 1 \times 4\text{mm} = 88\text{mm}$$

$$d_{a2} = d_2 + 2h_a^* m = mz_2 + 2h_a^* m = 4 \times 60\text{mm} + 2 \times 1 \times 4\text{mm} = 248\text{mm}$$

5）齿根圆直径。

$$d_{f1} = d_1 - 2(h_a^* + c^*)m = mz_1 - 2(h_a^* + c^*)m = (4 \times 20 - 2 \times 1.25 \times 4)\text{mm} = 70\text{mm}$$

$$d_{f2} = d_2 - 2(h_a^* + c^*)m = mz_2 - 2(h_a^* + c^*)m = (4 \times 60 - 2 \times 1.25 \times 4)\text{mm} = 230\text{mm}$$

7.2.4　齿轮的测量尺寸

在工程上，齿轮的弧齿厚无法直接准确测量，通常采用弦齿厚长度或公法线长度进行测量，以保证齿轮精度。

1. 弦齿厚长度

分度圆弦齿厚$\bar{s}$和弦齿高$\bar{h}$如图7-9所示。

分度圆齿厚s所对应的中心角

$$\delta = \frac{s}{r}\frac{180°}{\pi}$$

因此

$$\bar{s} = 2r\sin\frac{\delta}{2} = 2r\sin\left(\frac{s}{r}\frac{90°}{\pi}\right) \tag{7-5}$$

$$\bar{h} = r - r\sin\left(\frac{90°}{z}\right) + h_a \tag{7-6}$$

分度圆弦齿厚$\bar{s}$和弦齿高$\bar{h}$的值可在机械设计手册中直接查得。

2. 公法线长度

如图7-10所示，卡尺的两个卡脚跨过k个齿（图中$k=3$），与渐开线齿廓相切于A、B两点，此两点间的距离AB称为被测齿轮跨k个齿的公法线长度，用w_k表示。由于AB是A、B两点的法线，所以AB必与基圆相切。

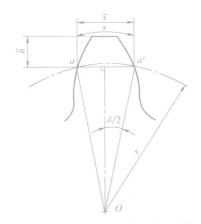

图7-9　分度圆弦齿厚$\bar{s}$和弦齿高$\bar{h}$

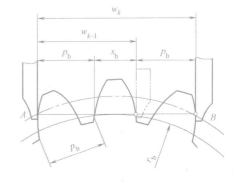

图7-10　公法线长度

由图7-10可知

$$s_b = s\frac{r_b}{r} - 2r_b(\text{inv}\alpha_b - \text{inv}\alpha) = m\cos\alpha\left(\frac{\pi}{2} + z\text{inv}\alpha\right) \tag{7-7}$$

$$w_k = (k-1)p_b + s_b \tag{7-8}$$

式中，p_b为基圆齿距；s_b为基圆齿厚。且

$$w_k - w_{k-1} = p_b = \pi m\cos\alpha \tag{7-9}$$

式（7-9）可用于齿轮参数测定。将p_b、s_b代入式（7-8），可得w_k的计算公式为

$$w_k = m\cos\alpha[(k-0.5)\pi + z\text{inv}\alpha] \tag{7-10}$$

虽然跨k齿后，卡尺在任何位置测得的公法线长度w_k都相同，但若跨齿数太多，卡尺的卡脚就会在齿廓的顶部接触；若跨齿数太少，则在根部接触。这两种情况下所测得的公法线长度都不准确。因此，确定跨齿数时，应尽可能使卡尺的卡脚与齿廓在分度圆附近相切，这样

测得的尺寸精度最高。按此条件可推出合理的跨齿数 k。

$$k = z\frac{\alpha°}{180°} + 0.5 \qquad (7\text{-}11)$$

式中，α 为分度圆压力角；z 为齿轮的齿数。计算出的 k 值四舍五入取整数。

7.3 渐开线标准直齿圆柱齿轮的啮合传动

7.3.1 正确啮合条件

前面已经说明，渐开线齿廓能够满足定传动比传动，但这不等于任意两个渐开线齿轮都能搭配起来正确地啮合传动。假如两个齿轮的齿距相差很大，则它们是无法搭配传动的，这是因为一轮的轮齿将无法进入另一轮的齿槽而进行啮合。那么一对渐开线齿轮需要满足什么条件才能正确地啮合传动呢？现就图 7-11 所示加以说明。

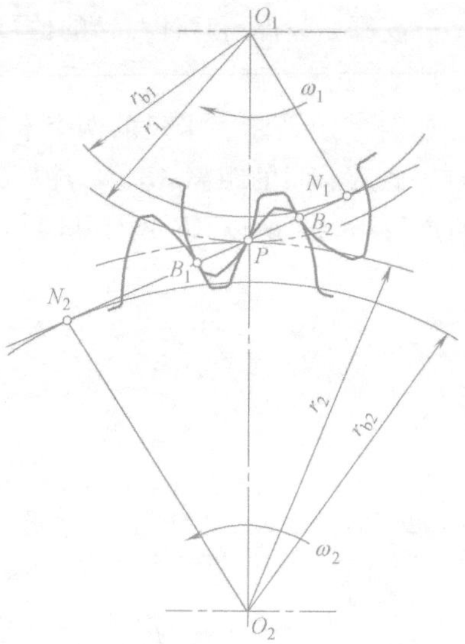

如前所述，一对渐开线齿轮在传动时，它们的齿廓啮合点都应位于啮合线 N_1N_2 上，因此要齿轮能正确啮合传动，应使处于啮合线上的各对轮齿都能同时进入啮合，为此两齿轮的法向齿距应相等，即

$$p_{b1} = \pi m_1\cos\alpha_1 = p_{b2} = \pi m_2\cos\alpha_2$$
$$m_1\cos\alpha_1 = m_2\cos\alpha_2$$

式中，m_1、m_2 及 α_1、α_2 分别为两齿轮的模数和压力角。由于模数和压力角均已标准化，为满足上式，应使

$$m_1 = m_2 = m,\alpha_1 = \alpha_2 = \alpha \qquad (7\text{-}12)$$

故一对渐开线齿轮正确啮合的条件是两齿轮的模数和压力角应分别相等。

图 7-11 渐开线齿轮正确啮合条件

7.3.2 连续传动条件

图 7-12 所示为渐开线齿轮啮合情况。设齿轮 1 为主动轮，齿轮 2 为从动轮，直线 N_1N_2 为这对齿轮传动的啮合线。现在来分析一下这对齿轮的啮合过程。两轮轮齿在点 B_2（从动轮 2 的齿顶圆与啮合线 N_1N_2 的交点）开始进入啮合。随着传动的进行，两齿廓的啮合点将沿着主动轮的齿廓，由齿根逐渐移向齿顶；沿着从动轮的齿廓，由齿顶逐渐移向齿根。当啮合进行到点 B_1（主动轮 1 的齿顶圆与啮合线 N_1N_2 的交点）时，两轮齿即将脱离啮合。从一对轮齿的啮合过程来看，啮合点实际所走过的轨迹只是啮合线 N_1N_2 上的一段 $\overline{B_1B_2}$，故称 $\overline{B_1B_2}$ 为实际啮合线段。若将两齿轮的齿顶圆加大，则 B_1、B_2 分别趋近于 N_1、N_2。但因基圆以内无渐开线，所以两轮的齿顶圆与啮合线的交点不得超过点 N_1 及 N_2。因此，啮合线 N_1N_2 是理论上可能达到的最长啮合线段，故称为理论啮合线段。N_1、N_2 称为啮合极限点。

由此可见，为了两个齿轮能够连续传动，必须保证在前一对轮齿尚未脱离啮合时，后一对轮齿就要及时进入啮合。而为了达到这一目的，则实际啮合线段$\overline{B_1B_2}$应大于或至少等于齿轮的法向齿距，如图 7-13 所示。

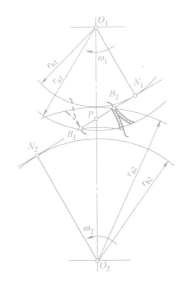

图 7-12　渐开线齿轮啮合情况

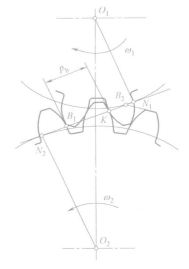

图 7-13　渐开线齿轮连续传动条件

通常把$\overline{B_1B_2}$与p_b的比值ε_α称为齿轮传动的重合度。于是可得到齿轮连续传动的条件为

$$\varepsilon_\alpha = \overline{B_1B_2}/p_b \geqslant 1 \tag{7-13}$$

从理论上讲，重合度$\varepsilon_\alpha = 1$就能保证一对齿轮连续传动。但因齿轮的制造、安装难免有误差，为了确保齿轮传动的连续，应使$\varepsilon_\alpha \geqslant 1$。一般机械制造中，$\varepsilon_\alpha = 1.1 \sim 1.4$。对于$\alpha = 20°$、$h_a^* = 1$的标准直齿圆柱齿轮，$\varepsilon_{\alpha\max} = 1.98$。

齿轮传动的重合度大小，实质上表明了同时参与啮合的轮齿对数的平均值。增大齿轮传动的重合度，意味着同时参与啮合的轮齿对数增多，这对于提高齿轮传动的平稳性和承载能力有重要意义。

7.4　渐开线齿轮的切齿原理及根切

7.4.1　渐开线齿轮的切齿原理

齿轮的加工方法较多，如铸造、模锻、热轧、冲压、切削加工等。在一般机械制造中，最常用的是切削加工法。切削加工法根据原理不同，分为仿形法和展成法两种。

1. 仿形法

仿形法是在普通铣床上，用轴向剖面形状与被切齿轮齿槽形状完全相同的铣刀切制齿轮的方法，如图 7-14 所示。铣完一个齿槽后，分度头将齿坯转过$360°/z$，再铣下一个齿槽，依次进行，直至铣出全部齿槽。

常用的刀具有盘状铣刀（见图 7-14a）和指形齿轮铣刀（见图 7-14b）两种。

由于渐开线齿廓的形状取决于基圆的大小，而基圆半径$r_b = (mz\cos\alpha)/2$，故齿廓形状与

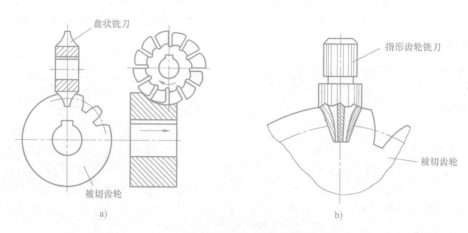

图 7-14 仿形法加工齿轮

a）盘状铣刀加工齿轮 b）指形齿轮铣刀加工齿轮

m、z、α 有关。如加工精确的齿廓，在相同 m 及 α 的情况下，每一个齿数对应一把铣刀，这是不现实的。所以，工程中在加工同样 m 及 α 的齿轮时，根据齿轮齿数的不同，一般只备 1～8 号八种齿轮铣刀。各号齿轮铣刀切制齿轮的齿数范围见表 7-3。因铣刀的号数有限，同一把铣刀加工一定齿数范围的齿轮，不能实现与齿数一一对应，故用这种方法加工出来的齿轮齿廓通常是近似的，并不精确。并且由于不是连续加工，加工时存在分度误差也影响了齿轮的精度。因此，仿形法切制齿轮的生产效率低，精度差，但其加工方法简单，不需要齿轮加工专用机床，成本低，所以常用在修配或精度要求不高的小批量生产中。

表 7-3 齿轮铣刀切制齿轮的齿数范围

刀号	1	2	3	4	5	6	7	8
加工齿数范围	12～13	14～16	17～20	21～25	26～34	35～54	55～134	135 以上

2. 展成法

展成法是利用一对齿轮无侧隙啮合时，两轮齿廓互为包络线的原理加工齿轮的方法。常用的刀具有齿轮插刀、齿条插刀和齿轮滚刀三种。

（1）齿轮插刀加工 图 7-15 所示为用齿轮插刀加工齿轮。齿轮插刀是一个具有切削刃的渐开线外齿轮。插齿时，插刀与轮坯严格地按定比传动做展成运动（即啮合传动），同时插刀沿轮坯轴线方向做上下往复的切削运动。为了防止插刀退刀时擦伤已加工的齿廓表面，在退刀时，轮坯还需做小距离的让刀运动。另外，为了切出轮齿的整个高度，插刀还需要向轮坯中心移动，做径向进给运动。

（2）齿条插刀加工 图 7-16 所示为用齿条插刀加工齿轮。切制齿廓时，刀具与轮坯的展成运动相当于齿条与齿轮做啮合运动，其切齿原理与用齿轮插刀加工齿轮的原理相同。

（3）齿轮滚刀加工 用以上两种刀具加工齿轮，其切削是不连续的，不仅影响了生产率，还限制了加工精度。因此，在生产中更广泛地采用齿轮滚刀来切制齿轮。图 7 17 所示为用齿轮滚刀加工齿轮。滚刀形状像一个螺旋，它的轴平面为一个齿条。当滚刀转动时，相当于齿条做轴向移动，滚刀转一周，齿条移动一个导程的距离。可见用滚刀切制齿轮的原理

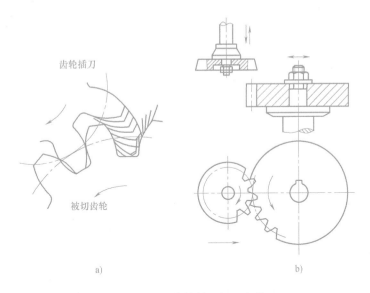

a)　　　　　　　　　　b)

图 7-15　用齿轮插刀加工齿轮

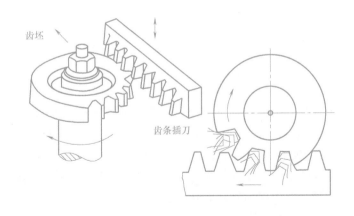

图 7-16　用齿条插刀加工齿轮

和齿条插刀切制齿轮的原理基本相同。滚刀除旋转外，还沿轮坯轴线缓慢地进给，以便切出整个齿顶。

　　用展成法加工齿轮时，只要刀具与被加工齿轮的模数 m、压力角 α 相同，则不论被加工齿轮的齿数有多少，都可以用同一把齿轮刀具来加工，而且生产效率较高，故在大批量生产中多采用展成法。

7.4.2　根切现象与最小齿数

　　用展成法加工齿轮时，有时会出现刀具顶部切入齿根，将齿根部分渐开线齿廓切去的情况，如图 7-18 所示，这种现象称为根切现象。轮齿的根切削弱了轮齿的抗弯强度，降低了齿轮传动的重合度，影响了传动的平稳性，对传动十分不利。因此，应当避免产生根切。为什么会产生根切呢？现通过齿条型刀具加工齿轮的过程加以分析。

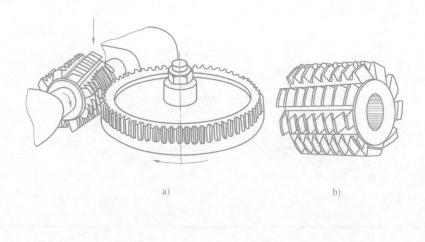

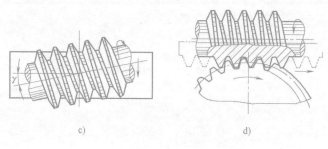

图 7-17　用齿轮滚刀加工齿轮

　　如图 7-19 所示，当切制标准齿轮时，齿条型刀具的分度线必须与被切齿轮的分度圆相切。由于齿条刀具在其分度线上的齿厚与齿槽宽相等，故切削出来的齿轮齿厚与齿槽宽也是相等的。根据一对轮齿的啮合过程可知，刀具的切削刃将从啮合线与被切齿轮齿顶圆的交点 B_1 处开始切削，切制到啮合线与刀具齿顶线的交点 B_2 处结束。即当刀具的切削刃从点 B_1 移至点 B_2 时，被切齿轮渐开线齿廓部分已被全部切出。

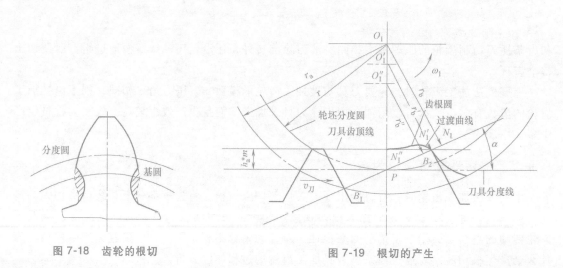

图 7-18　齿轮的根切

图 7-19　根切的产生

由于被切齿轮的基圆半径 $r_b = mz\cos(\alpha/2)$，而 m 和 α 与刀具的 m 和 α 相同，所以在一定的条件下，被切齿轮基圆的大小只取决于齿数 z。如图 7-19 所示，如果减少被切齿轮的齿数，则当其基圆与啮合线的切点 N_1'（即啮合极限点）恰与 B_2 点重合时，则被切齿轮基圆以外的齿廓将全部为渐开线。如果被切齿轮的齿数更少，使啮合极限点 N_1' 落在刀具齿顶线之下，则刀具的齿顶在从点 N_1'' 切削到 B_2 位置的过程中，就会切入被切齿轮本已切好的一部分齿根渐开线齿廓中，从而形成根切。

为了避免根切，啮合极限点 N_1 必须位于刀具齿顶线之上。而为了满足这一要求，应使 $\overline{PN_1}\sin\alpha \geqslant h_a^* m$，由此可得被切齿轮不产生根切的最少齿数为

$$Z_{\min} = 2h_a^* / \sin^2\alpha \tag{7-14}$$

当 $h_a^* = 1$、$\alpha = 20°$ 时，$Z_{\min} = 17$。

7.5　变位齿轮的概念

7.5.1　变位齿轮

前面讨论的都是渐开线标准齿轮。标准齿轮传动虽然因具有设计比较简单、互换性较好等优点而得到十分广泛的应用，但是随着机械工业的发展，尤其是在高速重载传动的情况下，也暴露出了许多不足之处，如：

1）一对标准齿轮传动时，小齿轮的齿根厚度较薄且啮合次数较多，因而强度较低，容易损坏，从而影响了整个齿轮传动的承载能力。

2）标准齿轮不适用于中心距 $a' \neq a = m(z_1 + z_2)/2$ 的场合。因为 $a' < a$ 时，根本无法安装；而当 $a' > a$ 时，虽然能安装，但将产生较大的齿侧间隙，而且重合度也随之降低，从而影响传动的平稳性。

3）当被加工的齿轮齿数小于 17 时，会产生根切现象。

采用变位齿轮可以弥补上述标准齿轮的不足。

如图 7-20 所示，当刀具在双点画线位置时，因为齿顶线超过极限点 N_1，切出来的齿轮会产生根切。若将刀具向远离轮心 O_1 的方向移动一段距离 xm 至实线位置，齿顶线不再超过极限点 N_1，则切出来的齿轮就不会再发生根切现象。由于刀具与齿轮轮坯相对位置的改变，使刀具的分度线与齿轮轮坯的分度圆不再相切，这样加工出来的齿轮由于 $s \neq e$，已不再是标准齿轮，故称其为变位齿轮。齿条刀具分度线与齿轮轮坯分度圆之间的距离 xm 为变位量。其中 m 为模数，x 为变位系数。刀具远离轮心的变位称为正变位，$x > 0$，这样加工出来的齿轮称为正变位齿轮；刀具移近轮心的变位称为负变位，$x < 0$，这样加工出来的齿轮称为负变位齿轮。标准齿轮就是变位系数 $x = 0$ 的齿轮。加工变位齿轮时，其模数、压力角、齿数以及分度圆、基圆均与标准齿轮相同，所以两者的齿廓曲线是相同的渐开线，只是截取了不同的部位，如图 7-21 所示。由图 7-21 可知，正变位齿轮齿根部分的齿厚增大，提高了齿轮的抗弯强度，但齿顶减薄；负变位齿轮则与其相反。

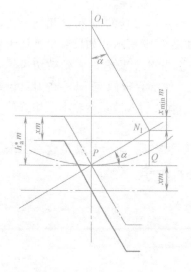

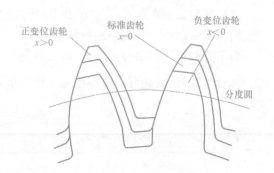

图 7-20 不根切的齿数   图 7-21 变位齿轮的齿廓

7.5.2 最小变位系数

用展成法切制齿数小于最小齿数的齿轮时，为避免根切，必须采用正变位齿轮。当刀具的齿顶线正好通过点 N_1 时，刀具的移动量最小，此时的变位系数称为最小变位系数，用 $x_{\min}$ 表示。

由图 7-22 可知，不发生根切的条件为

$$h_a^* m - xm \leqslant N_1 E$$

而

$$N_1 E = PN_1 \sin \alpha = r\sin^2\alpha = \frac{mz}{2}\sin^2\alpha$$

式中，z 为被切齿轮的齿数。联立以上两式得

$$x \geqslant h_a^* - \frac{z}{2}\sin^2\alpha \qquad (7\text{-}15)$$

由式 (7-14) 可得 $\dfrac{\sin^2\alpha}{2} = \dfrac{h_a^*}{z_{\min}}$，代入式 (7-15)，整理后得

$$x \geqslant h_a^* \frac{z_{\min}-z}{z_{\min}}$$

由此可得最小变位系数为

$$x_{\min} = h_a^* \frac{z_{\min}-z}{z_{\min}} \qquad (7\text{-}16)$$

当 $\alpha = 20°$，$h_a^* = 1$ 时

$$x_{\min} = \frac{17-z}{17} \qquad (7\text{-}17)$$

当 $z < z_{\min}$ 时，$x_{\min} > 0$，说明此时必须采用正变位方可避免根切；当 $z > z_{\min}$ 时，$x_{\min} < 0$，说明只要 $x \geqslant x_{\min}$，虽采用负变位也不会发生根切。

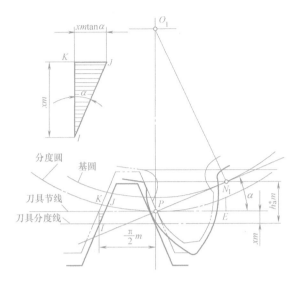

图 7-22　切削变位齿轮

7.5.3　变位齿轮的几何尺寸

变位齿轮的齿数、模数、压力角都与标准齿轮相同，所以分度圆直径、基圆直径和齿距也都相同，但变位齿轮的齿厚、齿顶圆、齿根圆等都发生了变位，具体的尺寸计算公式见表7-4。

表 7-4　外啮合变位直齿轮基本尺寸的计算公式

名称	符号	计算公式
分度圆直径	d	$d = mz$
齿厚	s	$s = \dfrac{\pi m}{2} + 2xm\tan\alpha$
啮合角	α'	$\operatorname{inv}\alpha' = \operatorname{inv}\alpha + \dfrac{2(x_1 + x_2)}{z_1 + z_2}\tan\alpha$ 或 $\cos\alpha' = \dfrac{a}{a'}\cos\alpha$
节圆直径	d'	$d' = d\cos\alpha / \cos\alpha'$
中心距变动系数	y	$y = \dfrac{a' - a}{m} = \dfrac{z_1 + z_2}{2}\left(\dfrac{\cos\alpha}{\cos\alpha'} - 1\right)$
齿高变动系数	σ	$\sigma = x_1 + x_2 - y$
齿顶高	h_a	$h_a = (h_a^* + x - \sigma)m$
齿根高	h_f	$h_f = (h_a^* + c^* - x)m$
全齿高	h	$h = (2h_a^* + c^* - \sigma)m$
齿顶圆直径	d_a	$d_a = d + 2h_a$
齿根圆直径	d_f	$d_f = d - 2h_f$
中心距	a'	$a' = (d_1' + d_2')/2$
公法线长度	w_k	$w_k = m\cos\alpha\left[(k - 0.5)\pi + z\operatorname{inv}\alpha\right] + 2xm\sin\alpha$

7.5.4 变位齿轮传动的中心距

齿轮传动时，理论上要求两轮齿廓间无齿侧间隙。这就要求一轮节圆上的齿厚和齿槽宽，分别等于另一轮节圆上的齿槽宽和齿厚。经推导，变位齿轮啮合传动的无侧隙啮合条件为

$$\text{inv}\alpha' = \frac{2(x_1+x_2)\tan\alpha}{z_1+z_2} + \text{inv}\alpha \tag{7-18}$$

式（7-18）称为无侧隙啮合公式。它表明两轮在无侧隙啮合时，啮合角 α' 与变位系数之间的关系。若 $x_1+x_2=0$，则 $\alpha'=\alpha$，两轮节圆与分度圆重合，实际中心距等于标准中心距，即 $a'=a$；若 $x_1+x_2 \neq 0$，则 $\alpha' \neq \alpha$，两轮节圆与分度圆不重合，这时实际中心距不等于标准中心距，即 $a' \neq a$，但两者仍满足式 $a'\cos\alpha' = a\cos\alpha$。也就是说变位齿轮传动（$x_1+x_2 \neq 0$），当实际中心距不等于标准中心距时，也能保证无侧隙啮合。利用这一特点可以凑配中心距。

7.5.5 变位齿轮传动的类型

按照相互啮合的两齿轮的变位系数之和 x_1+x_2 值的不同，可将变位齿轮传动分为两种基本类型：

1）$x_1+x_2=0$，即 $x_1=-x_2$，称为高度变位齿轮传动，又称零传动。这时两个齿轮都不是标准齿轮，一般小齿轮采用正变位，大齿轮采用负变位。标准齿轮传动可看作是零传动的特例。

2）$x_1+x_2 \neq 0$，称为角度变位齿轮传动。当 $x_1+x_2>0$ 时，叫正传动；当 $x_1+x_2<0$ 时，叫负传动。各类变位齿轮传动的类型及性能比较见表7-5。

表7-5 变位齿轮传动的类型及性能比较

传动类型	高度变位传动	角度变位传动	
		正传动	负传动
齿数条件	$z_1+z_2 \geq 2z_{\min}$	$z_1+z_2<2z_{\min}$（也可以 $>2z_{\min}$）	$z_1+z_2>2z_{\min}$
变位系数要求	$x_1=-x_2 \neq 0, x_1+x_2=0$	$x_1+x_2>0$	$x_1+x_2<0$
传动特点	$a'=a$	$a'>a$	$a'<a$
主要优点	小齿轮取正变位，允许 $z_1<z_{\min}$，减小了传动尺寸，提高了小齿轮齿根强度，减小了小齿轮齿面磨损，可成对替换标准齿轮	传动机构更加紧凑，提高了抗弯强度和接触强度，提高了耐磨性能，可满足 $a'>a$ 的中心距要求	重合度略有提高，满足 $a'<a$ 的中心距要求
主要缺点	互换性差，小齿轮齿顶易变尖，重合度略有下降	互换性差，齿顶变尖，重合度下降较多	互换性差，抗弯强度和接触强度下降，轮齿磨损加剧

7.6 齿轮传动的精度及其选择

我国国家标准（GB/T 10095.1—2008）规定了"圆柱齿轮传动的精度等级和公

差"。标准规定了 13 个精度等级，其中 0 级精度最高，12 级精度最低。齿轮精度等级的高低，直接影响着内部动载荷、齿间载荷分配与齿向载荷分布及润滑油膜的形成，从而影响齿轮传动的振动与噪声。当然，齿轮精度越高，振动和噪声就越小，但制造成本也越高。

齿轮精度等级的选择，应根据齿轮的加工方法、表面粗糙度值、圆周速度和用途，参见表 7-6 进行选择。

表 7-6 常用精度等级的齿轮加工方法及其用途

齿轮的精度等级		6 级(高精度)	7 级(较高精度)	8 级(普通)	9 级(低精度)
加工方法		用展成法在精密机床上精磨或精剃	用展成法在精密机床上精插或精滚，对淬火齿轮需磨齿或研齿等	用展成法插齿或滚齿	用展成法或仿形法粗滚或铣削
齿轮表面粗糙度值 $Ra/\mu m$		0.8~1.6	1.6~3.2	3.2~6.3	6.3
圆周速度 $v(m/s)$	圆柱齿轮 直齿	≤15	≤10	≤5	≤3
	圆柱齿轮 斜齿	≤25	≤17	≤10	≤3.5
	锥齿轮 直齿	≤9	≤6	≤3	≤2.5
用途		用于分度机构或高速重载的齿轮，如机床、精密仪器、汽车、船舶、飞机中的重要齿轮	用于高、中速重载的齿轮，如机床、汽车、内燃机中的较重要齿轮、标准系列减速器中的齿轮	一般机械中的齿轮，不属于分度系统的机床齿轮，飞机、拖拉机中的不重要齿轮，纺织机械、农业机械中的齿轮	轻载传动的不重要齿轮，或低速传动、对精度要求低的齿轮

7.7 齿轮传动的失效形式及材料选择

7.7.1 齿轮的失效形式

齿轮传动的失效主要发生在轮齿，而轮缘、轮辐、轮毂等很少失效。常见的轮齿失效形式有以下五种。

1. 轮齿折断

轮齿折断一般发生在齿根处。因为轮齿好像一个悬臂梁，受载后轮齿根部的弯曲应力最大，再加上齿根过渡部分存在应力集中，当轮齿反复受载时，齿根部分在交变弯曲应力的作用下将产生疲劳裂纹，并逐渐扩展，致使轮齿折断。这种折断称为疲劳折断，如图 7-23a 所示。

当轮齿突然过载，或经严重磨损后齿

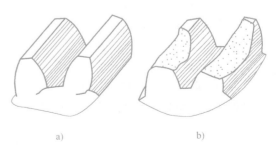

a)   b)

图 7-23 轮齿折断
a) 疲劳折断 b) 过载折断

厚过薄时，由于静强度不足，也会发生轮齿折断，称为过载折断，如图 7-23b 所示。对于齿宽较大而载荷沿齿向分布不均匀的齿轮、接触线倾斜的斜齿轮和人字齿，会造成局部折断。

提高轮齿抗折断能力的措施很多，如增大齿根过渡圆角，消除该处的加工刀痕，以降低应力集中；增大轴及支承的刚度，以减少齿面上局部受载的程度；使轮芯具有足够的韧性；在齿根处施加适当的强化措施（如喷丸）等。

2. 齿面磨损

齿面磨损通常有磨粒磨损和磨合磨损两种，如图 7-24 所示。

由于轮齿在啮合过程中存在相互滑动，当其工作面间有硬屑粒（如砂粒、铁屑等）进入时，将引起磨粒磨损。磨损将破坏渐开线齿形，使齿侧间隙加大，引起冲击和振动。严重时轮齿会因轮齿变薄、抗弯强度降低而折断。

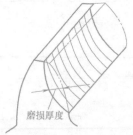

磨损厚度

图 7-24　齿面磨损

对于新的齿轮传动装置来说，在刚开始运转的一段时间内，会发生磨合磨损。这对传动是有利的。磨合磨损使齿轮表面粗糙度值降低，并提高了传动的承载能力。但磨合结束后，应更换润滑油，以免发生磨粒磨损。

磨损是开式传动的主要失效形式。若采用闭式传动，并提高齿面硬度、降低齿轮表面粗糙度值及采用清洁的润滑油，都可以减轻齿面磨损。

3. 齿面点蚀

轮齿进入啮合后，齿面接触处产生很大的接触应力，在脉动循环的接触应力作用下，轮齿的表面会产生细微的疲劳裂纹。随着应力循环次数的增加，裂纹逐渐扩展，致使表层金属微粒剥落，形成小麻点或较大的凹坑，这种现象称为齿面点蚀，如图 7-25 所示。齿轮在啮合传动中，因轮齿在节线附近啮合时，往往是单齿啮合，接触应力较大，且此处轮齿间的相对滑动速度小，润滑油膜不易形成，摩擦力较大，故齿面点蚀首先发生在节线附近的齿根表面上，然后再向其他部位扩展。

一般闭式传动中的软齿面较易发生齿面点蚀。齿面点蚀会严重影响传动的平稳性，并产生振动和噪声，导致齿轮不能正常工作。

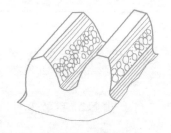

图 7-25　齿面点蚀

提高齿面硬度和润滑油的黏度，降低齿轮表面粗糙度值等均可提高轮齿抗疲劳点蚀的能力。

在开式齿轮传动中，由于齿面磨损较快，一般不会出现齿面点蚀。

4. 齿面胶合

齿面胶合是一种严重的黏着磨损现象。在高速重载的齿轮传动中，齿面间的高压、高温使润滑油黏度降低，油膜破坏，局部金属表面直接接触并互相粘连，继而又因齿面间相对滑动，较硬金属齿面将较软金属表面沿滑动方向撕下而形成沟纹，如图 7-26 所示，这种现象称为齿面胶合。低速重载的齿轮传动，因速度低不易形成油膜，且啮合处的压力大，使齿面间的表面油膜被刺破而产生黏着，也会出现齿面胶合。

提高齿面硬度和降低表面粗糙度值，限制油温，增加油的黏度，选用加有抗胶合添加剂的合成润滑油等方法，将有利于提高轮齿齿面抗胶合的能力。

5. 塑性变形

当轮齿材料较软而载荷较大时，轮齿表面材料在摩擦力作用下，很容易沿着滑动方向产生局部的齿面塑性变形，导致主动轮齿面节线附近出现凹沟，从动轮齿面节线附近出现凸棱（见图7-27），从而使轮齿失去正确的齿形，影响齿轮的正常啮合。

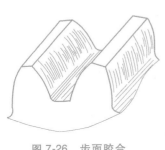

图7-26 齿面胶合

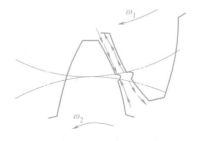

图7-27 齿面的塑性变形

提高齿面硬度或采用黏度较高的润滑油，都有助于防止轮齿产生塑性变形。

7.7.2 设计准则

齿轮传动在不同的工作和使用条件下，有着不同的失效形式，对不同的失效形式应分别确定相应的设计准则。因此，设计齿轮传动时，应根据实际情况，首先分析其主要的失效形式，进而选择相应的设计准则进行设计计算。

实践表明，在一般工作条件下的闭式软齿面（齿面硬度≤350HBW）齿轮传动中，其主要失效形式为齿面点蚀，故设计准则为按齿面接触疲劳强度设计计算，确定齿轮的主要参数和尺寸，再按齿根弯曲疲劳强度进行校核。

对于闭式硬齿面（齿面硬度>350HBW）齿轮传动，其主要失效形式是轮齿折断，故设计准则为按齿根弯曲疲劳强度设计计算，确定模数和尺寸，然后再按齿面接触疲劳强度进行校核。

对于开式齿轮传动，其主要失效形式是齿面磨损和因磨损导致的轮齿折断，故设计准则为只按齿根弯曲疲劳强度进行设计计算，确定齿轮的模数。再考虑磨损因素，将模数增大10%~20%，而无须校核齿面接触疲劳强度。

7.7.3 齿轮常用材料及许用应力

由齿轮的失效分析可知，轮齿齿面应具有足够的硬度和耐磨性以抵抗齿面磨损、点蚀、胶合及塑性变形，而齿根应具有足够的抗弯强度以抵抗齿根折断。因此，对齿轮材料的基本要求是齿面要硬，齿心要韧。另外，还应具有良好的加工工艺性及热处理性能。最常用的齿轮材料是各种钢材，其次是铸铁，还有一些非金属材料。

1. 齿轮常用材料及其热处理

（1）锻钢 锻钢具有强度高、韧性好、便于制造、便于热处理等优点，因此大多数齿轮都是用锻钢制造的。

下面介绍软齿面齿轮和硬齿面齿轮的常用材料。

1）软齿面齿轮。软齿面齿轮的齿面硬度小于或等于350HBW，常用中碳钢和中碳合金钢（如 45 钢、40Cr 和 35SiMn 等）材料进行调质或正火处理。这种齿轮适用于强度、精度要求不高的场合，轮坯经过热处理后进行插齿或滚齿加工，生产便利，成本较低。

在确定大、小齿轮的硬度时，应注意使小齿轮的齿面硬度比大齿轮的齿面硬度高 30～50HBW，这是因为小齿轮承受的载荷次数比大齿轮多。为了使两个齿轮的轮齿具有相同寿命，要求小齿轮的齿面要比大齿轮的齿面硬一些。

2）硬齿面齿轮。硬齿面齿轮的齿面硬度大于 350HBW，常用的材料为中碳钢或中碳合金钢经表面淬火处理，硬度可达 40～55HRC。若采用低碳钢或低碳合金钢（如 20 钢、20Cr、20CrMnTi 等），则需渗碳淬火，其硬度可达 56～62HRC。热处理后需磨齿，如内齿轮不便于磨削，可采用氮化处理（采用这种方法，在处理过程中齿的变形较小）。

（2）铸钢　当齿轮的尺寸较大（400～600mm）而不便于锻造时，可用铸造方法先将其制成铸钢齿坯，再对其进行正火处理，以细化晶粒。

（3）铸铁　低速、轻载场合的齿轮可以制成铸铁齿坯。当尺寸大于 500mm 时，可制成大齿圈或制成轮辐式齿轮。铸铁齿轮的加工性能、抗点蚀性能、抗胶合性能均较好，但强度低，耐磨性能、抗冲击性能差。为避免局部折断，其齿宽应取得小些。

球墨铸铁的力学性能和抗冲击能力比灰铸铁高，可代替铸钢铸造大直径齿轮。

（4）非金属材料　非金属材料的弹性模量小，传动中轮齿的变形可减轻动载荷和噪声，适用于高速轻载、精度要求不高的场合，常用的有夹布胶木、工程塑料等。

齿轮常用材料的力学性能及应用范围见表 7-7。

表 7-7　齿轮常用材料的力学性能及应用范围

材料	牌号	热处理	硬度	抗拉强度 R_m/MPa	屈服强度 R_{eL}/MPa	应用范围
优质碳素钢	45	正火	169～217HBW	580	290	低速轻载
		调质	>217～255HBW	650	360	低速中载
		表面淬火	48～55HRC	750	450	高速中载或低速重载冲击很小
	50	正火	180～220HBW	620	320	低速轻载
合金钢	40Cr	调质	229～269HBW	700	550	中速中载
		表面淬火	48～55HRC	900	650	高速中载,无剧烈冲击
	42SiMn	调质	217～269HBW	750	470	高速中载,无剧烈冲击
		表面淬火	45～55HRC			
	20Cr	渗碳淬火	56～62HRC	650	400	高速中载,承受冲击
	20CrMnTi	渗碳淬火	56～62HRC	1100	850	
铸钢	ZG310-570	正火	160～210HBW	570	320	中速中载,大直径
		表面淬火	40～50HRC			
	ZG340-640	正火	170～230HBW	650	350	
		调质	240～270HBW	700	380	
球墨铸铁	QT600-3	正火	220～280HBW	600		低中速轻载、有小的冲击
	QT500-7		147～241HBW	500		
灰铸铁	HT200	人工时效（低温退火）	170～230HBW	200		低速轻载,冲击很小
	HT300		187～235HBW	300		

2. 许用应力

齿轮的许用应力 $[\sigma]$ 是以试验齿轮的疲劳极限应力为基础，并考虑其他影响因素而确定的。一般按下式计算，即

齿面接触疲劳许用应力 $\qquad [\sigma_{\mathrm{H}}] = \dfrac{\sigma_{\mathrm{Hlim}} Z_{\mathrm{N}}}{S_{\mathrm{H}}}$ $\qquad$ (7-19)

齿根弯曲疲劳许用应力 $\qquad [\sigma_{\mathrm{F}}] = \dfrac{\sigma_{\mathrm{Flim}} Y_{\mathrm{N}}}{S_{\mathrm{F}}}$ $\qquad$ (7-20)

式中，σ_{Hlim} 为试验齿轮的齿面接触疲劳强度极限，用各种材料的齿轮试验测得，可查图 7-28，单位为 MPa；σ_{Flim} 为试验齿轮的齿根弯曲疲劳强度极限，用各种材料的齿轮试验测得，可查图 7-29，单位 MPa；图 7-29 中 σ_{Flim} 为实验齿轮的弯曲疲劳强度极限应力。当齿轮受到对称循环弯曲应力时，应将图中 σ_{Flim} 的值乘以 0.7。图 7-28 中 MQ 线为齿轮材料和

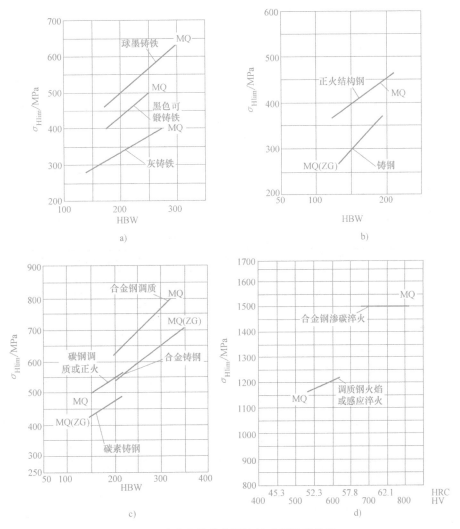

图 7-28 试验齿轮的齿面接触疲劳强度极限 σ_{Hlim}

a）铸铁 b）正火结构钢和铸钢 c）调质钢和铸钢 d）渗碳淬火及表面淬火钢

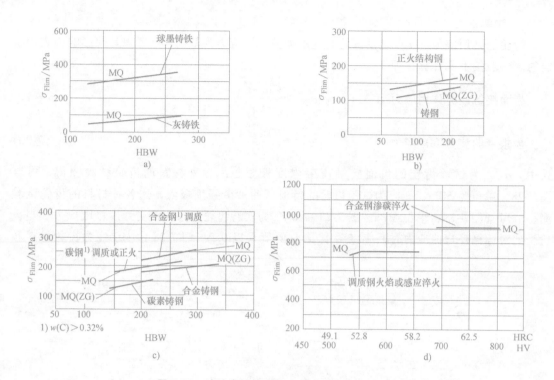

图 7-29 试验齿轮的齿根弯曲疲劳强度极限 σ_{Flim}

a）铸铁 b）正火结构钢和铸钢 c）调质钢和铸钢 d）表面硬化钢

热处理质量中等要求时取的线。S_H、S_F 分别为齿面接触疲劳强度安全系数和齿根弯曲疲劳强度安全系数，可通过查表 7-8 得到；Y_N、Z_N 分别为弯曲疲劳寿命系数和接触疲劳寿命系数，与应力循环次数有关，可分别查图 7-30 和图 7-31 得到。

表 7-8 安全系数 S_H 和 S_F

安全系数	软齿面（≤350HBW）	硬齿面（>350HBW）	重要的传动、渗碳淬火齿轮或铸造齿轮
S_H	1.0~1.1	1.1~1.2	1.3
S_F	1.3~1.4	1.4~1.6	1.6~2.2

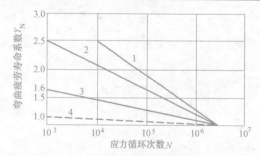

图 7-30 弯曲疲劳寿命系数 Y_N

1—碳钢正火、调质、球墨铸铁 2—碳钢经表面淬火、渗碳 3—氮化钢气体氮化、灰铸铁 4—碳钢调质后液体氮化

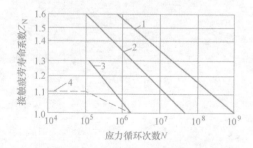

图 7-31 接触疲劳寿命系数 Z_N

1—碳钢正火、调质、表面淬火及渗碳，球墨铸铁（允许一定的点蚀） 2—同1，不允许出现点蚀 3—碳钢调质后气体氮化、氮化钢气体氮化、灰铸铁 4—碳钢调质后液体氮化

图 7-30 和图 7-31 中横坐标为应力循环次数 N，其计算式为

$$N = 60njL_h \tag{7-21}$$

式中，n 为齿轮转速，单位为 r/min；j 为齿轮转 1r 时同侧齿面的啮合次数；L_h 为齿轮寿命，单位为 h。

7.8 渐开线直齿圆柱齿轮传动的设计计算

7.8.1 齿轮受力分析

为了计算齿轮的强度以及设计轴和轴承装置等，需要确定作用在轮齿上的力。图 7-32 所示为一对标准直齿圆柱齿轮啮合传动时的受力分析。

如果忽略齿面间的摩擦力，将沿齿宽分布的载荷简化为齿宽中点处的集中力，则两轮齿面间的相互作用力应沿啮合点的公法线 N_1N_2 方向（图 7-32 中的 F_{n1} 为作用于主动轮上的力）。为便于计算，将 F_{n1} 在节点 P 处分解为两个相互垂直的分力，即切于分度圆的圆周力 F_{t1} 和指向轮心的径向力 F_{r1}。其计算公式为

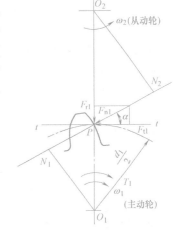

$$\left.\begin{aligned} F_{t1} &= \frac{2T_1}{d_1} \\ F_{r1} &= F_{t1}\tan\alpha \\ F_{n1} &= \frac{F_{t1}}{\cos\alpha} \end{aligned}\right\} \tag{7-22}$$

图 7-32 一对标准直齿圆柱齿轮啮合传动时的受力分析

式中，T_1 为小齿轮传递的转矩，单位为 N·mm，$T_1 = 9550\times10^6\dfrac{P}{n_1}$，$P$ 为小齿轮传递的功率，单位为 kW，n_1 为小齿轮的转速，单位为 r/min；d_1 为小齿轮分度圆直径，单位为 mm；α 为压力角，单位为（°）。

作用在主动轮和从动轮上的各对力为作用力与反作用力，所以 $F_{t1} = -F_{t2}$，$F_{r1} = -F_{r2}$，$F_{n1} = -F_{n2}$。主动轮上的圆周力是阻力，与转动方向相反；从动轮上的圆周力是驱动力，与转动方向相同。两个齿轮上的径向力分别指向各自的轮心。

上述的法向力为名义载荷，理论上应沿齿宽均匀分布，但由于轴和轴承变形、传动装置的制造和安装误差等原因，载荷沿齿宽的分布并不是均匀的，即出现了载荷集中现象。此外，由于各种原动机和工作机的特性不同，齿轮制造误差以及轮齿变形等原因，还会引起附加动载荷。因此，计算齿轮强度时，通常用计算载荷 F_{nc} 代替名义载荷 F_n，以考虑载荷集中和附加动载荷的影响。

$$F_{nc} = KF_n$$

式中，K 为载荷系数，其值可由表 7-9 查取。

105

表 7-9 载荷系数

工作机械	载荷性质	原动机		
		电动机	多缸内燃机	单缸内燃机
均匀加料的运输机和加料机、轻型卷扬机、发电机、机床辅助传动	均匀、轻微冲击	1.0~1.2	1.2~1.6	1.6~1.8
不均匀加料的运输机和加料机、重型卷扬机、球磨机、机床主传动	中等冲击	1.2~1.6	1.6~1.8	1.8~2.0
压力机、钻床、轧机、破碎机、挖掘机	大的冲击	1.6~1.8	1.9~2.1	2.2~2.4

注：斜齿、圆周速度低、精度高、齿宽系数小、齿轮在两轴承间对称布置时取小值；直齿、圆周速度高、齿宽系数大、齿轮在两轴承间不对称布置时取大值。

7.8.2 齿轮传动强度计算

齿轮强度计算根据齿轮可能出现的失效形式来进行。一般在闭式齿轮传动中，轮齿的主要失效形式是齿面接触疲劳点蚀和轮齿弯曲疲劳折断，所以本节只介绍这两种强度计算。

1. 齿面接触疲劳强度计算

齿面点蚀是由接触应力过大引起的。试验表明，齿根部分靠近节线处最易发生点蚀，故常取节点处的接触应力为最大接触应力。为防止齿面过早产生疲劳点蚀，应满足的强度条件为

$$\sigma_H \leqslant [\sigma_H]$$

由赫兹公式推导并整理可得出标准直齿圆柱齿轮传动的齿面接触疲劳的校核公式为

$$\sigma_H = 3.52 Z_E \sqrt{\frac{KT_1(u \pm 1)}{bd_1^2 u}} \leqslant [\sigma_H] \tag{7-23}$$

式中，σ_H 为齿面工作时产生的接触应力，单位为 MPa；$[\sigma_H]$ 为齿轮材料的接触疲劳许用应力，单位为 MPa；T_1 为小齿轮传递的转矩，单位 N·mm；b 为工作齿宽，单位为 mm；u 为齿数比，即大齿轮齿数与小齿轮齿数之比，$u = z_2/z_1$；K 为载荷系数；d_1 为小齿轮分度圆直径，单位为 mm；Z_E 为齿轮材料的弹性系数，单位为 $\sqrt{MPa}$，其值见表 7-10；± 的用法："+"用于外啮合，"-"用于内啮合。

表 7-10 材料弹性系数 Z_E （单位：$\sqrt{MPa}$）

两轮材料组合	钢对钢	钢对铸铁	铸铁对铸铁
Z_E	189.8	165.4	144

为了便于设计计算，引入齿宽系数 ψ_d（$\psi_d = b/d_1$），并代入式（7-23）得到齿面接触疲劳强度的设计公式为

$$d_1 \geqslant \sqrt[3]{\frac{KT_1(u \pm 1)}{\psi_d u} \left(\frac{3.52 Z_E}{[\sigma_H]}\right)^2} \tag{7-24}$$

应用上述公式时应注意以下几点：

1）两齿轮的齿面接触应力相等。

2）若两轮材料齿面硬度不同，则两轮的接触疲劳许用应力不同，进行强度计算时应选用较小值。

3）齿轮传动的接触疲劳强度取决于齿轮直径（齿轮的大小）或中心距，即与 m、z 的乘积有关，而与模数的大小无关。

2. 齿根弯曲疲劳强度计算

轮齿的疲劳折断主要与齿根弯曲应力的大小有关。为了防止轮齿疲劳折断，应使齿根最大的弯曲应力 σ_F 小于或等于齿轮材料的弯曲疲劳许用应力，即 $\sigma_F \leqslant [\sigma_F]$。

在计算弯曲应力时，轮齿可视为宽度为 b 的悬臂梁（略去压缩应力，只考虑弯曲应力）。假定全部载荷由一对齿承受，且载荷作用于齿顶时，齿根部分产生的弯曲应力最大。而危险截面则认定是与轮齿齿廓对称线成 $30°$ 角的两直线与齿根过渡曲线相切点连线的齿根截面，如图 7-33AB 所示。

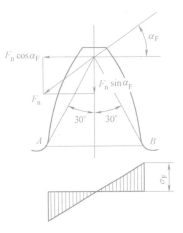

图 7-33　轮齿的弯曲疲劳强度

经推导可得齿根弯曲疲劳强度校核公式为

$$\sigma_F = \frac{2KT_1}{bm^2 z_1} Y_F Y_S \leqslant [\sigma_F] \qquad (7\text{-}25)$$

式中，σ_F 为齿根危险截面的最大弯曲应力，单位为 MPa；$[\sigma_F]$ 为齿轮材料的弯曲疲劳许用应力，单位为 MPa；Y_F 为齿形系数，其值见表 7-11；Y_S 为应力修正系数，其值见表 7-12。

表 7-11　标准外齿轮的齿形系数 Y_F

z	12	14	16	17	18	19	20	22	25	28	30	35	40	45	50	60	80	100	$\geqslant 200$
Y_F	3.47	3.22	3.03	2.97	2.91	2.85	2.81	2.75	2.65	2.58	2.54	2.47	2.41	2.37	2.35	2.30	2.25	2.18	2.14

注：$\alpha = 20°$，$h_a^* = 1$，$c^* = 0.25$。

表 7-12　标准外齿轮的应力修正系数 Y_S

z	12	14	16	17	18	19	20	22	25	28	30	35	40	45	50	60	80	100	$\geqslant 200$
Y_S	1.44	1.47	1.51	1.53	1.54	1.55	1.56	1.58	1.59	1.61	1.63	1.65	1.67	1.69	1.71	1.73	1.77	1.80	1.88

注：$\alpha = 20°$，$h_a^* = 1$，$c^* = 0.25$，$\rho_f = 0.38m$，ρ_f 为齿根圆角曲率半径。

由于 m、z_1、Y_F 是反映齿形大小的几个参数，因此齿轮抗弯强度取决于轮齿的形状大小（其中最主要的影响参数是模数 m，而与齿轮直径无关）。在强度计算时，因两轮的齿数不同，故 Y_F、Y_S 就不同，且两轮材料的弯曲疲劳许用应力 $[\sigma_F]_1$、$[\sigma_F]_2$ 也不一定相同。因此必须分别校核两齿轮的齿根弯曲疲劳强度。

将齿宽系数 $\Psi_d = b/d_1$ 代入式（7-25），可得出齿根弯曲疲劳强度的设计公式为

$$m \geqslant 1.26 \sqrt[3]{\frac{KT_1 Y_F Y_S}{\Psi_d z_1^2 [\sigma_F]}} \qquad (7\text{-}26)$$

注意：设计计算时，应将两轮的 $\dfrac{Y_F Y_S}{[\sigma_F]}$ 值进行比较，取较大者代入式（7-26），并将计算得出的模数按表 7-1 选取标准值。

7.9　标准斜齿圆柱齿轮传动

7.9.1　齿廓曲面的形成及其啮合特点

因为圆柱齿轮是有一定宽度的，所以轮齿的齿廓沿轴线方向形成一曲面。图 7-34a 所示为直齿圆柱齿轮渐开线齿廓曲面的形成。当发生面 S 在基圆柱上做纯滚动时，其上与母线平行的直线 KK' 在空间所走过的轨迹即为直齿圆柱齿轮渐开线曲面。斜齿圆柱齿轮齿廓曲面的形成原理和直齿轮相似，如图 7-35a 所示。所不同的是形成渐开线齿面的直线 KK' 不再与轴线平行，而是与其成角 β_b。当发生面 S 在基圆柱上做纯滚动时，其上与母线 NN' 成一倾斜角 β_b 的斜直线 KK' 在空间所走过的轨迹，即为斜齿轮的渐开线齿面。该曲面是渐开线螺旋面，β_b 称为基圆柱上的螺旋角。

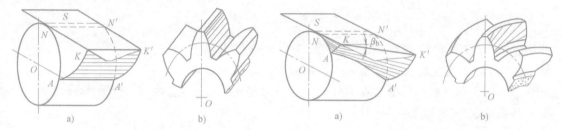

图 7-34　直齿圆柱齿轮齿廓的形成　　　　　图 7-35　斜齿圆柱齿轮齿廓的形成

由上述渐开线齿廓曲面的形成可知，直齿圆柱齿轮啮合时，齿面的接触线均平行于齿轮轴线，如图 7-34b 所示。齿轮传动时，轮齿是沿整个齿宽同时进入啮合或脱离啮合的，所以载荷沿齿宽是突然加上及卸掉的。因此，直齿圆柱齿轮传动的平稳性较差，容易产生冲击和噪声，不适用于高速、重载传动。而斜齿圆柱齿轮啮合传动时，不论齿廓在何位置啮合，其接触线都是与轴线倾斜的直线，如图 7-35b 所示。轮齿沿齿宽方向逐渐进入啮合又逐渐脱离啮合。齿面接触线的长度也由零逐渐增加又逐渐缩短，直至为零而脱离接触。因此，斜齿轮传动的平稳性比直齿要好，又减少了冲击、振动和噪声，在高速大功率的传动中得到广泛应用。

7.9.2　斜齿圆柱齿轮的基本参数和几何尺寸

由于斜齿圆柱齿轮的齿廓曲面是渐开线螺旋面，在垂直于齿轮轴线的端面（下标以 t 表示）和垂直于齿廓螺旋面的法向（下标以 n 表示）齿形不同，所以参数应有法向和端面之分。加工斜齿轮时，刀具通常是沿着螺旋线方向进刀切削的，故斜齿轮的法向参数为标准值，但端面上的齿廓也是渐开线。计算斜齿轮的几何尺寸一般是按端面参数进行的。因此，要掌握这两个平面内各参数的换算关系。

1. 螺旋角

将斜齿轮沿分度圆柱展开，得到如图 7-36a 所示的矩形。其高是斜齿轮的齿宽 b，长为分度圆周长 πd，分度圆上轮齿的螺旋线展开成一条斜直线，此斜直线与轴线的夹角 β 称为斜齿轮在分度圆柱上的螺旋角，简称斜齿轮的螺旋角。它表示轮齿的倾斜程度。由图

7-36b得

$$\tan\beta = \frac{\pi d}{p_s}$$

式中，p_s 为螺旋线的导程，即螺旋线绕一周时沿齿轮轴线方向前进的距离。

对于同一斜齿轮，各圆柱上螺旋线的导程均相等，因此基圆柱上的螺旋角 β_b 为

$$\tan\beta_b = \frac{\pi d_b}{p_s}$$

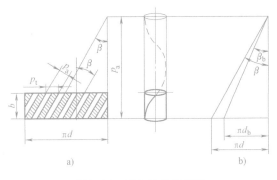

图 7-36 斜齿轮的展开图

联立以上两式得

$$\tan\beta_b = \tan\beta\left(\frac{d_b}{d}\right) = \tan\beta\cos\alpha_t \qquad (7-27)$$

式中，α_t 为斜齿轮端面压力角。

斜齿轮按其齿廓螺旋线的旋向不同，分为左旋和右旋。将齿轮轴线置于铅垂位置，轮齿线左高右低为左旋齿轮，右高左低为右旋齿轮，如图 7-37 所示。

2. 模数

由图 7-36 可知，法向齿距 p_n 与端面齿距 p_t 的几何关系为 $p_n = p_t\cos\beta$，而，$p_n = \pi m_n$，$p_t = \pi m_t$，所以

$$m_n = m_t\cos\beta \qquad (7-28)$$

3. 压力角

斜齿轮的法向压力角 α_n 和端面压力角 α_t 的关系，可用如图 7-38 所示的斜齿条来分析。其中，α_t 为端面压力角，α_n 为法向压力角。在底面 $\triangle ABC$ 中，$\angle BAC = \beta$。因此

$$\cos\beta = \frac{AC}{AB} = \frac{CC'\tan\alpha_n}{BB'\tan\alpha_t}$$

由于端面与法向的齿高相等，即 $h_t = BB' = CC' = h_n$，所以

$$\tan\alpha_n = \tan\alpha_t\cos\beta \qquad (7-29)$$

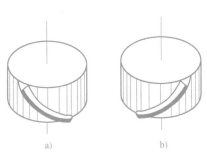

图 7-37 斜齿轮轮齿的旋向

a）左旋 b）右旋

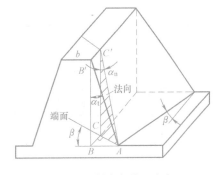

图 7-38 斜齿条的压力角

4. 齿顶高系数及顶隙系数

斜齿轮的齿顶高和齿根高，不论从端面还是法向看都是相等的。即

$$h_{an}^* m_n = h_{at}^* m_t$$

$$c_n^* m_n = c_t^* m_t$$

将式（7-28）代入以上两式得

$$h_{at}^* = h_{an}^* \cos\beta \tag{7-30}$$

$$c_t^* = c_n^* \cos\beta \tag{7-31}$$

式中，h_{an}^*、c_n^* 为法向齿顶高系数和顶隙系数（标准值）；h_{at}^*、c_t^* 为端面齿顶高系数和顶隙系数（非标准值）。

5. 斜齿轮的几何尺寸计算

由于斜齿轮传动在端面上相当于一对直齿轮传动，因此，将斜齿轮的端面参数代入直齿轮的计算公式，就可得到斜齿轮的相应尺寸，见表 7-13。由表 7-13 可知，斜齿轮传动的中心距与螺旋角 β 有关。当一对斜齿轮的 z_1、z_2 和 m_n 一定时，可以通过在一定范围内调整螺旋角 β 的大小来凑配中心距。

表 7-13　外啮合标准斜齿圆柱齿轮传动的几何尺寸计算公式

名称	符号	计算公式
端面模数	m_t	$m_t = \dfrac{m_n}{\cos\beta}$
端面压力角	α_t	$\alpha_t = \arctan\dfrac{\tan\alpha_n}{\cos\beta}$
分度圆直径	d	$d = m_t z = (m_n/\cos\beta) z$
齿顶高	h_a	$h_a = m_n h_{an}^*$
齿根高	h_f	$h_f = (h_{an}^* + c_n^*) m_n$
全齿高	h	$h = h_a + h_f = (2h_{an}^* + c_n^*) m_n$
齿顶圆直径	d_a	$d_a = d + 2h_a$
齿根圆直径	d_f	$d_f = d - 2h_f$
中心距	a	$a = \dfrac{1}{2}(d_1 + d_2) = \dfrac{1}{2}m_t(z_1 + z_2) = \dfrac{m_n}{2\cos\beta}(z_1 + z_2)$

7.9.3　斜齿轮正确啮合条件和重合度

1. 正确啮合条件

一对外啮合圆柱齿轮的正确啮合条件为两个斜齿轮的法向模数和法向压力角分别相等，螺旋角大小相等，旋向相反。即

$$\left.\begin{array}{l} m_{n1} = m_{n2} = m \\ \alpha_{n1} = \alpha_{n2} = \alpha \\ \beta_1 = -\beta_2（内啮合时，\beta_1 = \beta_2） \end{array}\right\}$$

2. 斜齿轮传动的重合度

为便于分析一对斜齿轮传动的重合度，现将一对斜齿轮传动与一对直齿轮传动进行比较。图 7-39a 所示为直齿轮传动啮合面，图 7-39b 所示为斜齿轮传动啮合面，$B_1B_1'B_2B_2'$ 为啮合区。

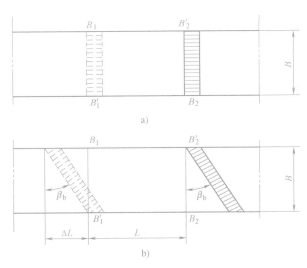

图 7-39　齿轮的啮合区

对于直齿轮传动来说，轮齿在 B_2B_2' 处进入啮合时，就沿整个齿宽接触，在 B_1B_1' 处脱离啮合时，也是沿整个齿宽同时分开，故直齿轮传动的重合度 $\varepsilon_\alpha = L/p_b$。

对于斜齿轮传动来说，轮齿也是在 B_2B_2' 处进入啮合，不过它不是沿整个齿宽同时进入啮合，而是由轮齿的一端先进入啮合，在 B_1B_1' 处脱离啮合时也是由轮齿的一端先脱离啮合，直到该轮齿转到图中虚线位置时，这对轮齿才完全脱离接触。这样，斜齿轮传动的实际啮合区就比直齿的增大 ΔL，因此斜齿轮传动的重合度也就比直齿的大，设其增加的一部分重合度用 ε_β 表示，$\varepsilon_\beta = \Delta L/p_b$，则斜齿轮传动的重合度为

$$\varepsilon_\gamma = \varepsilon_\alpha + \varepsilon_\beta = \varepsilon_\alpha + \frac{B\tan\beta_b}{p_b} \tag{7-32}$$

式中，ε_α 为端面重合度；ε_β 为轴向重合度（即由于轮齿的倾斜而产生的附加重合度）。

显然 ε_γ 随 β_b 和 B 的增大而增大。其值可以很大，即可以有很多对轮齿同时啮合。因此，斜齿轮传动较平稳，承载能力也较大。

7.9.4　斜齿圆柱齿轮的当量齿数

在进行强度计算以及用仿形法加工斜齿轮选择刀具时，必须知道斜齿轮的法向齿廓。通常采用下述近似方法分析斜齿轮的法向齿廓。

如图 7-40 所示，过分度圆柱上齿廓的任意一点 C 作垂直于分度圆柱螺旋线的法向 n-n，该法向与分度圆柱的交线为一椭圆，其长半轴 $a = \dfrac{d}{2\cos\beta}$，短半轴 $b = \dfrac{d}{2}$。由高等数学可知，椭圆在 C 点的曲率半径为

$$\rho = \frac{a^2}{b} = \frac{d}{2\cos^2\beta}$$

以 ρ 为半径作圆，此圆与 C 点附近的一段椭圆非常接近，故以 ρ 为分度圆半径，m_n 为模数，α_n 为标准压力角，作一假想直齿圆柱齿轮，该齿轮的齿形与斜齿圆柱齿轮的法向齿形十分接近。这个假想的直齿圆柱齿轮称为该斜齿圆柱齿轮的当量齿轮，其齿数称为当量齿数，用 z_V 表示

$$z_V = \frac{2\rho}{m_n} = \frac{d}{m_n\cos^2\beta} = \frac{m_n z}{m_n\cos^3\beta} = \frac{z}{\cos^3\beta} \qquad (7\text{-}33)$$

由式（7-33）可知，z_v 一般不是整数，也不需圆整，它是虚拟的，且 $z_V > z$。

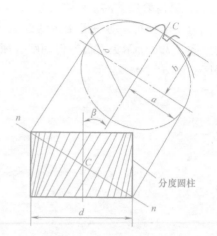

图 7-40　斜齿轮的当量齿轮

当量齿轮不发生根切的最少齿数 $z_{vmin} = 17$。

$$z_{min} = z_{vmin}\cos^3\beta$$

所以，标准斜齿轮不产生根切的最少齿数小于 17，斜齿轮传动机构更加紧凑。

7.9.5　斜齿圆柱齿轮的受力分析和强度计算

1. 受力分析

图 7-41 所示为斜齿圆柱齿轮的受力分析。当轮齿上作用转矩 T_1 时，若不计摩擦力，则该轮齿受力可视为集中作用于齿宽中点的法向力 F_{n1}。F_{n1} 可以分解为三个相互垂直的分力，即圆周力 F_{t1}、径向力 F_{r1} 和轴向力 F_{a1}。其值分别为

$$\left.\begin{aligned} F_{t1} &= \frac{2T_1}{d_1} \\[2mm] F_{r1} &= F_{t1}\frac{\tan\alpha_n}{\cos\beta} \\[2mm] F_{a1} &= F_{t1}\tan\beta \end{aligned}\right\} \qquad (7\text{-}34)$$

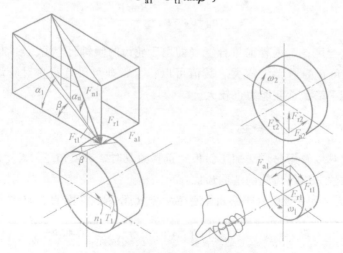

图 7-41　斜齿圆柱齿轮的受力分析

式中，T_1 为主动轮传递的转矩，单位为 N·mm；d_1 为主动轮分度圆直径，单位为 mm；β 为分度圆上的螺旋角；α_n 为法向压力角。

圆周力和径向力方向的判定方法与直齿圆柱齿轮相同，轴向力的方向可依左、右手法则判定。当主动轮是右旋时用右手，左旋时用左手。即握住主动轮轴线，弯曲的四指表示主动轮的转向，拇指的指向即为轴向力的方向。从动轮的轴向力则与其大小相等，方向相反。

2. 斜齿圆柱齿轮的强度计算

斜齿圆柱齿轮的强度计算与直齿圆柱齿轮相似。但由于斜齿轮传动受重合度较大、同时相啮合的轮齿较多、轮齿接触线倾斜等因素影响，使接触应力和弯曲应力降低，承载能力提高。其强度计算公式可如下表示。

（1）齿面接触疲劳强度计算

校核公式
$$\sigma_H = 3.17 Z_E \sqrt{\frac{KT_1(u\pm1)}{bd_1^2 u}} \leq [\sigma_H] \tag{7-35}$$

设计公式
$$d_1 \geq \sqrt[3]{\frac{KT_1(u\pm1)}{\psi_d u}\left(\frac{3.17 Z_E}{[\sigma_H]}\right)^2} \tag{7-36}$$

（2）齿根弯曲疲劳强度计算

校核公式
$$\sigma_F = \frac{1.6KT_1}{bm_n d_1}Y_F Y_S = \frac{1.6KT_1\cos\beta}{bm_n^2 z_1}Y_F Y_S \leq [\sigma_F] \tag{7-37}$$

设计公式
$$m_n \geq 1.17\sqrt[3]{\frac{KT_1\cos^2\beta Y_F Y_S}{\psi_d z_1^2[\sigma_F]}} \tag{7-38}$$

设计时应将 $Y_{F1}Y_{S1}/[\sigma_1]$ 和 $Y_{F2}Y_{S2}/[\sigma_2]$ 两比值中的较大值代入式（7-38），并将计算所得的 m_n 按标准模数取值。Y_F、Y_S 应按斜齿轮的当量齿数查取。

7.10 标准直齿锥齿轮传动

1. 锥齿轮的齿廓曲线

直齿锥齿轮齿廓曲线的形成如图 7-42 所示。一圆平面 S（发生面）与一基圆锥相切于 ON，设该圆平面的半径与基圆锥的锥距 R 相等，同时圆心 O 与锥顶重合。当发生面 S 绕基圆锥做纯滚动时，该平面上的任一点 B 将在空间展出一条渐开线。显然该渐开线位于以锥距 R 为半径的球面上，故称为球面渐开线。

图 7-43a 是一个锥齿轮的轴向半剖面图。OAB 为分度圆锥，Oaa 为齿根圆锥，Obb 为齿顶圆锥。过分度圆锥上点 A 作球面切线 AO_1 与分度圆锥轴线交于 O_1 点，以 OO_1 为轴，O_1A 为母线作一圆锥体，此圆锥称为锥齿轮的背锥。显然背锥与球面相切于锥齿轮大端的分度圆上。将锥齿轮大端的球面渐开线齿廓向背锥上投影，a、b 点的投影为 a'、b' 点，可以看出 $a'b'$ 与 ab 相差极小，

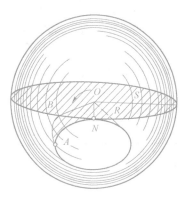
图 7-42 直齿锥齿轮齿廓曲线的形成

113

$ab \approx a'b'$，即背锥上的齿高部分近似等于球面上的齿高部分，故可用背锥上的齿廓代替球面上的齿廓。

将背锥展开成平面，可得到一个扇形齿轮，如图 7-43b 所示。将此扇形齿轮的模数、压力角、齿顶高系数、顶隙系数取的与锥齿轮大端齿形参数相同，并把扇形齿轮补足为完整的圆柱齿轮。该虚拟的圆柱齿轮称为该锥齿轮的当量齿轮，其齿数称为当量齿数，用 z_v 表示。

$$z_v = \frac{z}{\cos\delta}$$

式中，δ 为锥齿轮的分度圆锥角；一般 z_v 不是整数。

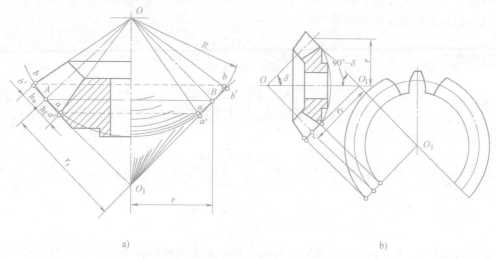

图 7-43 锥齿轮的背锥和当量齿数
a) 锥齿轮背锥 b) 锥齿轮的当量齿数

在研究锥齿轮的啮合传动和加工中，当量齿轮有着极其重要的作用：①用仿形法加工锥齿轮时，根据 z_v 选择铣刀；②直齿锥齿轮的重合度，可按当量齿轮的重合度计算；③用展成法加工时，可根据 z_v 来计算直齿锥齿轮不发生根切的最少齿数，$z_{min} = z_{vmin}\cos\delta$。当 $\alpha = 20°$，$h_a^* = 1$ 时，$z_{vmin} = 17$，故 $z_{min} = 17\cos\delta$。

直齿锥齿轮正确啮合条件可以从当量圆柱齿轮的正确啮合条件得到，即两轮的大端模数、压力角必须相等，即 $m_1 = m_2 = m$，$\alpha_1 = \alpha_2 = \alpha$。

锥齿轮传动传递两相交轴的运动和动力。锥齿轮的轮齿分布在锥体上，从大端到小端逐渐收缩。一对锥齿轮的运动可看成是两个锥顶共点的节圆锥做纯滚动，如图 7-44a 所示。与圆柱齿轮相对应，在锥齿轮上有齿顶圆锥、分度圆锥和齿根圆锥等。为计算和测量方便，通常取锥齿轮大端的参数为标准值，即大端的模数按表 7-14 选取，其压力角一般为 20°。

表 7-14 锥齿轮模数（摘自 GB 12368—1990）　　　　　　（单位：mm）

… 1	1.125	1.25	1.375	1.5	1.75	2	2.25	2.5	2.75	3	3.25	3.5	3.75	4	4.5	5	5.5	6	6.5	7
8	9	10	…																

一对锥齿轮两轴之间的轴交角 Σ 可根据传动的实际需要来确定。在一般机械中，多采用 $\Sigma = 90°$ 的传动；而在某些机械中，也常采用 $\Sigma \neq 90°$ 的锥齿轮传动。

锥齿轮的轮齿有直齿、斜齿及曲齿（圆弧齿、螺旋齿）等多种形式，由于直齿锥齿轮

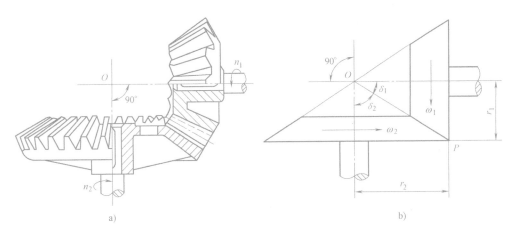

图 7-44　直齿锥齿轮传动

的设计、制造和安装均较简便，故应用最为广泛。曲线齿锥齿轮由于其传动平稳，承载能力较高，故常用于高速重载的传动，如飞机、汽车、拖拉机等的传动机构中。本节只讨论直齿锥齿轮传动。

如图 7-44b 所示为一对正确安装的标准锥齿轮。节圆锥与分度圆锥重合，两齿轮的分锥角分别为 δ_1 和 δ_2，大端分度圆半径分别为 r_1 和 r_2，两轮的传动比为

$$i=\frac{\omega_1}{\omega_2}=\frac{n_1}{n_2}=\frac{z_2}{z_1}=\frac{r_2}{r_1}=\frac{OP\sin\delta_2}{OP\sin\delta_1}=\frac{\sin\delta_2}{\sin\delta_1} \tag{7-39}$$

当 $\Sigma=\delta_1+\delta_2=90°$ 时

$$i=\tan\delta_2=\cot\delta_1 \tag{7-40}$$

2. 标准直齿锥齿轮的几何尺寸计算

对于 $\Sigma=90°$ 的标准直齿锥齿轮传动（见图 7-45），其几何尺寸计算公式见表 7-15。国家标准规定，对于正常齿轮，大端上齿顶高系数 $h_a^*=1$，顶隙系数 $c^*=0.2$。

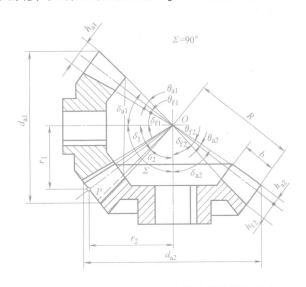

图 7-45　$\Sigma=90°$ 的标准直齿锥齿轮的几何尺寸

表 7-15　标准直齿锥齿轮传动（$\Sigma = 90°$）的主要几何尺寸计算公式

名称	符号	计算公式
分锥角	δ	$\delta_1 = \text{arccot}\dfrac{z_2}{z_1}$；$\delta_2 = 90° - \delta_1$
分度圆直径	d	$d_1 = mz_1$；$d_2 = mz_2$
齿顶高	h_a	$h_{a1} = h_{a2} = h_a^* m$
齿根高	h_f	$h_{f1} = h_{f2} = (h_a^* + c^*)m$
齿顶直径	d_a	$d_{a1} = d_1 + 2h_{a1}\cos\delta_1$；$d_{a2} = d_2 + 2h_{a2}\cos\delta_2$
齿根圆直径	d_f	$d_{f1} = d_1 - 2h_{f1}\cos\delta_1$；$d_{f2} = d_2 - 2h_{f2}\cos\delta_2$
锥距	R	$R = \dfrac{1}{2}\sqrt{d_1^2 + d_2^2}$
齿宽	b	$b \leqslant \dfrac{1}{3}R$
齿顶角	θ_a	$\theta_{a1} = \theta_{a2} = \arctan\dfrac{h_a}{R}$
齿根角	θ_f	$\theta_{f1} = \theta_{f2} = \arctan\dfrac{h_f}{R}$
顶锥角	δ_a	$\delta_{a1} = \delta_1 + \theta_{a1}$；$\delta_{a2} = \delta_2 + \theta_{a2}$
根锥角	δ_f	$\delta_{f1} = \delta_1 - \theta_{f1}$；$\delta_{f2} = \delta_2 - \theta_{f2}$
当量齿数	z_v	$z_{v1} = \dfrac{z_1}{\cos\delta_1}$；$z_{v2} = \dfrac{z_2}{\cos\delta_2}$

7.11　齿轮结构设计

7.11.1　齿轮的结构

通过齿轮传动的强度计算后，已确定了齿轮的主要参数和尺寸。而齿轮的轮毂、轮辐及轮缘等部分的尺寸大小，通常都是由结构设计来确定的。

齿轮的结构形式主要与齿轮的尺寸大小、毛坯材料、加工工艺、使用要求及经济性等因素有关。进行齿轮结构设计时，必须综合考虑上述各方面的因素。通常是先按齿轮的直径大小选定合适的结构形式，再由经验公式确定有关尺寸，绘制零件工作图。

常用的齿轮结构形式有以下几种。

1. 齿轮轴

当圆柱齿轮的齿根圆至键槽底部的距离 $x \leqslant (2 \sim 2.5)m_n$ 或当锥齿轮小端的齿根圆至键槽底部的距离 $x \leqslant (1.6 \sim 2)m$ 时，应将齿轮与轴制成一体，称为齿轮轴，如图 7-46 所示。

2. 实体式齿轮

当齿轮的齿顶圆直径 $d_a \leqslant 200\text{mm}$ 时，可采用实体式结构，如图 7-47 所示。这种结构的齿轮常用锻钢制造。

3. 腹板式齿轮

当齿轮的齿顶圆直径 $d_a = 200 \sim 500\text{mm}$ 时，可采用腹板式结构，如图 7-48 所示。这种结构的齿轮通常用锻钢制造，其各部分尺寸由图 7-48 中经验公式确定。

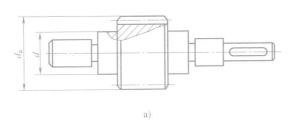
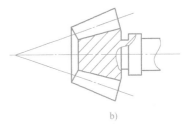

图 7-46　齿轮轴

a）圆柱齿轮轴　b）锥齿轮轴

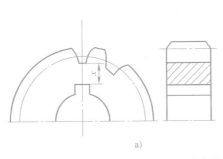
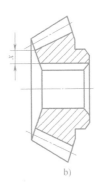

图 7-47　实体式齿轮

a）圆柱实体式齿轮　b）圆锥实体式齿轮

117

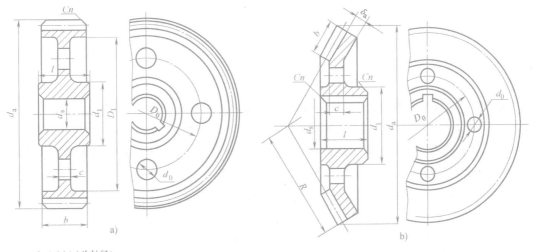

$d_1 = 1.6 d_s$（d_s 为轴径）

$D_0 = \dfrac{1}{2}(D_1 + d_1)$

$D_1 = d_a - (10 \sim 12) m_n$

$d_0 = 0.25(D_1 \sim d_1)$

$c = 0.3b$

$l = (1 \sim 1.2)\, d_a > b$

$n = 0.5 m_n$

$d_1 = 1.6 d_s$（铸钢）

$d_1 = 1.8 d_s$（铸铁）

$l = (1 \sim 1.2) d_s$

$c = (0.1 \sim 0.17) l > 10 \text{mm}$

$\delta_0 = (3 \sim 4) m_n > 10 \text{mm}$

D_0 和 d_0 根据结构确定

图 7-48　腹板式圆柱齿轮、锥齿轮

a）腹板式圆柱齿轮　b）腹板式锥齿轮

4. 轮辐式齿轮

当齿轮的齿顶圆直径 $d_a>500\text{mm}$ 时，可采用轮辐式结构，如图 7-49 所示。这种结构的齿轮常采用铸钢或铸铁制造，各部分尺寸由图 7-49 中经验公式确定。

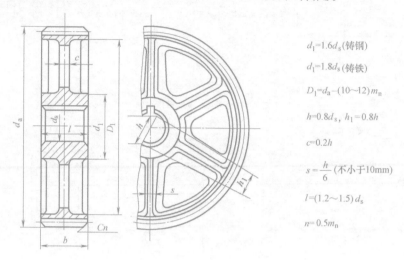

$d_1=1.6d_s$ (铸钢)

$d_1=1.8d_s$ (铸铁)

$D_1=d_a-(10\sim12)\,m_n$

$h=0.8d_s,\ h_1=0.8h$

$c=0.2h$

$s=\dfrac{h}{6}$ (不小于10mm)

$l=(1.2\sim1.5)\,d_s$

$n=0.5m_n$

图 7-49　铸造轮辐式圆柱齿轮

7.11.2　齿轮传动的润滑

由于齿轮啮合时齿面间有相对滑动，会产生摩擦和磨损，所以润滑对于齿轮传动十分重要。润滑可以减小摩擦损失，提高传动效率，还可以起到散热、防锈、降低噪声、改善工作条件、提高使用寿命等作用。

1. 润滑方式

闭式齿轮传动的润滑方式，根据齿轮的圆周速度大小而定，一般有浸油润滑和喷油润滑两种。

（1）浸油润滑　当齿轮的圆周速度 $v\leqslant12\text{m/s}$ 时，通常将大齿轮浸入油池中进行润滑，如图 7-50a 所示。浸油深度约为一个全齿高，但不小于 10mm。若浸入过深，则会增大齿轮的运动阻力并使油温升高。在多级齿轮传动中，常采用带油轮将油带到未浸入油池内的轮齿上，如图 7-50b 所示。

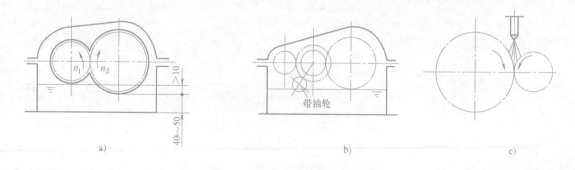

图 7-50　齿轮润滑

（2）喷油润滑 当齿轮的圆周速度 $v>12\text{m/s}$ 时，由于圆周速度大，齿轮搅油剧烈，增加损耗，并会搅起箱底沉淀杂质，故不宜采用浸油润滑。此时应采用喷油润滑，即用油泵将具有一定压力的润滑油通过喷嘴喷到轮齿啮合处，如图 7-50c 所示。

对于开式齿轮传动，由于其传动速度较低，通常采用人工定期加油润滑的方式。

2. 润滑剂的选择

齿轮传动的润滑剂多采用润滑油，其黏度通常根据齿轮材料和圆周速度选取，并由选定的黏度确定润滑油的牌号。润滑油的黏度可参考表 7-16 选用。

表 7-16 齿轮传动润滑油黏度荐用值

齿轮材料	抗拉强度 R_{m}/MPa	圆周速度 $v/(\text{m/s})$						
		<0.5	0.5~1	1~2.5	2.5~5	5~12.5	12.5~25	>25
		运动黏度 v_{40}/cSt						
塑料、青铜、铸铁	—	320	220	150	100	68	46	—
	450~1000	460	320	220	150	100	68	46
钢	1000~1250	460	460	320	220	150	100	68
渗碳或表面淬火钢	1250~1580	1000	460	460	320	220	150	100

注：$1\text{cSt}=10^{-6}\text{m}^2/\text{s}$。

7.12 设计实例

7.12.1 齿轮主要参数的选择

在设计齿轮传动时，需同时满足齿面接触疲劳强度和齿根弯曲疲劳强度两方面的要求。通过强度条件可以确定齿轮 d_1、m 等一些主要参数，但有些主要参数（如 z_1、ψ_{d} 等）需要设计者自己选定。下面讨论如何合理地选择这些参数。

1. 传动比

$i<8$ 时可采用一级齿轮传动。如果传动比过大，采用一级传动将导致结构庞大，所以这种情况下要采用分级传动。如果总传动比 i 为 8~40，可分成二级传动；如果总传动比 i 大于 40，可分为三级或三级以上传动。

一般取每对直齿圆柱齿轮的传动比 $i<3$，最大可达 5；斜齿圆柱齿轮的传动比可大些，取 $i\leqslant 5$，最大可达 8；直齿锥齿轮的传动比 $i\leqslant 3$，最大可达 7.5。

传动比的分配是一个较为复杂的问题，在此不进行讨论。

2. 齿数

一般设计中取 $z>z_{\text{min}}$。齿数多则重合度大，传动平稳且能改善传动质量，减少磨损。当分度圆直径一定时，齿数大，模数就小，将导致切齿的加工量减少，切齿成本的降低。但模数减小，轮齿的抗弯强度降低。因此，设计时在保证抗弯强度的前提下，应取较多的齿数。

在闭式软齿面齿轮传动中，其失效形式主要是齿面点蚀，而轮齿抗弯强度有较大的富裕。因此，可取较多的齿数，通常 $z_1=20\sim 40$。但对于传递动力的齿轮，应保证 $\geqslant 2\text{mm}$。

在闭式硬齿面和开式齿轮传动中，其承载能力主要由齿根弯曲疲劳强度决定。为使轮齿不致过小，应适当减少齿数，以保证有较大的模数 m，通常 $z_1 = 17 \sim 20$。

对于载荷不稳定的齿轮传动，z_1、z_2 应互为质数，以减少或避免周期性振动，有利于使所有轮齿磨损均匀，提高耐磨性。

3. 齿宽系数

齿宽系数 $\psi_d = b/d_1$，当 d_1 一定时，增大齿宽系数必然增大齿宽，可提高齿轮的承载能力。但齿宽越大，载荷沿齿宽的分布越不均匀，造成偏载反而降低了传动能力。因此，设计齿轮传动时，应合理选择 ψ_d。一般取 $\psi_d = 0.2 \sim 1.4$，见表 7-17。

表 7-17　齿宽系数 ψ_d

齿轮相对于轴承的位置	齿面硬度	
	软齿面	硬齿面
对称布置	0.8 ~ 1.4	0.4 ~ 0.9
不对称布置	0.6 ~ 1.2	0.3 ~ 0.6
悬臂布置	0.3 ~ 0.4	0.2 ~ 0.25

注：1. 对于直齿圆柱齿轮取小值；斜齿轮可取较大值；人字齿可取更大值。
　　2. 载荷平稳、轴的刚性较大时，取值应大一些；变载荷、轴的刚性较小时，取值应小一些。

在一般精度的圆柱齿轮减速器中，为补偿加工和装配的误差，应使小齿轮比大齿轮宽一些，小齿轮的齿宽取 $b_1 = b_2 + (5 \sim 10)$ mm。所以，齿宽系数 ψ_d 实际上为 b_2/d_1。齿宽 b_1 和 b_2 都应圆整为整数，最好个位数为 0 或 5。

标准减速器中齿轮的齿宽系数也可表示为 $\psi_a = b/a$，其中 a 为中心距。对于一般减速器可取 $\psi_a = 0.4$，开式传动可取 $\psi_a = 0.1 \sim 0.3$。

4. 螺旋角 β

如果 β 太小，则会失去斜齿轮传动的优点；如果 β 太大，则齿轮的轴向力也大，从而增大了轴承及整个传动的结构尺寸，从经济角度不可取，且传动效率也下降。

一般情况下，高速、大功率传动的场合，β 宜取大些；低速、小功率传动的场合，β 宜取小些。一般在设计时常取 $\beta = 8° \sim 15°$，β 的计算值应精确到（′）。

7.12.2　设计实例

例 7-2　设计一单级直齿圆柱齿轮减速器。已知：传递功率 $P = 10$kW，电动机驱动，小齿轮转速 $n_1 = 955$r/min，传动比 $i = 4$，单向运转，载荷平稳。使用寿命 10 年，单班制工作。

解　1）选择齿轮材料及精度等级。小齿轮选用 45 钢调质，硬度为 220HBW；大齿轮选用 45 钢正火，硬度为 180HBW。因为是普通减速器，由表 7-6 选 8 级精度，要求齿轮表面粗糙度值 $Ra = 3.2 \sim 6.3 \mu m$。

2）按齿面接触疲劳强度设计。因两齿轮均为钢质齿轮，可应用式（7-24）求出 d_1 值，确定有关参数与系数。

① 转矩 T_1

$$T_1 = 9.55 \times 10^6 \frac{P}{n_1} = 9.55 \times 10^6 \times \frac{10}{955} \text{N} \cdot \text{mm} = 10^5 \text{N} \cdot \text{mm}$$

② 载荷系数 K 及材料的弹性系数 Z_E。查表 7-9 取 $K = 1.1$；查表 7-10 得 $Z_E = 189.8\sqrt{MPa}$。

③ 齿数 z_1 和齿宽系数 ψ_d。小齿轮的齿数 z_1 取为 25，则大齿轮齿数 $z_2 = 100$。因单级齿轮传动为对称布置，而齿轮齿面又为软齿面，由表 7-17 选取 $\psi_d = 1$。

④ 许用接触应力 $[\sigma_H]$。由图 7-28 查得 $\sigma_{Hlim1} = 560MPa$，$\sigma_{Hlim2} = 530MPa$。

由表 7-8 查得 $S_H = 1$。

$$N_1 = 60n_1L_h = 60 \times 955 \times 1 \times (10 \times 52 \times 40)r = 1.19 \times 10^9 r$$

$$N_2 = \frac{N_1}{i} = \frac{1.19 \times 10^9}{4}r = 2.98 \times 10^8 r$$

查图 7-31 得 $Z_{N1} = 1$，$Z_{N2} = 1.06$。

由式（7-19）可得

$$[\sigma_{H1}] = \frac{Z_{N1}\sigma_{Hlim1}}{S_H} = \frac{1 \times 560}{1}MPa = 560MPa$$

$$[\sigma_{H2}] = \frac{Z_{N2}\sigma_{Hlim2}}{S_H} = \frac{1.06 \times 530}{1}MPa = 562MPa$$

故　$d_1 \geqslant \sqrt[3]{\frac{KT_1(u+1)}{\psi_d u}\left(\frac{3.52Z_E}{[\sigma_{H1}]}\right)^2} = \sqrt[3]{\frac{1.1 \times 10^5 \times (4+1)}{1 \times 4} \times \left(\frac{3.52 \times 189.8}{560}\right)^2}mm = 58.06mm$

$$m = \frac{d_1}{z_1} = \frac{58.06}{25}mm = 2.32mm$$

由表 7-1 取标准模数 $m = 2.5mm$。

3）主要尺寸计算。

$$d_1 = mz_1 = 2.5 \times 25mm = 62.5mm$$

$$d_2 = mz_2 = 2.5 \times 100mm = 250mm$$

$$b_2 = \psi_d d_1 = 1 \times 62.5mm = 62.5mm$$

经圆整后取　　　　$b_2 = 65mm$；$b_1 = b_2 + 5mm = 70mm$

$$a = \frac{1}{2}m(z_1 + z_2) = \frac{1}{2} \times 2.5 \times (25 + 100)mm = 156.25mm$$

按齿根弯曲疲劳强度校核，由式（7-20）求出 σ_F，如果 $\sigma_F \leqslant [\sigma_F]$，则校核合格。

4）确定有关系数与参数。

① 齿形系数 Y_F。查表 7-11 得 $Y_{F1} = 2.65$，$Y_{F2} = 2.18$。

② 应力修整系数 Y_S。查表 7-12 得 $Y_{S1} = 1.59$，$Y_{S2} = 1.80$。

③ 许用弯曲应力 $[\sigma_F]$。查图 7-29 得 $\sigma_{Flim1} = 205MPa$，$\sigma_{Flim2} = 190MPa$。

查表 7-8 得 $S_F = 1.3$。

查图 7-30 得 $Y_{N1} = Y_{N2} = 1$。

由式（7-20）得

$$[\sigma_{F1}] = \frac{Y_{N1}\sigma_{Flim1}}{S_F} = \frac{1 \times 205}{1.3}MPa = 158MPa$$

$$[\sigma_{F2}] = \frac{Y_{N2}\sigma_{Flim2}}{S_F} = \frac{1 \times 190}{1.3}MPa = 146MPa$$

故

$$\sigma_{F1} = \frac{2KT_1}{b_2 m^2 z_1}Y_{F1}Y_{S1} = \frac{2 \times 1.1 \times 10^5}{65 \times 2.5^2 \times 25} \times 2.65 \times 1.59MPa = 91.27MPa < [\sigma_{F1}] = 158MPa$$

$$\sigma_{F2} = \sigma_{F1}\frac{Y_{F2}Y_{S2}}{Y_{F1}Y_{S1}} = 91.27 \times \frac{2.18 \times 1.8}{2.65 \times 1.59}MPa = 85MPa < [\sigma_{F2}]$$

齿根弯曲疲劳强度校核合格。

5）验算齿轮的圆周速度 v。

$$v = \frac{\pi d_1 n_1}{60 \times 1000} = \frac{\pi \times 62.5 \times 955}{60 \times 1000}m/s = 3.12m/s$$

由表 7-6 可知，选 8 级精度是合适的。

6）几何尺寸计算及绘制齿轮零件工作图（略）。

习　题

7-1　渐开线有哪些性质？举例说明渐开线性质的具体应用。

7-2　渐开线齿轮上哪一点的压力角为标准值？哪一点的压力角最大？哪一点的压力角最小？

7-3　什么叫分度圆？什么叫节圆？在什么条件下节圆等于分度圆？在什么条件下节圆大于分度圆？在什么条件下没有节圆？

7-4　一对渐开线齿轮的基圆半径 $r_b = 60mm$，求：（1）$r_k = 70mm$ 时，渐开线的展角 θ_K、压力角 α_K 以及曲率角半径 ρ_K，（2）压力角 $\alpha = 20°$ 的向径 r、展角 θ 及曲率半径 ρ。

7-5　渐开线齿轮的啮合特点是什么？

7-6　标准直齿圆柱齿轮的基本参数有哪些？决定渐开线形状的基本参数是什么？

7-7　现有 4 个标准齿轮：$m_1 = 4mm$，$z_1 = 25$；$m_2 = 4mm$，$z_2 = 50$；$m_3 = 3mm$，$z_3 = 60$；$m_4 = 2.5mm$，$z_4 = 40$。试问：（1）哪两个齿轮的渐开线形状相同？（2）哪两个齿轮能正确啮合？（3）哪两个齿轮能用同一把滚刀制造？这两个齿轮能否改成用同一把铣刀加工？

7-8　什么是根切？产生根切的原因是什么？是否基圆越小越容易发生根切？如何避免根切？

7-9　标准齿轮不发生根切的最小齿数受什么参数影响？

7-10　一对标准外啮合直齿圆柱齿轮传动，已知 $z_1 = 19$，$z_2 = 68$，$m = 2mm$，$\alpha = 20°$，计算小齿轮的分度圆直径、齿顶圆直径、齿根圆直径、基圆直径、齿距以及齿厚和齿槽宽。

7-11　已知一对标准直齿圆柱齿轮的中心距 $a = 120mm$，传动比 $i = 3$，小齿轮齿数 $z_1 = 20$。试确定这对齿轮的模数和分度圆直径、齿顶圆直径和齿根圆直径。

7-12 测得一个标准直齿圆柱齿轮的齿顶圆直径为 130mm、齿数为 24、全齿高为 11.25mm，求该齿轮模数 m 和齿顶高系数 h_a^*。

7-13 已知一个标准直齿圆柱齿轮的齿数为 40，测得公法线长度为 $w_{k=4} = 32.677$mm，$W_{k=5} = 41.533$mm，试计算该齿轮的几何尺寸。

7-14 在技术改造中拟使用两个现成的标准直齿圆柱齿轮。已测得齿数 $z_1 = 22$，$z_2 = 98$，小齿轮齿顶圆直径 $d_{a1} = 240$mm，大齿轮的全齿高 $h = 22.5$mm，试判断这两个齿轮能否正确啮合。

7-15 已知一对斜齿圆柱齿轮传动，$z_1 = 25$，$z_2 = 100$，$m_n = 4$mm，$\beta = 15°$，$\alpha = 20°$，试计算这对斜齿轮的主要几何尺寸。

7-16 齿轮的失效形式有哪些？采取什么措施可减缓失效发生？

7-17 齿轮强度计算准则是如何确定的？

7-18 对齿轮材料的要求是什么？常用齿轮材料有哪些？如何保证对齿轮材料的基本要求？

7-19 齿面接触疲劳强度与哪些参数有关？若接触疲劳强度不够时，可采取什么措施提高接触疲劳强度？

7-20 齿根弯曲疲劳强度与哪些参数有关？若弯曲疲劳强度不够时，可采取什么措施提高弯曲疲劳强度？

7-21 软齿面齿轮为何应使小齿轮的硬度比大齿轮高 20~50HBW？硬齿面齿轮是否也需要有硬度差？

7-22 为何要使小齿轮比配对大齿轮宽 5~10mm？

7-23 按弯曲疲劳强度设计齿轮时，若齿轮经常正、反转，应如何确定其许用弯曲应力？

7-24 如有一个开式齿轮传动，该传动经常正、反转，设计时应注意哪些问题？

7-25 斜齿轮的当量齿轮是如何制造的？其当量齿数 z_v 在强度计算中有何用处？

7-26 设计一个单级直齿圆柱齿轮减速器，已知传递的功率为 4kW，小齿轮转速 $n_1 = 450$r/min，传动比 $i = 3.5$，载荷平稳，使用寿命 5 年。

第 8 章

蜗 杆 传 动

本章主要介绍普通圆柱蜗杆传动的主要参数、几何尺寸计算、强度计算以及热平衡计算。由于齿面间相对滑动速度大，蜗杆传动在设计计算方面有很多特点，在学习时应充分注意这些特点。

8.1 蜗杆传动的特点及类型

蜗杆传动由蜗杆和蜗轮组成，如图 8-1 所示，常用于交错角 $\Sigma = 90°$ 的两轴之间传递运动和动力。一般蜗杆为主动件，做减速运动。蜗杆传动具有传动比大而结构紧凑等优点，所以在各类机械，如机床、冶金、矿山及起重运输机械中得到广泛使用。

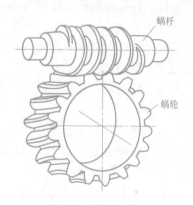

图 8-1 蜗杆传动

8.1.1 蜗杆传动的特点

蜗杆传动是在齿轮传动的基础上发展起来的，它具有齿轮传动的某些特点，即在中间平面（通过蜗杆轴线并垂直于蜗轮轴线的平面）内的啮合情况与齿轮齿条的啮合情况类似，但又区别于齿轮传动的特性，即其运动特性相当于螺旋副的工况。蜗杆相当于单头或多头螺杆，蜗轮相当于一个"不完整的螺母"包在蜗杆上。蜗杆本身轴线转动一周，蜗轮相应转过一个或多个齿。

与齿轮传动相比较，蜗杆传动具有以下特点：

1）蜗杆传动的最大特点是结构紧凑、传动比大（一般传动比 $i = 10 \sim 40$，最大可达80）。若只传递运动（如分度运动），其传动比可达 1000。

2）传动平稳、噪声小。由于蜗杆上的齿是连续不断的螺旋齿，蜗轮轮齿和蜗杆是逐渐进入啮合并逐渐退出啮合的，同时啮合的齿数较多，所以传动平稳，噪声小。

3）可制成具有自锁性的蜗杆。当蜗杆的导程角小于啮合面的当量摩擦角时，蜗杆传动具有自锁性。

4）蜗杆传动的主要缺点是效率较低。这是由于蜗轮和蜗杆在啮合处有较大的相对滑动，因此发热量大，效率较低，传动效率一般为 0.7~0.9。当蜗杆传动具有自锁性时，其传动效率小于 0.5。

5）蜗轮的造价较高。为减轻齿面的磨损并防止胶合，蜗轮一般多用青铜制造，因此造价较高。

8.1.2　蜗杆传动的类型

按蜗杆分度曲面的形状不同，蜗杆传动可以分为圆柱蜗杆传动（见图 8-2a）、环面蜗杆传动（见图 8-2b）和锥蜗杆传动（见图 8-2c）三种类型。

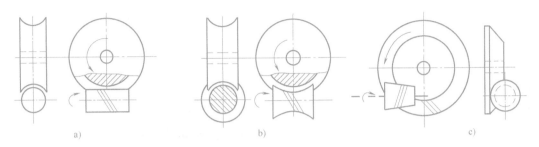

图 8-2　蜗杆传动的类型

a）圆柱蜗杆传动　b）环面蜗杆传动　c）锥蜗杆传动

1. 普通圆柱蜗杆传动

普通圆柱蜗杆传动主要分为阿基米德圆柱蜗杆（ZA）、渐开线圆柱蜗杆（ZI）和法向直廓圆柱蜗杆（ZN）三种，如图 8-3 所示。

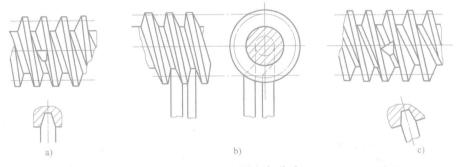

图 8-3　普通圆柱蜗杆传动

a）阿基米德圆柱蜗杆（ZA）　b）渐开线圆柱蜗杆（ZI）　c）法向直廓圆柱蜗杆（ZN）

（1）阿基米德圆柱蜗杆　如图 8-4a 所示，其齿面为阿基米德螺旋面。加工时，梯形车

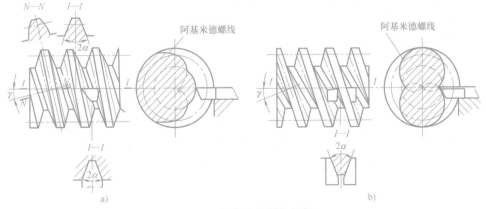

图 8-4　阿基米德圆柱蜗杆

a）当 $\gamma \leqslant 3°$ 时用一把刀车削　b）当 $\gamma > 3°$ 时用两把刀车削

刀切削刃的顶平面通过蜗杆轴线，在轴平面 $I—I$ 具有直线齿廓，法向剖面 $N—N$ 上齿廓为外凸线，端面上齿廓为阿基米德螺线。这种蜗杆切制简单，应用最为广泛，但难以用砂轮磨削出精确齿形，精度较低。

（2）渐开线圆柱蜗杆　如图 8-3b 所示，加工时，车刀切削刃平面与基圆或上或下相切，被切出的蜗杆齿面是渐开线螺旋面，端面上齿廓为渐开线。这种蜗杆可以磨削，易保证加工精度。

（3）法向直廓圆柱蜗杆　法向直廓圆柱蜗杆又称延伸渐开线蜗杆，如图 8-3c 所示。车制时，切削刃顶面置于螺旋线的法向上，蜗杆在法向剖面上具有直线齿廓，在端面上为延伸渐开线齿廓。这种蜗杆可用砂轮磨齿，加工较简单，常用作机床的多头精密蜗杆传动。

2. 环面蜗杆传动

蜗杆分度曲面是圆环面的蜗杆称为环面蜗杆，和相应的蜗轮组成的传动称为环面蜗杆传动（见图 8-5）。它又分为直廓环面蜗杆传动（俗称球面蜗杆传动）、平面包络环面蜗杆传动（又称为一、二次包络）、渐开线包络环面蜗杆传动和锥面包络环面蜗杆传动。下面介绍直廓环面蜗杆传动的特点。

一个环面蜗杆，当其轴向齿廓为直线时称为直廓环面蜗杆，和相应的蜗轮组成的传动称为直廓环面蜗杆传动。

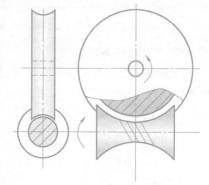

图 8-5　环面蜗杆传动

这种蜗杆传动的特点是：由于其蜗杆和蜗轮的外形都是环面回转体，可以互相包容，实现多齿接触和双接触线接触，接触面积大；又由于接触线与相对滑动速度 v_s 之间的夹角约为 90°，易于形成油膜，齿面间综合曲率半径也增大等。因此，在相同的尺寸下，其承载能力可提高 1.5~3 倍（小值适于小中心距，大值适于大中心距）；若传递同样的功率，中心距可减小 20%~40%。它的缺点是：制造工艺复杂，不可展齿面难以实现磨削，故不宜获得精度很高的传动。只有批量生产时，才能发挥其优越性，其应用现在已日益增加。

3. 锥蜗杆传动

锥蜗杆传动中的蜗杆为一等导程的锥形螺旋，蜗轮则与一曲线齿锥齿轮相似。

由于普通圆柱蜗杆传动加工制造简单，应用最为广泛，所以主要介绍以阿基米德蜗杆为代表的普通圆柱蜗杆传动。

8.2　普通圆柱蜗杆传动的基本参数及几何尺寸计算

如图 8-6 所示，在中间平面上，普通圆柱蜗杆传动就相当于齿条与齿轮的啮合传动。因此，在设计蜗杆传动时，均以中间平面上的参数（如模数、压力角）和尺寸（如齿顶圆、分度圆等）为基准，并沿用渐开线齿轮传动的计算公式。

8.2.1　普通圆柱蜗杆的主要参数及选择

普通圆柱蜗杆传动的主要参数有模数 m、压力角 α、蜗杆头数 z_1 和蜗轮齿数 z_2 及蜗杆直

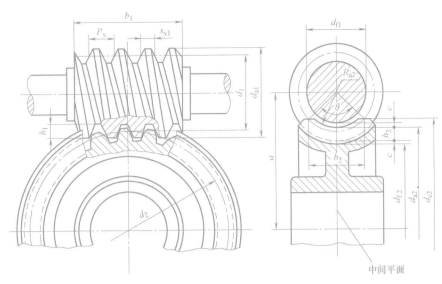

图 8-6　圆柱蜗杆传动的基本参数

径 d_1 等。进行蜗杆传动设计时，首先要正确地选择参数。这些参数之间是相互联系的，不能孤立地去确定，而应该根据蜗杆传动的工作条件和加工条件，考虑参数之间的相互影响，综合分析，合理选定。

1. 模数 m 和压力角 α

在中间平面中，为保证蜗杆传动的正确啮合，蜗杆的轴向模数 m_{a1} 和压力角 α_{a1} 应分别等于蜗轮的法向模数 m_{t2} 和压力角 α_{t2}，即

$$m_{a1}=m_{t2}=m,\alpha_{a1}=\alpha_{t2}=\alpha \qquad (8\text{-}1)$$

蜗杆轴向压力角与法向压力角的关系为

$$\tan\alpha_a=\frac{\tan\alpha_n}{\cos\gamma} \qquad (8\text{-}2)$$

式中，γ 为导程角。

2. 蜗杆的分度圆直径 d_1 和直径系数 q

为保证蜗杆与蜗轮的正确啮合，需要用与蜗杆尺寸相同的蜗杆滚刀来加工蜗轮。由于相同的模数，可以有许多不同的蜗杆直径，这样就造成要配备很多的蜗轮滚刀，以适应不同的蜗杆直径。显然，这样很不经济。

为了减少蜗轮滚刀的个数和便于滚刀的标准化，就对每 1 标准的模数规定了一定数量的蜗杆分度圆直径 d_1，而把蜗杆分度圆直径和模数的比称为蜗杆直径系数 q，即

$$q=\frac{d_1}{m} \qquad (8\text{-}3)$$

常用的标准模数 m、蜗杆分度圆直径 d_1 及直径系数 q 见表 8-1。

3. 蜗杆头数 z_1 和蜗轮齿数 z_2

蜗杆头数可根据要求的传动比和效率来选择，一般取 $z_1=1\sim10$，推荐 $z_1=1$，2，4，6。其选择原则是：当要求传动比较大，或要求传递大的转矩时，则 z_1 取小值；要求传动自锁时，取 $z_1=1$；要求具有高的传动效率，或高速传动时，则 z_1 取较大值。

表 8-1 普通圆柱蜗杆的基本尺寸、参数及其与蜗轮参数匹配表

模数 /mm	轴向齿距 p_x	分度圆直径 d/mm	蜗杆头数 z_1	直径系数 q	齿顶圆直径 d_{a1}/mm	齿根圆直径 d_{f1}/mm	分度圆导程角 γ	说明
1	3.142	18	1	18.000	20	15.6	3°10′47″	自锁
1.25	3.927	20	1	16.000	22.5	17	3°34′35″	自锁
		22.4		17.920	24.9	19.4	3°11′38″	
1.6	5.027	20	1 2 4	12.500	23.2	16.16	4°34′26″ 9°05′25″ 17°44′41″	
		28	1	17.500	31.2	24.16	3°16′14″	自锁
2	6.283	(18)	1 2 4	9.000	22	13.2	6°20′25″ 12°31′44″ 23°57′45″	
		22.4	1 2 4 6	11.200	26.4	17.6	5°06′08″ 10°07′29″ 19°39′14″ 28°10′43″	
		(28)	1 2 4	14.000	32	23.2	4°05′08″ 8°07′48″ 15°56′43″	
		35.5	1	17.750	39.5	30.7	3°13′28″	自锁
2.5	7.854	(22.4)	1 2 4	8.960	27.4	16.4	6°22′06″ 12°34′59″ 24°03′26″	
		28	1 2 4 6	11.20	33	22	5°06′08″ 10°07′29″ 19°39′14″ 28°10′43″	
		(35.5)	1 2 4	14.200	40.5	29.5	4°01′42″ 8°01′02″ 15°43′55″	
		45	1	18.000	50	39	3°10′47″	自锁
3.15	9.896	(28)	1 2 4	8.889	34.3	20.4	6°25′08″ 12°40′49″ 24°13′40″	
		35.5	1 2 4 6	11.270	41.8	27.9	5°04′15″ 10°03′48″ 19°32′47″ 28°01′50″	
		(45)	1 2 4	14.286	51.3	37.4	4°00′15″ 7°58′11″ 15°38′32″	
		56	1	17.778	62.3	48.4	3°13′10″	自锁

128

（续）

模数 /mm	轴向齿距 p_x	分度圆 直径 d/mm	蜗杆头 数 z_1	直径系 数 q	齿顶圆 直径 d_{a1}/mm	齿根圆 直径 d_{f1}/mm	分度圆导 程角 γ	说明
4	12.566	(31.5)	1 2 4	7.875	39.5	21.9	7°14′13″ 14°15′00″ 26°55′40″	
		40	1 2 4 6	10.000	48	30.4	5°42′38″ 11°18′36″ 21°48′05″ 30°57′50″	
		(50)	1 2 4	12.500	58	40.4	4°34′26″ 9°05′25″ 17°44′41″	
		71	1	17.750	79	61.4	3°13′28″	自锁
5	15.708	(40)	1 2 4	8.000	50	28	7°07′30″ 14°02′10″ 26°33′54″	
		50	1 2 4 6	10.000	60	38	5°42′38″ 11°18′36″ 21°48′05″ 30°57′50″	
		(63)	1 2 4	12.600	73	51	4°32′16″ 9°01′10″ 17°36′45″	
		90	1	18.000	100	78	3°10′47″	自锁
6.3	19.792	(50)	1 2 4	7.936	62.6	34.9	7°10′53″ 14°08′39″ 26°44′53″″	
		63	1 2 4 6	10.000	75.6	47.9	5°42′38″ 11°18′36″ 21°48′05″ 30°57′50″	
		(80)	1 2 4	12.698	92.6	64.8	4°30′10″ 8°57′02″ 17°29′04″	
		112	1	17.778	124.6	96.9	3°13′10″	自锁
8	25.133	(63)	1 2 4	7.875	79	43.8	7°14′13″ 14°15′00″ 26°53′40″	
		80	1 2 4 6	10.000	96	60.8	5°42′38″ 11°18′36″ 21°48′05″ 30°57′50″	
		(100)	1 2 4	12.500	116	80.8	4°34′26″ 9°05′25″ 17°44′41″	
		140	1	17.500	156	120.8	3°16′14″	自锁

注：1. 本表中导程角 $\gamma<3°30′$ 的圆柱蜗杆均为自锁蜗杆。

　　2. 括号中的参数不适用于蜗杆头数 $z_1=6$ 时。

　　3. 本表摘自 GB/T 10085—2018。

蜗轮齿数的多少会影响运转的平稳性，同时也受到两个限制：①最少齿数应避免发生根切与干涉，理论上应使 $z_{2min} \geqslant 17$，但 $z_2 < 26$ 时，啮合区显著减小，影响平稳性，而在 $z_2 \geqslant 30$ 时，则可始终保持有两对齿以上啮合，因此通常规定 $z_2 > 28$；②z_2 也不能过多，当 $z_2 > 80$ 时（对于动力传动），蜗轮直径将增大过多，在结构上相应就需增大蜗杆两个支承点间的跨距，影响蜗杆轴的刚度和啮合精度；对一定直径的蜗轮，如 z_2 取得过多，模数 m 就减小很多，将影响轮齿的抗弯强度，故对于动力传动，蜗轮齿数常用的范围为 $z_2 \approx 28 \sim 70$；对于传递运动的传动，z_2 可达 $200 \sim 300$，甚至可到 1000。蜗杆头数 z_1 和蜗轮齿数 z_2 推荐值见表 8-2。

表 8-2 蜗杆头数 z_1、蜗轮齿数 z_2 推荐值

传动比 $i = z_2/z_1$	$7 \sim 13$	$14 \sim 27$	$28 \sim 40$	>40
蜗杆头数 z_1	4	2	2、1	1
蜗轮齿数 z_2	$28 \sim 52$	$28 \sim 54$	$28 \sim 80$	>40

4. 导程角 γ

蜗杆的形成原理与螺旋相同，所以蜗杆轴向齿距 p_{x1} 与蜗杆导程 p_z 的关系为 $p_z = z_1 p_{x1}$，由图 8-7 可知

$$\tan\gamma = \frac{p_z}{\pi d_1} = \frac{z_1 p_{x1}}{\pi d_1} = \frac{z_1 m}{d_1} = \frac{z_1}{q} \tag{8-4}$$

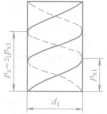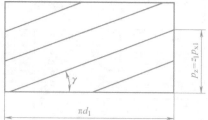

图 8-7 蜗杆导程角与导程的关系

导程角 γ 的范围为 $3.5° \sim 33°$，其大小与效率有关。导程角大时，效率高，通常 $\gamma = 15° \sim 30°$，并多采用多头蜗杆。但导程角过大，蜗杆车削困难；导程角小时，效率低，但可以自锁，通常 $\gamma = 3.5° \sim 4.5°$。

8.2.2 普通圆柱蜗杆传动基本几何尺寸计算

普通圆柱蜗杆传动基本几何尺寸计算关系式见表 8-3。

表 8-3 普通圆柱蜗杆传动基本几何尺寸

蜗杆			蜗轮		
基本参数：模数 m、直径系数 q			基本参数：模数 m、齿数 z_2		
名称	代号	尺寸公式	名称	代号	尺寸公式
分度圆直径	d_1	$d_1 = mq$	分度圆直径	d_2	$d_2 = mz_2$
齿顶高	h_{a1}	$h_{a1} = m$	齿顶高	h_{a2}	$h_{a2} = m$
齿根高	h_{f1}	$h_{f1} = 1.2m$	齿根高	h_{f2}	$h_{f2} = 1.2m$

（续）

蜗杆			蜗轮		
基本参数：模数 m、直径系数 q			基本参数：模数 m、齿数 z_2		
名称	代号	尺寸公式	名称	代号	尺寸公式
全齿高	h_1	$h_1 = 2.2m$	全齿高	h_2	$h_2 = 2.2m$
齿顶圆直径	d_{a1}	$d_{a1} = d_1 + 2m$	齿顶圆直径	d_{a2}	$d_{a2} = m(z_2 + 2)$
齿根圆直径	d_{f1}	$d_{f1} = d_1 - 2.4m$	齿根圆直径	d_{f2}	$d_{f2} = m(z_2 - 2.4)$
轴向齿距	p_x	$p_x = \pi m$	齿顶圆弧半径	R_{a2}	$R_{a2} = \dfrac{d_1}{2 - m}$
导程	p_z	$p_z = z_1 p_x$	齿根圆弧半径	R_{f2}	$R_{f2} = \dfrac{d_1}{2 + 1.2m}$
导程角	γ	$\tan\gamma = z_1 / q$	顶圆直径	d_{e2}	当 $z_1 = 1$ 时，$d_{e2} \leqslant d_{a2} + 2m$； 当 $z_1 = 2 \sim 3$ 时，$d_{e2} \leqslant d_{a2} + 1.5m$
齿宽	b_1	当 $z_1 = 1 \sim 2$ 时， $b_1 \geqslant (11 + 0.06z_2)m$； 当 $z_1 = 3 \sim 4$ 时， $b_1 \geqslant (12.5 + 0.09z_2)m$	齿宽	b_2	当 $z_1 \leqslant 3$ 时，$b_2 \geqslant 0.75d_{a1}$； 当 $z_1 \leqslant 4$ 时，$b_2 \geqslant 0.67d_{a1}$
中心距	a	$a = \dfrac{1}{2}(d_1 + d_2) = \dfrac{m}{2}(q + z_2)$			

8.2.3　蜗杆传动的正确啮合条件

从上述可知，蜗杆传动的正确啮合条件为：蜗杆的轴向模数与蜗轮的端面模数必须相等；蜗杆的轴向压力角与蜗轮的端面压力角必须相等；两轴线轴交角为 90° 时，蜗杆分度圆柱的导程角与蜗轮分度圆柱的螺旋角相等且方向相同。

8.3　蜗杆传动的失效形式及设计准则

8.3.1　蜗杆传动的失效形式

在蜗杆传动中，由于材料及结构的原因，蜗杆轮齿的强度高于蜗轮轮齿的强度，所以失效常常发生在蜗轮的轮齿上。由于蜗杆、蜗轮的齿廓间相对滑动速度较大，发热量大且效率低，因此蜗杆传动的主要失效形式为胶合、磨损和齿面点蚀等。当润滑条件差及散热不良时，闭式传动极易出现胶合。开式传动以及润滑油不清洁的闭式传动中，轮齿磨损的速度很快。

8.3.2　蜗杆传动的设计准则

由于蜗轮无论在材料的强度和结构方面均较蜗杆弱，所以失效多发生在蜗轮轮齿上，设计时只需要对蜗轮进行承载能力计算。由于目前对胶合与磨损的计算还缺乏适当的方法和数据，因而还是按照齿轮传动中弯曲疲劳强度和接触疲劳强度进行。

蜗杆传动的设计准则为：闭式蜗杆传动按蜗轮轮齿的齿面接触疲劳强度进行设计计算，按齿根弯曲疲劳强度校核，并进行热平衡验算；开式蜗杆传动按保证齿根弯曲疲劳强度进行设计。

8.4 蜗杆传动的材料及精度等级

8.4.1 蜗杆传动的材料及其选择

由失效形式可知，蜗杆、蜗轮的材料不仅要求有足够的强度，更重要的是具有良好的磨合、减摩性、耐磨性和抗胶合能力等。

一般来说，蜗杆用碳钢或合金钢制成。高速重载蜗杆常用15Cr或20Cr、20CrMnTi等并经渗碳淬火处理，也可以用40钢、45钢或40Cr并经淬火处理以提高表面硬度，增加耐磨性。通常要求蜗杆淬火后的硬度为40~55HRC，经氮化处理后的硬度为55~62HRC。一般不太重要的低速中载蜗杆，可采用40钢、45钢并经调质处理，其硬度为220~300HBW。

常用蜗轮材料为铸造锡青铜（ZCuSn10P1，ZCuSn5Pb5Zn5）、铸造铝铁青铜（ZCuAl1010Fe3）及灰铸铁（HT150、HT200）等。锡青铜耐磨性最好，但价格较高，一般用于相对滑动速度大于3m/s的重要传动；铝铁青铜的耐磨性较锡青铜差一些，但价格便宜，一般用于相对滑动速度小于4m/s的传动；如果相对滑动速度不高（小于2m/s），对效率要求也不高，可以采用灰铸铁。为了防止变形，常对蜗轮进行时效处理。

相对滑动速度 v_s 为

$$v_s = \sqrt{v_1^2 + v_2^2} = \frac{v_1}{\cos\gamma} \tag{8-5}$$

常见蜗杆和蜗轮材料匹配见表8-4。

表8-4 常见蜗杆和蜗轮材料匹配

相对滑动速度 v_s/(m/s)	蜗轮材料	蜗杆材料
$3 \leqslant v_s \leqslant 25$	ZCuSn10P1	20CrMnTi 渗碳淬火,56~62HRC;20Cr
$3 \leqslant v_s \leqslant 12$	ZCuSn5Pb5Zn5	45钢高频淬火,40~50HRC;40Cr,50~55HRC
$\leqslant 10$	ZCuAl10Fe3	45钢高频淬火,40~50HRC;40Cr,50~55HRC
$\leqslant 2$	HT150、HT200	45钢调质,220~250HBW

8.4.2 蜗杆传动精度等级的选择

圆柱蜗杆传动在GB/T 10089—2018中规定了12个精度等级，1级精度最高，12级精度最低。对于动力蜗杆传动，一般选用6~9级。蜗杆传动6~9级精度适用的相对滑动速度、加工方法及应用范围见表8-5，供设计时参考。

表8-5 蜗杆传动6~9级精度适用的相对滑动速度、加工方法及应用范围

精度等级	相对滑动速度 v_s/(m/s)	加工方法		应用范围
		蜗杆	蜗轮	
6	>10	淬火、磨光和抛光	滚切后用蜗杆形剃齿刀精加工,加载磨合	速度较高的精密传动,中等精度的机床分度机构;发动机调速器的传动

（续）

精度等级	相对滑动速度 $v_s/(\mathrm{m/s})$	加工方法		应用范围
		蜗杆	蜗轮	
7	≤10	淬火、磨光和抛光	滚切后用蜗杆形剃齿刀精加工或加载磨合	速度较高的中等功率传动，中等精度的工业运输机的传动
8	≤5	调质、精车	滚切后建议加载磨合	速度较低或短时间工作的动力传动；或一般不太重要的传动
9	≤2	调质、精车	滚切后建议加载磨合	不重要的低速传动或手动

8.5　蜗杆传动的受力分析及强度计算

8.5.1　蜗杆传动的受力分析

如图 8-8 所示，蜗杆传动的受力与斜齿圆柱齿轮相似。若不计齿面间的摩擦力，蜗杆作用于蜗轮齿面上的法向力 F_{n2} 在节点 P 处可以分解成三个互相垂直的分力：圆周力 F_{t2}、径向力 F_{r2}、轴向力 F_{x2}（或 F_{a2}）。由图 8-9 可知，蜗轮上的圆周力 F_{t2} 等于蜗杆上的轴向力 F_{x1}（或 F_{a1}）；蜗轮上的径向力 F_{r2} 等于蜗杆上的径向力 F_{r1}；蜗轮上的轴向力 F_{x2}（或 F_{a2}）等于蜗杆上的圆周力 F_{t1}。这些对应的力大小相等、方向相反。

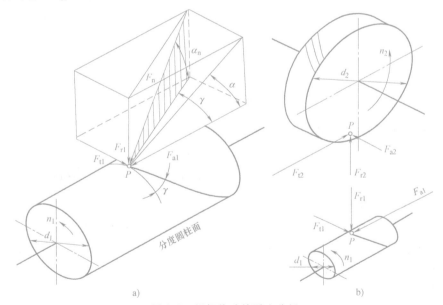

图 8-8　蜗杆传动的受力分析

各力之间的关系为

$$\left. \begin{aligned} F_{t1} &= \frac{2T_1}{d_1} = -F_{a2} \\ F_{a1} &= -F_{t2} = \frac{2T_2}{d_2} \\ F_{r1} &= -F_{r2} = -F_{t2}\tan\alpha \end{aligned} \right\} \tag{8-6}$$

$$T_2 = T_1 \eta_1 i$$

式中，T_2 为蜗轮转矩，单位为 N·mm；T_1 为蜗杆转矩，单位为 N·mm；i 为蜗杆传动的传动比；η_1 为啮合传动效率。

当蜗杆主动时各力的方向为：蜗杆上圆周力 F_{t1} 的方向与蜗杆的转向相反；蜗轮上圆周力 F_{t2} 的方向与蜗轮的转向相同；蜗杆和蜗轮上的径向力 F_{r2} 和 F_{r1} 的方向分别指向各自的轴心；蜗杆轴向力 F_{x1}（或 F_{a1}）的方向与蜗杆的螺旋线方向和转向有关，可以用"主动轮左（右）手法则"判断，即蜗杆为右（左）旋时用右（左）手，并以四指弯曲方向表示蜗杆转向，则拇指所指的方向为轴向力 F_{x1}（或 F_{a1}）的方向，如图 8-9 所示。

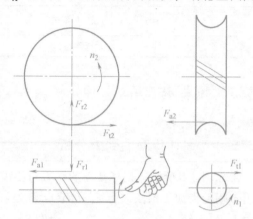

图 8-9　蜗杆传动作用力方向的判断

8.5.2　蜗杆传动的强度计算

针对前述的蜗杆传动失效形式与设计准则，蜗杆传动的强度计算包括以下两个方面。

1. 蜗轮齿面接触疲劳强度计算

普通蜗杆传动在中间平面上如同斜齿轮与齿条啮合，应用赫兹公式，得钢制蜗杆与青铜或铸铁蜗轮（齿圈）配对的齿面接触疲劳强度的校核公式为

$$\sigma_H = 480 \sqrt{\frac{KT_2 \cos \gamma}{d_1 d_2^2}} \leqslant [\sigma_H] \tag{8-7}$$

蜗轮齿面接触疲劳强度的设计公式为

$$m^2 d_1 \geqslant KT_2 \cos \gamma \left(\frac{480}{z_2 [\sigma_H]}\right)^2 \tag{8-8}$$

式中，T_2 为蜗轮传递的转矩，单位为 N·mm；K 为载荷因数，一般取 $K = 1 \sim 1.4$，当载荷平稳，蜗轮圆周速度 $v_2 \leqslant 3\text{m/s}$，7 级精度以上时取较小值，否则取较大值；$d_1$、$d_2$ 分别为蜗杆和蜗轮分度圆直径，单位为 mm；z_2 为蜗轮齿数；γ 为蜗杆导程角，单位为（°）；$[\sigma_H]$ 为蜗轮材料的许用接触应力，单位为 MPa，见表 8-6 和表 8-7。

表 8-6　铸造锡青铜蜗轮齿面许用接触应力　　　　　　　　　　　（单位：MPa）

蜗轮材料	铸造方法	适用的相对滑动速度 $v_s/(\text{m/s})$	蜗杆齿面硬度	
			≤350HBW	>45HRC
ZCuSn10P1	砂型	≤12	180	200
	金属型	≤25	200	220
ZCuSn5Pb5Zn5	砂型	≤10	110	125
	金属型	≤12	135	150

表 8-7　铸造无锡青铜蜗轮齿面许用接触应力　　　　　　　　　（单位：MPa）

蜗轮材料	蜗杆材料	相对滑动速度 v_s/(m/s)						
		0.5	1	2	3	4	6	8
ZCuAl10Fe3 ZCuAl10Fe3Mn2	淬火钢	250	230	210	180	160	115	90
HT150 HT200	渗碳钢	130	115	90	—	—	—	—
HT150	调质或淬火钢	110	90	70	—	—	—	—

注：蜗杆如未淬火，其 $[\sigma_H]$ 值需降低 20%。

2. 蜗轮齿根弯曲疲劳强度计算

蜗轮轮齿的弯曲疲劳强度取决于轮齿模数的大小。由于轮齿齿形比较复杂，且在距中间平面不同截面上的齿厚并不相同，因此，蜗轮轮齿的弯曲疲劳强度难以精确计算，只能进行条件性的概略估算，简化公式如下：

蜗轮齿根弯曲疲劳强度的校核公式为

$$\sigma_{bb} = \frac{1.64KT_2}{d_1 d_2 m} Y_{FS} Y_\beta \leqslant [\sigma_{bb}] \tag{8-9}$$

设计公式为

$$m^2 d_1 \geqslant \frac{1.64KT_2}{z_2 [\sigma_{bb}]} Y_{FS} Y_\beta \tag{8-10}$$

式中，Y_{FS} 为蜗轮复合齿形因数，见表 8-8；Y_β 为螺旋角因数，$Y_\beta = 1 - \frac{\gamma}{140°}$；$d_1$、$d_2$ 分别为蜗杆和蜗轮分度圆直径，单位为 mm；$[\sigma_{bb}]$ 为蜗轮材料的许用弯曲应力，单位为 MPa，见表 8-9。

表 8-8　蜗轮复合齿形因数

z_2	10	11	12	13	14	15	16	17	18	19	20	22	24	26
Y_{FS}	4.55	4.14	3.70	3.55	3.34	3.22	3.07	2.92	2.89	2.82	2.76	2.66	2.57	2.51
z_2	28	30	35	40	45	50	60	70	80	90	100	150	200	300
Y_{FS}	2.48	2.44	2.36	2.32	2.27	2.24	2.20	2.17	2.14	2.12	2.10	2.07	2.04	2.04

表 8-9　蜗轮材料的许用弯曲应力　　　　　　　　　　　（单位：MPa）

蜗轮材料及铸造方法	与硬度 ≤45HRC 的蜗杆相配时	与硬度 >45HRC 的蜗杆相配时
ZCuSn10P1，砂型铸造	46(32)	58(40)
ZCuSn10P1，金属型铸造	58(42)	73(52)
ZCuSn10P1，离心铸造	66(46)	83(58)
ZCuSn5Pb5Zn5，砂型铸造	32(24)	40(30)
ZCuSn5Pb5Zn5，金属型铸造	41(23)	51(40)
ZCuAl10Fe3，砂型铸造	112(91)	140(116)
HT150，砂型铸造	40	50

注：重要场合及安全系数要求高时取括号内数值。

8.6 蜗杆传动的润滑、传动效率及热平衡计算

8.6.1 蜗杆传动的润滑

由于蜗杆传动时的相对滑动速度大、效率低、发热量大，因此润滑特别重要。若润滑不良，会进一步导致效率降低，并产生急剧磨损，甚至出现胶合，故需选择合适的润滑油及润滑方式。

对于开式蜗杆传动，采用黏度较高的润滑油或润滑脂，对于闭式蜗杆传动，根据工作条件和相对滑动速度参考表 8-10 中推荐值选定黏度和润滑方式。

表 8-10 蜗杆传动润滑油的黏度选择和润滑方式

相对滑动速度 v_s/(m/s)	<1	<2.5	<5	5~10	10~15	15~25	>25
工作条件	重载	重载	中载				
黏度/(mm²/s)	1000	460	220	100	150	100	68
润滑方式	浸油润滑			浸油或喷油润滑	喷油润滑的油压/MPa		
					0.07	0.2	0.5

当采用油池润滑时，在搅油损失不大的情况下，应有适当的油量，以利于形成动压油膜，且有助于散热。对于下置式或侧置式蜗杆传动，浸油深度应为蜗杆的一个全齿高；当蜗杆圆周转速大于 4m/s 时，为减少搅油损失，常将蜗杆上置，其浸油深度约为蜗轮外径的 1/3。

8.6.2 蜗杆传动的传动效率

闭式蜗杆传动的总效率 η 包括轮齿啮合效率 η_1、轴承摩擦效率 η_2（0.98~0.995）和搅油损耗效率 η_3（0.96~0.99），即

$$\eta = \eta_1 \eta_2 \eta_3 \tag{8-11}$$

当蜗杆主动时，η_1 可近似按螺旋副的效率计算，即

$$\eta_1 = \frac{\tan\gamma}{\tan(\gamma + \varphi_v)}$$

当对蜗杆传动的效率进行初步计算时，可近似取以下数值：

① 闭式传动：当 $z_1 = 1$ 时，$\eta = 0.7~0.75$；当 $z_1 = 2$ 时，$\eta = 0.75~0.82$；当 $z_1 = 4$ 时，$\eta = 0.87~0.92$；当自锁时，$\eta < 0.5$。

② 开式传动：当 $z_1 = 1$ 或 $z_1 = 2$ 时，$\eta = 0.6~0.7$。

8.6.3 蜗杆传动的热平衡计算

由于蜗杆传动效率较低，发热量大，润滑油温升增加，黏度下降，润滑状态极差，导致齿面胶合失效，所以对连续运转的蜗杆传动必须进行热平衡计算。

蜗杆传动中，摩擦损耗功率为 $P_s = 1000P_1(1-\eta)$

自然冷却时，从箱体外壁散发的热量折合的相当功率为 $P_c = K_s A(t_1 - t_0)$

热平衡的条件是：在允许的润滑油工作温升范围内，箱体外表面散发出热量的相当功率应大于或等于传动损耗的功率，即 $P_c \geqslant P_s$

也即

$$1000P_1(1-\eta) \leqslant K_s A(t_1 - t_0)$$

$$t_1 = \frac{1000P_1(1-\eta)}{K_s A} + t_0 \leqslant [t_1] \qquad (8\text{-}12)$$

式中，K_s 为箱体表面传热系数，一般取 $K_s = 8.5 \sim 17.5 W/(m^2 \cdot ℃)$，通风条件良好（如箱体周围空气循环好、外壳上无灰尘杂物等）时，可以取大值，否则取小值；P_1 为蜗杆输入功率；t_0 为周围空气的温度，一般取 20℃；t_1 为热平衡时的工作温度，单位为℃，一般应小于 60℃，最高不超过 80℃；$[t_1]$ 为齿面间允许的润滑油温度，通常取 $[t_1] = 70 \sim 90℃$。A 为箱体散热面积，单位为 m^2，散热面积是指箱体内表面被润滑油浸到（或飞溅到），而外表面又能被自然循环的空气所冷却的面积，一般可按下式估算：

$$A = 0.33\left(\frac{a}{100}\right)^{1.75}$$

式中，a 为中心距。

若润滑油的工作温度 t_1 超过允许值或散热面积不足，应该采用下列办法提高散热能力：

1）在箱体外表面加散热片以增加散热面积。

2）在蜗杆的端面安装风扇（见图 8-10a），以加速空气流通，提高传热系数。加装风扇后，传热系数 K_s 可达到 $18 \sim 35 W/(m^2 \cdot ℃)$。

3）在油池中安放蛇形水管，用循环水冷却（见图 8-10b）。

4）采用压力喷油循环冷却（见图 8-10c）。

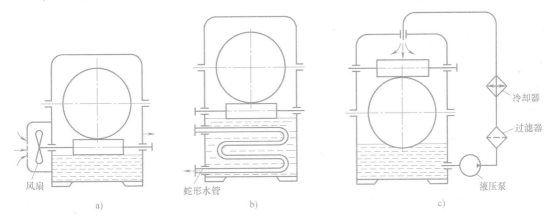

风扇　　　　　　　蛇形水管　　　　　　　冷却器　过滤器　液压泵

a)　　　　　　　　b)　　　　　　　　c)

图 8-10　蜗杆传动的冷却方法

8.7　蜗杆及蜗轮的结构

蜗杆因为直径不大，常与轴做成一体，称为蜗杆轴，常用铣或车加工，如图 8-11 所示。铣制蜗杆没有退刀槽，且轴的直径可以大于蜗杆的齿根圆直径，所以其刚度较大。车制蜗杆

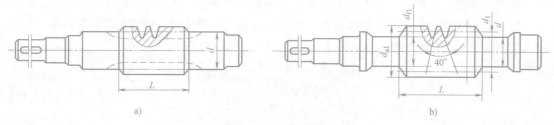

图 8-11　蜗杆的结构

a) 铣制蜗杆　b) 车制蜗杆

时，为了便于车螺旋部分时退刀，需留有退刀槽而使轴径小于蜗杆的齿根圆直径，削弱了蜗杆的刚度。

蜗轮的典型结构见表 8-11。对于尺寸大的青铜齿轮，多采用组合式结构。对于铸铁或尺寸小的青铜蜗轮，多采用整体式结构。

表 8-11　蜗轮的典型结构

蜗轮结构	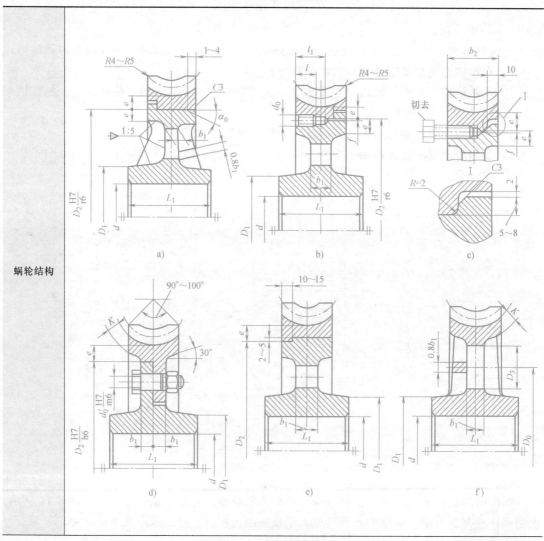

（续）

经验公式	$K=2m>10\text{mm}$ $e=2m>10\text{mm}$ $f=2\sim3\text{mm}$ $d_0=(1.2\sim1.5)m$	$l=3d_0$ $l_1=l+0.5d_0$ $\alpha_0=10°$ $b_1=1.7m$	$D_1=(1.6\sim2)d$ $d\approx\dfrac{1}{2}(D_1+D_2),D_3=\dfrac{D_0}{4}$ $L_1=(1.2\sim1.8)d$ d_0'按螺栓强度计算确定

结构形式	特点及应用范围
轮箍式 （图 a、b、c）	青铜轮缘与铸铁芯组合，通常采用 H7/r6 配合，为防止轮缘滑动，加台肩和螺钉固定，螺钉数目可取 4~6 个
螺栓联接式 （图 d）	采用铰制孔用螺栓联接，螺栓与孔用 H7/m6 配合，螺栓数目由抗剪强度计算确定，并以轮缘受挤压条件校核，蜗轮材料的许用挤压应力为 $[\sigma_p]=0.3R_{eL}$，(R_{eL}—轮缘材料的屈服强度)，这种方式应用较多
镶铸式 （图 e）	青铜轮缘镶铸在铸铁芯上，轮芯上预制出榫槽以防滑动，这种方式适用于大批量生产
整体式 （图 f）	适用于直径小于 100mm 的青铜蜗轮和任意直径的铸铁蜗轮，直径小时可用实体或腹板式结构；直径较大时可用腹板加肋结构

习　　题

8-1　蜗杆传动的主要失效形式有哪几种？选择蜗杆和蜗轮材料组合时，较理想的蜗杆副材料是什么？

8-2　蜗杆传动有哪些特点？

8-3　普通圆柱蜗杆传动的哪一个平面称为中间平面？

8-4　蜗杆传动有哪些应用？

8-5　蜗杆传动为什么要考虑散热问题？有哪些散热方法？

8-6　生活中，有哪些机器应用了蜗杆传动？铣床中有吗？

8-7　测得一个双头蜗杆的轴向模数是 2mm，$d_{a1}=28\text{mm}$，求该蜗杆的直径系数、导程角和分度圆直径。

8-8　图 8-12 所示为一个蜗杆传动的起重装置，当重物上升时，请确定蜗轮、蜗杆的转向。当驱动蜗杆的电动机停电时，重物是否掉下？为什么？

8-9　图 8-13 所示为一个蜗杆斜齿轮传动，蜗杆由电动机驱动，按逆时针方向转动。已知蜗轮轮齿的螺旋线方向为右旋，当 Ⅱ 轴受力最小时，试选择判断斜齿轮 z_3 的旋向和转向。

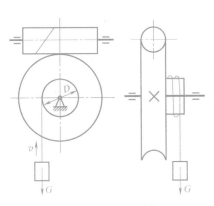

图 8-12　题 8-8 图

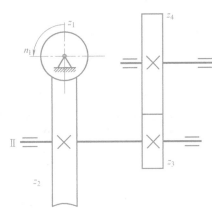

图 8-13　题 8-9 图

第9章

轮　　系

在现代机械中，为了满足不同工作要求，只用一对齿轮传动往往是不够的，通常会用一系列齿轮共同传动。这种由一系列齿轮组成的传动系统称为轮系。

如果轮系中各齿轮的轴线互相平行，则称为平面轮系，否则称为空间轮系。

在工程上，根据轮系中各齿轮轴线在空间的位置是否固定，将轮系分为两大类：定轴轮系和行星轮系，如图9-1和图9-2所示。十分明显，所有齿轮轴线相对于机架都是固定不动的轮系称为定轴轮系，定轴轮系也称作普通轮系；反之，只要有一个齿轮的轴线是绕其他齿轮的轴线转动的轮系即为行星轮系。如果在轮系中，兼有定轴轮系和行星轮系两个部分，则称作混合轮系。

轮系可以由各种类型的齿轮（如圆柱齿轮、锥齿轮、蜗杆传动等）组成。本章仅从运动分析的角度研究轮系设计，即只讨论轮系的传动比计算方法和轮系在机械传动中的作用。

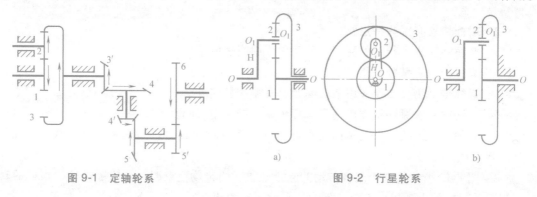

图 9-1　定轴轮系　　　　　　　　　图 9-2　行星轮系

9.1　定轴轮系传动比的计算及转向关系的判定

定轴轮系又分为平面定轴轮系（见图9-3）和空间定轴轮系（见图9-1）两种。

9.1.1　定轴轮系传动比的计算

前面已经介绍，一对齿轮的传动比是指两个齿轮的角速度之比，而轮系的传动比是指所研究轮系中的首末两个构件的角速度（或转速）之比，用 i_{ab} 表示。为了完整地描述 a、b 两个构件的运动关系，计算传动比时，不仅要确定两个构件角速度比的大小，而且要确定它们的转向关系。也就是说，轮系传动比的计算内容包括大小和方向两项。

下面以图9-1所示的定轴轮系为例介绍传动比的计算。

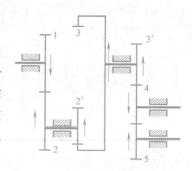

图 9-3　平面定轴轮系

齿轮1、2、3、5′、6为圆柱齿轮，3′、4、4′、5为锥齿轮。设齿轮1为主动轮（首轮），齿轮6为从动轮（末轮），其轮系的传动比为

$$i_{16} = \frac{\omega_1}{\omega_6}$$

从图9-1中可以看出，齿轮1、2为外啮合，2、3为内啮合。根据前面所介绍的内容，可以求得各对啮合齿轮的传动比大小，即

1、2齿轮：$i_{12} = \dfrac{\omega_1}{\omega_2} = \dfrac{z_2}{z_1}$　　　　2、3齿轮：$i_{23} = \dfrac{\omega_2}{\omega_3} = \dfrac{z_3}{z_2}$

3′、4齿轮：$i_{3'4} = \dfrac{\omega_{3'}}{\omega_4} = \dfrac{z_4}{z_{3'}}$　　　　4′、5齿轮：$i_{4'5} = \dfrac{\omega_{4'}}{\omega_5} = \dfrac{z_5}{z_{4'}}$

5′、6齿轮：$i_{5'6} = \dfrac{\omega_{5'}}{\omega_6} = \dfrac{z_6}{z_{5'}}$

因为 $\omega_3 = \omega_{3'}$，$\omega_4 = \omega_{4'}$，$\omega_5 = \omega_{5'}$，观察分析以上式子可以看出，ω_2、ω_3、ω_4、ω_5 四个参数在这些式子的分子和分母中各出现一次。

为求 i_{16}，可将上面的式子连乘，于是得到

$$i_{12}i_{23}i_{3'4}i_{4'5}i_{5'6} = \frac{\omega_1\omega_2\omega_3\omega_4\omega_5}{\omega_2\omega_3\omega_4\omega_5\omega_6} = \frac{\omega_1}{\omega_6} = \frac{z_2\,z_3\,z_4\,z_5\,z_6}{z_1\,z_2\,z_{3'}\,z_{4'}\,z_{5'}} \tag{9-1}$$

所以

$$i_{16} = \frac{\omega_1}{\omega_6} = \frac{z_3 z_4 z_5 z_6}{z_1 z_3' z_4' z_5'}$$

上式说明，定轴轮系的传动比等于组成该轮系的各对啮合齿轮传动比的连乘积，其大小等于各对啮合齿轮所有从动轮齿数连乘积与所有主动轮齿数连乘积的比。其通式为

$$i_{1k} = \frac{\omega_1}{\omega_k} = \frac{n_1}{n_k} = \frac{\text{所有从动轮齿数连乘积}}{\text{所有主动轮齿数连乘积}} \tag{9-2}$$

9.1.2　轮系转向关系的判定

齿轮传动的转向关系可以用画箭头法或正负号法两种方法表示。

1. 画箭头法

在图9-4所示的轮系中，设首轮1（主动轮）的转向已知，并用箭头方向代表齿轮可见一侧的圆周速度方向，则首末轮及其他轮的转向关系可用箭头表示。因为任何一对啮合齿轮，其节点处的圆周速度相同，所以表示两轮转向的箭头应同时指向或背离节点。

由图9-1可见，轮1、6的转向相同。

2. 正负号法

对于平面定轴轮系，由于两轮的转向或者相同，或者相反，因此规定：两轮转向相同，其传动比取"＋"；转向相反，其传动比取"－"。"＋""－"可由画箭头法判断出的两轮转向关系确定，如图9-5所示的轮系；也可以直接通过计算得到。由于在各所有齿轮轴线平行的轮系中，每出现一对外啮合齿轮，齿轮的转向就改变一次。如果有 m 对外啮合齿轮，则可以用 $(-1)^m$ 表示传动比的正负号。

注意：在轮系中，轴线不平行的两个齿轮的转向没有相同或相反的意义，所以只能用画箭头法，如图9-5所示。画箭头法对任何一种轮系都是适用的。

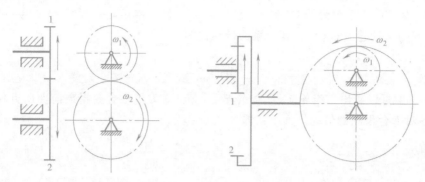

图 9-4　画箭头法（一）

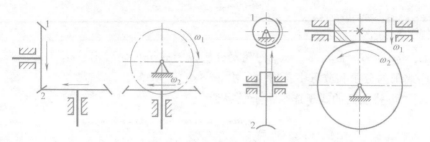

图 9-5　画箭头法（二）

例 9-1　在图 9-6 所示轮系中，已知蜗杆转速为 $n_1 = 900$ r/min（顺时针），$z_1 = 2$，$z_2 = 60$，$z_{2'} = 20$，$z_3 = 24$，$z_{3'} = 20$，$z_4 = 24$，$z_{4'} = 30$，$z_5 = 35$，$z_{5'} = 28$，$z_6 = 135$。求 n_6 的大小和方向。

解　1）分析传动关系。指定蜗杆 1 为主动轮，内齿轮 6 为最末的从动轮，轮系的传动关系为：$1 \rightarrow 2 = 2' \rightarrow 3 = 3' \rightarrow 4 = 4' \rightarrow 5 = 5' \rightarrow 6$。

2）计算传动比 i_{16}。该轮系为空间定轴轮系，可以利用公式求出传动比的大小，然后求出 n_6，即

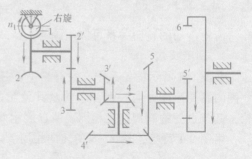

$$i_{16} = \frac{n_1}{n_6} = \frac{z_2 z_3 z_4 z_5 z_6}{z_1 z_{2'} z_{3'} z_{4'} z_{5'}} = \frac{60 \times 24 \times 24 \times 35 \times 135}{2 \times 20 \times 20 \times 30 \times 28} = 243$$

所以 $n_6 = \dfrac{n_1}{i_{16}} = \dfrac{900}{243}$ r/min $= 3.7$ r/min

3）转向关系判定。在图中画箭头指示 n_6 的方向，如图 9-6 所示。

图 9-6　空间定轴轮系

9.2　行星轮系的组成及传动比的计算

行星轮系指轮系中一个或几个齿轮的轴线位置相对机架不固定，而是绕其他齿轮的轴线转动的，这种轮系也可以称作动轴轮系。行星轮系相对要复杂一些，所以首先需要了解行星

轮系的组成。

9.2.1　行星轮系的组成

图 9-2a 所示轮系为一行星轮系。外齿轮 1、内齿轮 3 都是绕固定轴线 O-O 回转的，在行星轮系中称作太阳轮。齿轮 2 安装在构件 H 上，绕 O_1-O_1 进行自转，同时由于 H 本身绕 O-O 回转，齿轮 2 会随着 H 绕 O-O 转动，就像天上的行星一样，兼有自转和公转，因此称作行星轮。安装行星轮的构件 H 称作行星架（或称作系杆、转臂）。

在行星轮系中，一般都以太阳轮或行星架作为运动的输入和输出构件，所以它们就是行星轮系的基本构件。O-O 轴线称作主轴线。

由上可以看出，一个基本行星轮系必须具有一个行星架、一个或若干个行星轮以及与行星轮啮合的太阳轮。

根据行星轮系的自由度数目，可以将其划分为两大类：

1）如果轮系中两个太阳轮都可以转动，则其自由度为 2，如图 9-2a 所示的轮系，称之为差动轮系。该轮系需要两个输入，才有确定的输出。

2）如果有一个太阳轮是固定的，则其自由度为 1，称之为简单行星轮系（见图 9-2b）。

另外，行星轮系还常根据其中构件的组成情况分为 2K-H 型、3K 型和 K-H-V 型等，其中 K 代表太阳轮，H 代表行星架，V 代表输出构件。

9.2.2　行星轮系传动比的计算

通过对行星轮系和定轴轮系的观察分析发现，它们之间的根本区别就在于行星轮系中有转动的行星架，使行星轮既有自转又有公转。由于这个差别，行星轮系的传动比就不能直接利用定轴轮系的方法进行计算了。但是根据相对运动原理，假如给整个行星轮系加上一个公共的角速度 $-\omega_H$，则各个齿轮、构件之间的相对运动关系仍将不变，但这时行星架的绝对运动角速度为 $\omega_H - \omega_H = 0$，即行星架相对变为静止不动，于是行星轮系便转化为定轴轮系了。这种经过一定条件转化得到的假想定轴轮系称为原行星轮系的转化机构或转化轮系（见图 9-7）。利用这种方法求解轮系的方法称为转化轮系法。在转化轮系中，各构件的角速度变化情况见表 9-1。

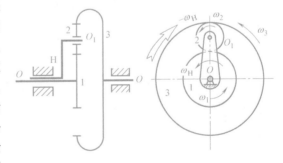

图 9-7　转化轮系

表 9-1　转化前后轮系中各构件间的角速度

构件	原有角速度	转化后角速度
行星架	ω_H	$\omega_H - \omega_H = 0$
齿轮 1	ω_1	$\omega_1^H = \omega_1 - \omega_H$
齿轮 2	ω_2	$\omega_2^H = \omega_2 - \omega_H$
齿轮 3	ω_3	$\omega_3^H = \omega_3 - \omega_H$
机架 4	ω_4	$\omega_4 = -\omega_H$

因此，可求出此转化轮系的传动比 i_{13}^H 为

$$i_{13}^H = \frac{\omega_1^H}{\omega_3^H} = \frac{\omega_1 - \omega_H}{\omega_3 - \omega_H} = -\frac{z_2 z_3}{z_1 z_2} = -\frac{z_3}{z_1}$$

"–"表示在转化轮系中 ω_1^H 和 ω_3^H 转向相反。

作为差动轮系，任意给定两个基本构件的角速度（包括大小和方向），则另一个构件的基本角速度（包括大小和方向）便可以求出。从而就可以求出该轮系三个基本构件任意两个构件间的传动比。

从上可以看出，转化轮系中构件之间传动比的求解通式为

$$i_{mn}^H = \frac{\omega_m - \omega_H}{\omega_n - \omega_H} \tag{9-3}$$

若上述差动轮系中的太阳轮 1 和 3 之中的一个固定，如令 $\omega_3 = 0$，则轮系就转化为简单行星轮系，此时行星轮系的传动比为

$$i_{13}^H = \frac{\omega_1^H}{\omega_3^H} = \frac{\omega_1 - \omega_H}{0 - \omega_H} = -\frac{z_3}{z_1}$$

即

$$i_{1H} = \frac{\omega_1}{\omega_H} = 1 - i_{13}^H$$

综上所述，可以得到行星轮系传动比的通用表达式。设行星轮系中太阳轮分别为 a、b，行星架为 H，则转化轮系的传动比为

$$i_{ab} = \frac{\omega_a^H}{\omega_b^H} = \pm \frac{\text{转化轮系中 } a \text{ 到 } b \text{ 各从动轮齿数连乘积}}{\text{转化轮系中 } a \text{ 到 } b \text{ 各主动轮齿数连乘积}} \tag{9-4}$$

对 $\omega_b = 0$ 或 $\omega_a = 0$ 的行星轮系，根据式（9-4）可推导出其传动比的通用表达式分别为

$$\begin{cases} i_{aH} = \dfrac{\omega_a}{\omega_H} = 1 - i_{ab}^H \\[2mm] i_{bH} = \dfrac{\omega_b}{\omega_H} = 1 - i_{ba}^H \end{cases} \tag{9-5}$$

特别注意：

1）通用表达式中的"±"，不仅表明转化轮系中两太阳轮的转向关系，而且直接影响 ω_a、ω_b、ω_H 之间的数值关系，进而影响传动比计算结果的正确性，因此不能漏判或错判。

2）ω_a、ω_b、ω_H 均为代数值，使用公式时要带相应的"±"。

3）式中"±"不表示行星轮系中轮 a、b 之间的转向关系，仅表示转化轮系中轮 a、b 之间的转向关系。

4）行星轮系与定轴轮系的差别就在于有无行星轮存在。

例 9-2 在图 9-8 所示的轮系中，如已知各轮齿数 $z_1 = 50$，$z_2 = 30$，$z_{2'} = 20$，$z_3 = 100$，且已知轮 1 和轮 3 的转速分别为 $n_1 = 100\text{r/min}$，$n_2 = 200\text{r/min}$。试求：当（1）n_1、n_3 同向转动时，行星架 H 的转速及转向，（2）n_1、n_3 反向转动时，行星架 H 的转速及转向。

解 这是一个行星轮系，因两个太阳轮都不固定，其自由度为 2，故属于差动轮系。现给出了两个原动件的转速 n_1、n_3，故可以求得 n_H。根据转化轮系基本公式可得

$$i_{13}^{H} = \frac{n_1^H}{n_3^H} = \frac{n_1 - n_H}{n_3 - n_H} = (-1)^m \frac{z_2 z_3}{z_1 z_{2'}} = -\frac{30 \times 100}{50 \times 20} = -3$$

齿数前的符号确定方法同前，即按定轴轮系传动比计算公式来确定符号。在此，$m =$ 1，故取负号。

1）当 n_1、n_3 同向转动时，它们的符号相同，取为正，代入上式得

$$\frac{100 - n_H}{200 - n_H} = -3, \quad 求得 \quad n_H = 175 \text{r/min}$$

由于 n_H 符号为正，说明 n_H 的转向与 n_1、n_3 相同。

2）当 n_1、n_3 反向转动时，它们的符号相反，取 n_1 为正、n_3 为负，代入上式可得 $n_H =$ -125r/min。

由于 n_H 符号为负，说明 n_H 的转向与 n_1 相反，而与 n_3 相同。

例 9-3　在图 9-9 所示的行星轮系中，已知 $z_1 = z_{2'} = 100$，$z_2 = 99$，$z_3 = 101$，行星架 H 为原动件，试求传动比 i_{H1}。

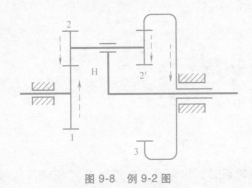

图 9-8　例 9-2 图

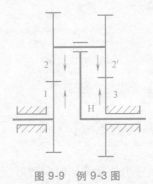

图 9-9　例 9-3 图

解　根据式 $i_{13}^{H} = \frac{\omega_1^H}{\omega_3^H}$ 得

$$\frac{n_1 - n_H}{n_3 - n_H} = \frac{n_1 - n_H}{0 - n_H} = \frac{z_2 z_3}{z_1 z_{2'}} = \frac{99 \times 101}{10000}$$

所以

$$i_{1H} = 1 - \frac{99 \times 101}{10000} = \frac{1}{10000}$$

则

$$i_{H1} = 10000$$

计算结果说明，这种轮系的传动比极大，行星架 H 转 10000r，齿轮 1 转过 1r。

例 9-4　图 9-10a 所示的差速器中，$z_1 = 48$，$z_2 = 42$，$z_{2'} = 18$，$z_3 = 21$，$n_1 = 100 \text{r/min}$，$n_3 = 80 \text{r/min}$，其转向如图所示，求 n_H。

解　这个差速器由锥齿轮 1、2、2′、3、行星架 H 以及机架 4 组成。双联齿轮 2-2′ 的轴线相对机架转动，所以 2-2′ 是行星轮，与其啮合的两个活动太阳轮 1、3 的几何轴线重合，这是一个差动轮系，可以使用轮系基本公式进行计算。齿数比之前的符号取"负

号"，因为 i_{13}^H 可视为行星架固定不动，轮 1 和轮 3 的传动比，如图 9-10b 所示，用箭头表示，可知 n_3^H 与 n_1^H 方向相反。从图 9-10a 可知，n_1 和 n_3 方向相反，如设 n_1 为正，则 n_3 为负值。代入基本公式有

$$i_{13}^H = \frac{n_1 - n_H}{n_3 - n_H} = -\frac{z_2 z_3}{z_1 z_2'}$$

$$\frac{100 - n_H}{-80 - n_H} = -\frac{42 \times 21}{48 \times 18}$$

解得 $n_H = 9.07\text{r/min}$

n_H 为正值，表示与 n_1 转向相同。

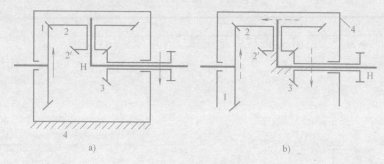

图 9-10　差速器示意图

9.3　混合轮系

　　当一个轮系中同时包含有定轴轮系和行星轮系时，称为混合轮系（或复合轮系），如图 9-11 所示。一个混合轮系可能同时包含一个定轴轮系和若干个行星轮系。

　　对于这种复杂的混合轮系，求解其传动比时，既不可能单纯地采用定轴轮系传动比的计算方法，也不可能单纯地按照基本行星轮系传动比的计算方法来计算。其求解的方法是：

　　1）将该混合轮系所包含的各个定轴轮系和各个基本行星轮系一一划分出来。

　　2）找出各基本轮系之间的连接关系。

　　3）分别计算各定轴轮系和行星轮系传动比的计算关系式。

　　4）联立求解这些关系式，从而求出该混合轮系的传动比。

　　划分定轴轮系的基本方法：若一系列互相啮合的齿轮的几何轴线都是固定不动的，则这些齿轮和机架便组成一个基本定轴轮系。

　　划分行星轮系的方法：首先需要找出既有自

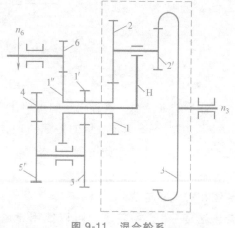

图 9-11　混合轮系

转、又有公转的行星轮（有时行星轮有多个）；然后找出支持行星轮做公转的构件——行星架；最后找出与行星轮相啮合的两个太阳轮（有时只有一个太阳轮），这些构件便构成一个基本行星轮系，而且每一个基本行星轮系只含有一个行星架。

9.4 轮系的功用

由于轮系具有传动准确等其他机构无法替代的特点，因此在工程中应用得十分广泛，下面介绍轮系的功用。

9.4.1 获得大的传动比

当两轴之间需要较大传动比时，仅用一对齿轮传动必然会因两轮的尺寸相差过大而导致小齿轮易于损坏。这时利用轮系就可以避免这个缺陷。

利用行星轮系可以由很少的几个齿轮获得较大的传动比，且机构十分紧凑。如图 9-9 所示的行星轮系只用了四个齿轮，其传动比可达 $i_{H1} = 10000$。

由于减速比越大，传动的机械效率越低，故行星轮系只适用于辅助装置的传动机构，不宜做大功率的传动。

9.4.2 实现分路传动

利用轮系可以使一个主动轴带动若干从动轴同时转动，实现多路输出，带动多个附件同时工作。

如图 9-12 所示的机械式钟表机构，在同一主轴带动下，利用轮系可以实现几个从动轴的分路输出运动。

9.4.3 传递相距较远的两轴间的运动和动力

当两轴间的中心距较大时，如果仅用一对齿轮传动，两个齿轮的尺寸必然很大，将占用较大的结构空间，使机器过于庞大并浪费材料。如果改用轮系，则可以克服这个缺点，如图 9-13 所示。

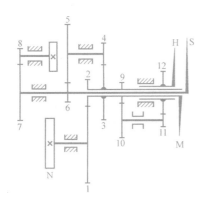

图 9-12 机械式钟表机构

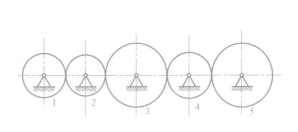

图 9-13 远距离两轴间传动

9.4.4　实现变速和变向传动

例如在汽车等类似的机械中，在主轴转速不变的条件下，利用轮系可以使从动轴获得若干个不同的转速，如图9-14所示。利用惰轮可实现传动系统的换向，如图9-15所示。

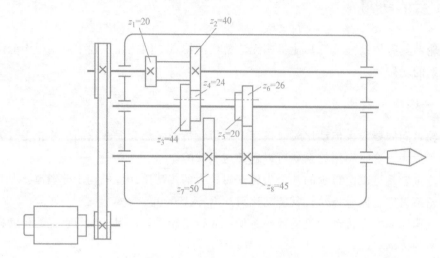

图 9-14　实现变速传动的轮系

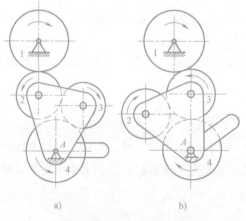

图 9-15　可变向的轮系

9.4.5　用作运动的合成及分解

对于差动轮系来说，它的三个基本构件都是运动的，必须给定其中任意两个基本构件的运动，第三个构件才有确定的运动。这就是说，第三个构件的运动是另两个构件运动的合成。如图9-16所示的差动轮系中的行星架和两个太阳轮均可转动，所以可以任意输入两个转动，都能使其合成第三个转速。

差动轮系不但可以将两个独立的运动合成一个运动，

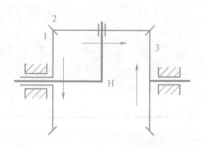

图 9-16　用于运动合成的差动轮系

而且可以将一个主动的基本构件的转动按所需的比例分解为另两个基本构件的转动，如汽车、拖拉机等车辆上常用的差速装置。

汽车后桥差速器如图 9-17 所示。汽车发动机的动力经传动轴带动锥齿轮 5，使运动传递给安装在后半轴上的锥齿轮 4。齿轮 5 和齿轮 4 的几何轴线相对于后桥的壳体是固定不动的，所以它们构成一个定轴轮系。锥齿轮 2 活套在齿轮 4 侧面突出的小轴上，它的几何轴线可随齿轮 4 一起转动，所以齿轮 2 为行星轮，同时齿轮 4 又是行星架，所以齿轮 1、2、3 和 4 构成一个差动轮系。

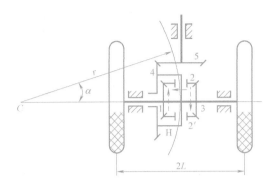

图 9-17 汽车后桥差速器

当汽车直线行驶时，左右两轮滚过的距离相等，所以两轮的转速也相等，行星轮 2 没有自转运动。齿轮 1、2、2′、3 之间没有相对运动而构成一个整体，一起随齿轮 4 转动，此时 $n_1 = n_3 = n_4$。

当汽车转弯时，显然其外侧车轮的转弯半径大于内侧车轮的转弯半径，这就要求外侧车轮的转速必须高于内侧车轮的转速，此时齿轮 1 与齿轮 3 之间产生差动效果，于是将行星架（即齿轮 4）的转速分配到左右车轮上，以此实现外侧车轮转动快、内侧车轮转动慢而顺利转弯的目的。

习　题

9-1 轮系比单对齿轮在功能方面有哪些扩展？

9-2 定轴轮系传动比的正、负号代表什么意思？什么情况下可用正、负号？什么情况下不可用正、负号？

9-3 定轴轮系的齿轮转向和行星轮系的转向有什么区别？定轴轮系传动比和行星轮系传动比有什么区别？

9-4 i_{13} 与 i_{13}^{H} 有什么不同？

9-5 在图 9-18 所示轮系中，已知各轮齿数为：$z_1 = z_{2'} = z_{3'} = 15$，$z_2 = 25$，$z_3 = z_4 = 30$，$z_{4'} = 2$（左旋），$z_5 = 60$，$z_{5'} = 20$（$m = 4\text{mm}$）。

（1）判断该轮系的类型。

（2）若 $n_1 = 500\text{r/min}$，转向如图 9-18 所示，求齿条 6 的线速度 v 的大小。

（3）指出齿条 6 的移动方向。

9-6 在图 9-19 所示轮系中，已知 $z_1 = 15$，$z_2 = 25$，$z_{2'} = 20$，$z_3 = 60$。

（1）计算传动比 i_{13}^{H}。

（2）若 $n_1 = 200\text{r/min}$（逆时针），$n_3 = -50\text{r/min}$（顺时针），试求行星架 H 的转速 n_H 的大小和方向。

9-7 在图 9-20 所示的轮系中，已知各齿轮的齿数分别为 $z_1 = 18$，$z_2 = 20$，$z_{2'} = 32$，$z_{3'} = 2$（右旋），$z_3 = 36$，$z_4 = 40$，且 $n_1 = 100\text{r/min}$（方向如图所示）。

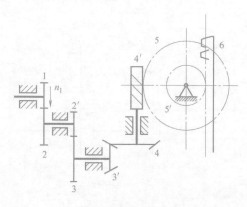

图 9-18 题 9-5 图

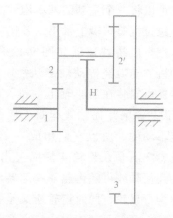

图 9-19 题 9-6 图

（1）求齿轮 4 的转速。

（2）在图 9-20 中标出各轮的转向。

9-8 在图 9-21 所示轮系中，已知 $z_1 = 18$，$z_2 = 36$，$z_{2'} = 20$，$z_3 = 35$，$z_4 = 40$，$z_{4'} = 45$，$z_5 = 30$，$z_{5'} = 20$，$z_6 = 60$。

（1）计算传动比 i_{16}。

（2）若 n_1 的转向如图 9-21 所示，试画箭头判断 n_6 的方向。

9-9 在图 9-22 所示的轮系中，各轮齿数 $z_1 = 32$，$z_2 = 34$，$z_{2'} = 36$，$z_3 = 64$，$z_4 = 32$，$z_5 = 17$，$z_6 = 24$，均为标准齿轮传动。轴 I 按图示方向以 1250 r/min 的转速回转，而轴 VI 按图示方向以 600r/min 的转速回转。求齿轮 3 的转速 n_3。

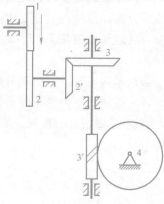

图 9-20 题 9-7 图

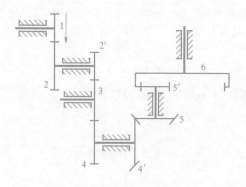

图 9-21 题 9-8 图

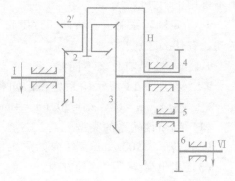

图 9-22 题 9-9 图

第10章

轴

在生产生活实际中，无论机械结构复杂或者简单，其内部都有轴。轴是组成机器的重要零件之一，各种做回转或摆动的零件（如齿轮、带轮等）都必须安装在轴上才能正常运动及传递动力。轴的主要功能是直接支承回转零件，如齿轮、车轮和带轮等，以实现回转运动并传递动力。轴工作状况的好坏直接影响到整台机器的性能和质量。

10.1 轴的分类及材料

10.1.1 轴的分类

1）根据轴的承载性质不同可将轴分为转轴、心轴和传动轴三类。

工作时既承受弯矩又承受转矩的轴称为转轴。转轴是机器中最常见的轴，通常简称为轴，如减速器中的齿轮轴（见图10-1）。

工作时主要用于传递转矩而不承受弯矩或承受很小的弯矩的轴称为传动轴，如汽车中连接变速器与后桥之间的轴（见图10-2）。

工作时只承受弯矩而不承受转矩，用来支承转动零件的轴称为心轴。心轴又分为固定心轴和旋转心轴两种。固定心轴工作时不转动，轴上承载的弯曲应力是不变的；旋转心轴工作时随转动件一起转动，轴上承受的弯曲应力按照对称循环的规律变化。前者如自行车的前轴（见图10-3a），后者如火车的车轮轴（见图10-3b）。

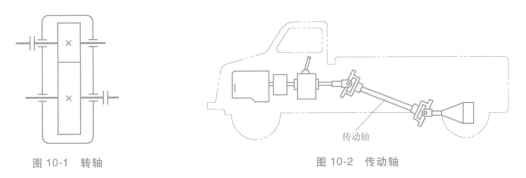

图 10-1 转轴   图 10-2 传动轴

2）根据轴线的形状不同，轴又可以分为直轴、曲轴和挠性钢丝轴。后两种轴属于专用零件。

直轴按其外形的不同分为光轴（见图10-4a）和阶梯轴（见图10-4b）两种。光轴形状简单，加工容易，应力集中源少，主要用作传动轴。

阶梯轴各轴段截面的直径不同，这种设计使各轴段的强度相近，便于轴上零件的装拆和固定，因此阶梯轴在机器中的应用最为广泛。

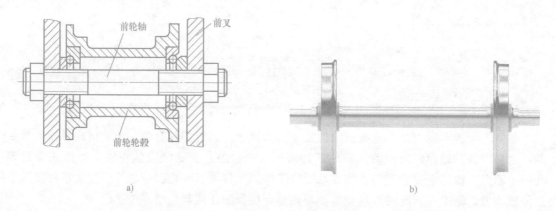

图 10-3　心轴

a）自行车前轴　b）火车车轮轴

直轴一般都制成实心轴，但为了减少重量或为了满足有些机器结构上的需要，也可以采用空心轴（见图 10-4c）。

中心线为折线的轴称为曲轴（见图 10-5）。它主要用于需要将回转运动与往复直线运动相互转换的机械中。

能把旋转运动灵活地传到任何位置的钢丝软轴称为挠性软轴（见图 10-6）。它常用于医疗器械和小型机具等移动设备上。

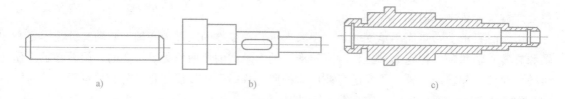

图 10-4　直轴的分类

a）光轴　b）阶梯轴　c）空心轴

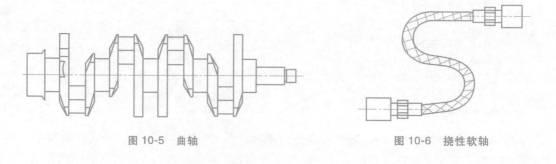

图 10-5　曲轴　　　　　　　　　　　图 10-6　挠性软轴

10.1.2　失效形式及设计准则

轴的失效形式主要有因疲劳强度不足而产生的疲劳断裂、因强度不足而产生的塑性变形或脆性断裂、磨损、超过允许范围的变形和振动等。

轴的设计应满足如下准则：

1）根据轴的工作条件、生产批量和经济性原则，选取合适的材料、毛坯形式及热处理方法。

2）根据轴的受力情况、轴上零件的安装位置、配合尺寸、定位方式及轴的加工方法等具体要求，确定轴的合理结构形状及尺寸，即进行轴的结构设计。

3）轴的强度计算或校核。轴的受力是否合理，轴是否会失效，需要进行计算后确定。对受力大的细长轴（如蜗杆轴）和对刚度有要求的轴，还要进行刚度计算。对高速工作下的轴，因有共振危险，故还应进行振动稳定性计算。

10.1.3 轴的材料

轴的失效多为疲劳破坏，所以轴的材料应满足强度、刚度和耐磨性等方面的要求，常用的材料有碳钢、合金钢、球墨铸铁和高强度铸铁。

1）碳钢有足够高的强度，对应力集中敏感性低，便于进行机械加工和进行各种热处理以改善其力学性能，其价格低、供应充足，故应用最广。一般机器中的轴可用 35、40、45、50 等牌号的优质中碳钢制造，并进行正火或调质处理，其中 45 钢经调质处理最常用。不重要的、受力较小的轴可采用 Q235、Q275 等碳素结构钢。

2）合金钢力学性能更高，常用于制造高速、重载的轴，或受力大而要求尺寸小、质量小的轴。在特殊环境（如高温、低温或腐蚀介质中，工作的轴多数用合金钢制造。对于耐磨性要求较高的轴，可选用 20Cr、20CrMnTi 等低碳合金钢，并进行渗碳淬火处理。对于在高温、高速和重载条件下工作的轴，可选用 38CrMoAlA、40CrNi 等合金结构钢。通过进行各种热处理、化学处理及表面强化处理，可以提高用碳钢或合金钢制造的轴的强度及耐磨性。

合金钢具有较高的力学性能和良好的热处理工艺性，且价格较贵，多用于高速、重载及有特殊要求的轴材料。合金钢只有进行热处理后才能充分显示其优越的力学性能。合金钢对应力集中的敏感性高，所以合金钢轴的结构形状必须合理，否则就会失去用合金钢的意义。另外，在一般工作温度下，合金钢和碳钢的弹性模量十分接近，因此依靠选用合金钢来提高轴的刚度是不行的，此时应通过增大轴径等方式来提高轴的刚度。

3）球墨铸铁和高强度铸铁的机械强度比碳钢低，但因铸造工艺性好，易于得到较复杂的外形，吸振性、耐磨性好，对应力集中敏感性低，价格低廉，故应用日趋增多，但是铸造轴的质量不易控制，可靠性较差。

轴的常用材料及其主要力学性能见表 10-1。

表 10-1 轴的常用材料及其主要力学性能

材料牌号	热处理类型	毛坯直径/mm	硬度HBW	抗拉强度R_m/MPa	屈服强度R_{eL}/MPa	应用说明
Q275~Q235				600~440	275~235	用于不重要的轴
35	正火	≤100	149~187	520	270	用于一般轴
	调质	≤100	156~207	560	300	
45	正火	≤100	170~217	600	300	用于强度高、韧性中等的较重要的轴
	调质	≤200	217~255	650	360	

（续）

材料牌号	热处理类型	毛坯直径/mm	硬度 HBW	抗拉强度 R_m/MPa	屈服强度 R_{eL}/MPa	应用说明
40Cr	调质	25	≤207	1000	800	用于强度要求高、有强烈磨损而无很大冲击的重要轴
		≤100	241~286	750	550	
35SiMn	调质	25	≤229	900	750	可代替40Cr，用于中、小型轴
		≤100	229~286	800	520	
42SiMn	调质	25	≤220	900	750	与35SiMn相同，但专供表面淬火用
		≤100	229~286	800	520	
		>100~200	217~269	750	470	
40MnB	调质	25	≤207	1000	800	可代替40Cr，用于小型轴
		≤200	241~286	750	500	
35CrMo	调质	25	≤229	1000	350	用于重载的轴
		≤100	207~269	750	550	
		>100~300		700	500	
QT600-3			229~302	600	420	用于发动机的曲轴和凸轮轴等结构复杂的轴

　　轴的毛坯可用轧制圆钢、锻造、焊接、铸造等方法获得。对要求不高的轴或较长的轴，毛坯直径小于150mm时，可用圆钢轧制；对于受力大、生产批量大的重要轴可用锻造毛坯；对直径超大而件数很少的轴可用焊件毛坯；对于生产批量大、外形复杂、尺寸较大的轴，可用铸造毛坯。

10.2　轴的结构设计

　　轴的结构设计，就是在满足强度、刚度和振动稳定性的基础上，根据轴上零件的定位要求及轴的加工、装配工艺要求，合理地确定轴的结构形状和全部尺寸。为了便于装拆，轴一般设计成中间大、两端小的阶梯轴。

10.2.1　轴的结构

　　轴主要由轴颈、轴头、轴身三部分组成（见图10-7）。轴与轴承配合处的轴段部分称为轴颈，如图中③、⑦段；轴与轴上回转零件的轮毂配合处的轴段部分称为轴头，如图中①、④段；连接轴颈和轴头的部分称为轴身，如图中②、⑥段。阶梯轴上截面尺寸变化的部位，称为轴肩和轴环。轴肩和轴环常用于轴上零件的定位。

　　轴颈根据其所在的位置可以分为端轴颈（位于轴的两端，只承受弯矩）和中轴颈（位于轴的中间，同时承受弯矩和转矩）。轴颈根据其所受载荷的方向，又可分为承受径向力的径向轴颈（简称轴颈）和承受轴向力的止推轴颈。轴颈和轴头的直径应该取标准值，直径的大小由与之相配合部件的内孔决定。轴身尺寸应取以mm为单位的整数，最好取偶数或尾数为 5 的数。

10.2.2 轴的设计

1. 影响设计的因素

影响轴的结构与尺寸的因素很多，设计轴时要全面综合地考虑各种因素。

轴的结构和形状取决于以下几个因素：

1）轴的毛坯种类。

2）轴上作用力的大小及其分布情况。

3）轴上零件的位置、配合性质以及连接固定的方法。

4）轴承的类型、尺寸和位置。

5）轴的加工方法、装配方法以及其他特殊要求。

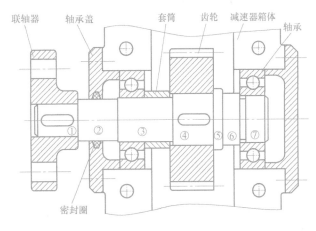

图 10-7　轴的结构

2. 轴的设计步骤

设计时应拟订几种不同的装配方案，以便进行比较与选择。轴的结构越简单，轴上零件越少，其设计方案就越好。

一般进行轴的结构设计时已知条件有：机器的装配简图、轴的转速、传递的功率、轴上零件的主要参数和尺寸等。

初步设计时，还不知道轴上支反力的作用点，故不能用轴的弯矩计算轴径。通常按抗扭强度来初步估算轴的最小直径，求得最小直径后可按拟订的装配方案，从最小直径起逐一确定各轴段的直径和长度。设计时要注意：各轴径应与装配在该轴段上的部件的内孔相匹配。

轴的设计步骤如下：

1）根据轴的工作条件选择材料，确定许用应力。

2）按抗扭强度估算出轴的最小直径。

3）设计轴的结构，绘制出轴的结构草图。

① 根据工作要求确定轴上零件的位置和固定方式：根据具体工作情况，选择轴上零件的轴向和周向的定位方式。轴向定位通常是轴肩或轴环与套筒、螺母、挡圈等组合使用，周向定位多采用平键、花键联接或过盈配合连接。

② 确定各轴段的直径：轴的结构设计是在初步估算轴径的基础上进行的，为了满足零件在轴上定位的需要，通常将轴设计为阶梯轴。

根据作用的不同，轴的轴肩可分为定位轴肩和工艺轴肩（为装配方便而设）。定位轴肩的高度有一定的要求；工艺轴肩的高度则较小，无特别要求。

直径的确定是在强度计算的基础上，根据轴向定位的要求，定出各轴段的最终直径。相邻轴段轴径相差不宜过人，一般不超过 10mm 与轴上标准件配合的轴段直径应符合配合零件的孔径标准。

③ 确定各轴段的长度：轴的各段长度可根据与轴配合的轮毂轴向尺寸确定。为保证轴

向定位可靠，轴头一般比与之配合的轮毂短 2~3mm。

④ 根据有关设计手册确定轴的结构细节：如倒角尺寸、过渡圆角半径、退刀槽尺寸、轴端螺孔尺寸和键槽尺寸等。

4）轴的强度计算：计算轴的应力并校核轴的危险截面强度。

5）修改轴的结构后再进行校核计算，绘制轴的零件图。

10.2.3 零件在轴上的固定

1. 周向固定

为了传递运动和转矩，防止轴上零件与轴相对转动，轴上零件的周向固定必须可靠。常用的周向固定方法有键联接（见图 10-8a）、花键联接、销联接（见图 10-8b）、过盈配合连接（见图 10-8c）和成形连接（见图 10-8d）等。所受的力不大时，也可采用紧定螺钉联接，对轴上零件进行周向兼轴向固定（见图 10-8e）。

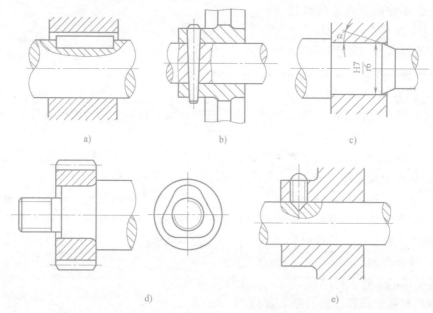

图 10-8　轴上零件常用的周向固定

a）键联接　b）销联接　c）过盈配合连接　d）成形连接　e）紧定螺钉联接

2. 轴向固定

零件在轴上的轴向定位要准确可靠，可使其安装位置确定，能承受轴向力而不产生轴向位移。轴向固定方式主要取决于零件所受轴向力的大小。此外，还应考虑轴的制造及轴上零件装拆的难易程度、对轴强度的影响及工作可靠性等因素。常见的轴向固定方法有轴肩定位、轴环定位、圆螺母定位、轴套（套筒）定位、弹性挡圈定位、圆锥面定位、紧定螺钉定位及轴端挡圈定位等。

（1）轴肩定位　轴肩由定位面和过渡圆角组成。为保证零件端面能紧靠定位面，轴肩圆角半径 r 必须小于零件毂孔的圆角半径 R 或倒角高度 C，如图 10-9 所示。为保证有足够的强度来承受轴向力，轴肩高度值为 $h = R + (0.5~2)$ mm 或 $h = C + (0.5~2)$ mm。轴肩定位结构简单、可靠，能承受较大的轴向力。

（2）轴环定位 轴环的功用及尺寸参数与轴肩相同，宽度 $b=1.4h$。若轴环毛坯是锻造而成，则用料少、质量小。若由圆钢毛坯车制而成，则浪费材料及加工工时。

采用轴肩和轴环固定零件时，一般都需要采用其他附件来防止零件向另一方向移动。

（3）圆螺母定位 当轴上两个零件之间的距离较大，且允许在轴上切制螺纹时，可用圆螺母的端面压紧零件端面来定位。圆螺母定位装拆方便，通常用细牙螺纹来增强防松能力和减小对轴强度的削弱及应力集中，如图 10-10 所示。

（4）轴套（套筒）定位 轴套是借助于位置已经确定的零件来定位的，它的两个端面为定位面，因此应有较高的平行度和垂直度。为使轴上零件定位可靠，应使轴段长度比零件毂长短 $2\sim3$mm。使用轴套可简化轴的结构，减小应力集中。但由于轴套与轴配合较松，两者难以同心，故不适合高转速，以免产生不平衡力，如图 10-11 所示。

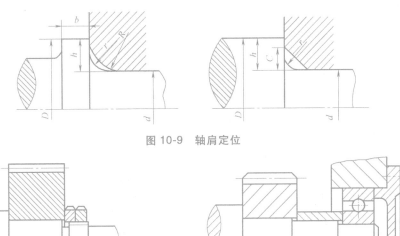

图 10-9 轴肩定位

图 10-10 圆螺母定位　　图 10-11 套筒定位

（5）弹性挡圈定位 该方法是在轴上切出环形槽，将弹性挡圈嵌入槽中，利用它的侧面压紧被定位零件的端面。这种定位方法工艺性好，装拆方便，但对轴的强度削弱较大，常用于所受轴向力小而轴上零件间的距离较大的轴，如图 10-12 所示。

（6）圆锥面定位 可与轴端挡板及圆螺母配合使用。圆锥面定位的轴和轮毂之间无径向间隙，拆装方便，能承受冲击。通常取锥度 $1:30\sim1:8$。

（7）紧定螺钉定位 当轴向力很小、转速很低或者仅是为防止零件偶然沿轴向滑动时，可采用紧定螺钉定位，如图 10-13 所示。

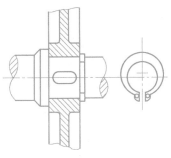

图 10-12 弹性挡圈定位

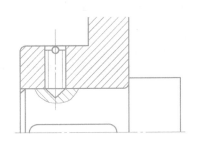

图 10-13 紧定螺钉定位

（8）轴端挡圈定位　当零件位于轴端时，可用轴端挡圈与轴肩、轴端挡圈与圆锥面使零件双向固定。挡圈用螺钉紧固在轴端并压紧被定位零件的端面。该方法简单可靠，装拆方便，但需在轴端加工螺孔，如图 10-14 所示。

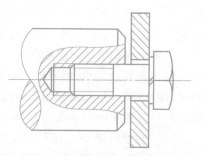

轴向固定具有方向性，是否需在两个方向上均对零件进行固定应视机器的结构、工作条件而定。

为保证轴上零件有确定的工作位置，有时要求轴组件的轴向位置能进行调整，调整后再加以轴向固定，如在低速轴上的组件，其轴向位置依靠左右轴承盖来限制；

图 10-14　轴端挡圈固定装置

又如在锥齿轮传动中，要使锥顶交于一点，就要依靠调整轴组件的位置来实现。这些对零件在轴上位置的限制和调整通常是依靠轴承组合的设计来实现的。

10.2.4　轴的加工和装配工艺性

轴的形状，从满足强度和节省材料考虑，最好采用等强度的抛物线回转体，但这种形状的轴既不便于加工，也不便于轴上零件的固定；从加工的角度考虑，最好采用光轴，但光轴不利于轴上零件的装拆和定位。由于阶梯轴接近于等强度，而且便于加工和轴上零件的定位和装拆，因此实际上轴的形状多为阶梯形。

从轴的结构工艺性考虑，设计中应注意以下几点：

1）轴的形状应力求简单，阶梯数尽可能少，这样可以减少加工次数及应力集中。

2）为使轴便于装配，轴端应加工出倒角（一般为 45°）；过盈配合零件的装入端常加工出导向锥面，以使零件能较顺利地压入。

3）当轴上有多处键槽时，为了便于加工，应使各键槽位于轴的同一条素线上。若开有键槽的轴段直径相差不大，应尽可能采用相同宽度的键槽。

4）为了便于切削加工，同一根轴上的圆角应尽可能取相同的半径，退刀槽取相同的宽度，倒角尺寸相同，以减少换刀的次数。

5）轴上需磨削的轴段应设计出砂轮越程槽，如图 10-15a 所示，以便磨削时砂轮可以磨到轴肩的端部；需车制螺纹的轴段应有退刀槽，如图 10-15b 所示。退刀槽或砂轮越程槽尽可能取相同宽度。

6）对于阶梯轴，常设计成两端小、中间大的形状，以便于零件从两端拆装。

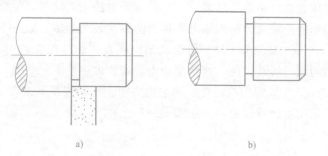

a)　　　　　　　　　　　　b)

图 10-15　砂轮越程槽及螺纹退刀槽

7）轴的结构设计应使各零件在装配时尽量不接触其他零件的配合表面，轴肩高度不能妨碍零件的拆卸。

10.2.5　提高轴的强度和刚度的措施

轴的强度与工作应力的大小和性质有关，因此在选择轴的结构和形状时应注意以下几个方面。

1）使轴的形状接近于等强度条件，以充分利用材料的承载能力。对于只受转矩的传动轴，为了使各轴段剖面的切应力大小相等，常制成光轴或接近于光轴的形状；对于受交变载荷的轴，应制成曲线形，在实际生产中一般制成阶梯轴，如图 10-16 所示。

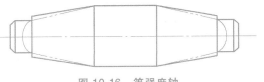

图 10-16　等强度轴

2）减少应力集中，提高轴的强度。由于阶梯轴各轴段的剖面是变化的，在各轴段过渡处必然存在应力集中，从而降低轴的疲劳强度。为减少应力集中，常将过渡处采用圆角过渡，且圆角半径不宜过小。在圆角半径受限制时，可采用减载槽（见图 10-17a）、中间环（见图 10-17b）或凹切圆角（见图 10-17c）等结构。应尽量避免在轴上开孔或开槽，必须开横孔时应将边倒圆。采用这些方法也可以避免轴在热处理时产生淬火裂纹。

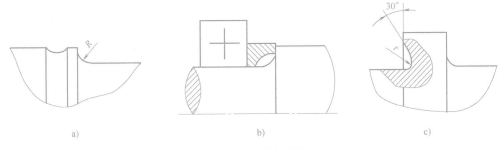

图 10-17　减载装置

a）减载槽　b）中间环　c）凹切圆角

由于粗糙表面易引起疲劳裂纹，因此设计时应十分注意轴表面粗糙度的选择。可以采用碾压、喷丸、渗碳淬火、氮化处理、高频感应淬火等表面强化方法提高轴的疲劳强度。

3）改变轴上零件的布置，可以减少轴上的载荷。当动力需从两个轮输出时，为了减小轴上载荷，尽量将输入轮布置在中间。如图 10-18a 所示的轴，轴上作用的最大转矩为 T_1+T_2，如果把输入轮布置在两输出轮之间（见图 10-18b），则轴所受的最大转矩将由 T_1+T_2 降

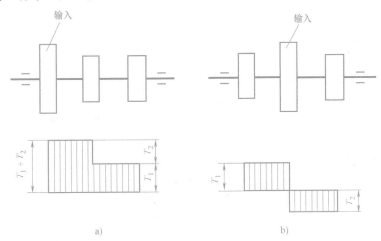

图 10-18　轴上零件的合理布置

低到 T_1 或 T_2。

4）改进轴上零件的结构，也可以减小轴上的载荷。如图 10-19a 所示，卷筒的轮毂很长，如果把轮毂分成两段（见图 10-19b），则减少了轴的弯矩，从而提高了轴的强度和刚度，同时还能得到更好的轴孔配合。把转动的心轴（见图 10-19a）转变为不动的心轴（见图 10-19b），可使轴不承受交变应力。

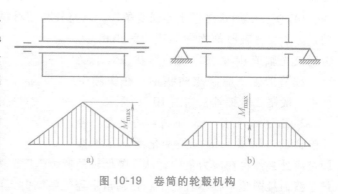

图 10-19　卷筒的轮毂机构

10.3　轴的强度和刚度计算

轴的强度计算应根据轴的承载情况，采用相应的计算方法。常见的轴的强度计算方法有如下两种。

10.3.1　轴的抗扭强度计算

开始设计轴时，通常还不知道轴上零件的位置和支点位置，所以无法确定轴的受力情况。待轴的结构设计基本完成后，再对轴进行全面的受力分析及强度、刚度等校核计算。因此，一般在进行轴的结构设计之前，先对所设计的轴按抗扭强度条件初步估计轴的最小直径。

对于传递转矩的圆截面实心轴，其抗扭强度条件为

$$\tau = \frac{T}{W_T} = \frac{9.55 \times 10^6 P}{0.2 d^3 n} \leqslant [\tau] \qquad (10\text{-}1)$$

式中，τ 为轴的扭转切应力，单位为 MPa；T 为轴传递的扭矩，单位为 N·mm；W_T 为轴的抗扭截面系数，单位为 mm³；P 为轴传递的功率，单位为 kW；n 为轴的转速，单位为 r/min；d 为轴的估算直径，单位为 mm；$[\tau]$ 为轴的许用切应力，单位为 MPa。

轴的设计计算公式为

$$d \geqslant \sqrt[3]{\frac{9.55 \times 10^6 P}{0.2 [\tau] n}} = C \sqrt[3]{\frac{P}{n}} \qquad (10\text{-}2)$$

式中，C 为由轴的材料和承载情况确定的常数。

常用材料的 $[\tau]$、C 值见表 10-2。$[\tau]$、C 值的大小与轴的材料和受载情况有关。当作用在轴上的弯矩比转矩小，或轴只受到转矩作用时，$[\tau]$ 值取较大值，C 值取较小值，否则相反。

表 10-2　常用材料的 C 值和 $[\tau]$

轴的材料	Q235，20 钢	35 钢	45 钢	40Cr，35SiMn，42SiMn，20CrMnTi
C	160~135	135~118	118~107	107~98
$[\tau]$	12~20	20~30	30~40	40~52

应用式（10-2）求出的直径作为轴的最小直径，并需圆整成标准直径。如果轴上有键槽，则应把算得的直径值增大。如果有一个键槽，则轴颈增大 3% ~ 5%；如果有两个键槽，则增大 7% ~ 10%，并圆整为标准值。

10.3.2　轴的弯扭合成强度计算

完成轴的结构设计后，轴上零件的位置已经确定，作用在轴上外载荷（转矩和弯矩）的大小、方向、作用点、载荷种类及支点反力等均已知，可按弯扭合成强度来校核轴危险截面的强度。

进行强度计算时，通常把轴当作置于铰链支座上的梁，作用在轴上的力作为集中力，其作用点取为零件轮毂宽度的中点。支点反力的作用点一般可近似地取在轴承宽度的中点上。具体的计算步骤如下。

1）画出轴的空间力系图。将作用在轴上的力分解为水平面分力和垂直面分力，并求出水平面和垂直面上的支点反力。

2）根据水平面和垂直面上的支点反力，分别绘制出水平面上的弯矩（M_H）图和垂直面上的弯矩（M_V）图。

3）计算合成弯矩 $M = \sqrt{M_H^2 + M_V^2}$，并绘制出合成弯矩图。

4）绘制扭矩（T）图。

5）计算当量弯矩 $M_e = \sqrt{M^2 + (\alpha T)^2}$，绘制当量弯矩图。

其中，α 为考虑弯曲应力与扭转切应力循环特性不同而引入的修正系数。通常弯曲应力为对称循环变化应力，而扭转切应力随工作情况的变化而变化。对于不变的扭矩，$\alpha = [\sigma_{-1b}]/[\sigma_{+1b}] \approx 0.3$；对于脉动循环扭矩，$\alpha = [\sigma_{-1b}]/[\sigma_{0b}] \approx 0.6$；对于对称循环扭矩，$\alpha = 1$。其中 $[\sigma_{-1b}]$、$[\sigma_{0b}]$、$[\sigma_{+1b}]$ 分别为对称循环、脉动循环及静应力状态下材料的许用弯曲应力，供设计时选用，其值见表10-3。对于频繁正反转的轴，可视为对称循环交变应力；若扭矩变化规律不确定，一般也按脉动循环处理。

表 10-3　轴的许用弯曲应力　　　　　　　　　　（单位：MPa）

材料	R_m	$[\sigma_{+1b}]$	$[\sigma_{0b}]$	$[\sigma_{-1b}]$
碳钢	400	130	70	40
	500	170	75	45
	600	200	95	55
	700	230	110	65
合金钢	800	270	130	75
	900	300	140	80
	1000	330	150	90
铸钢	400	100	50	30
	500	120	70	40

6）确定危险截面的强度。根据当量弯矩图找出危险截面，进行轴的强度校核，其公式为

$$\sigma_{e} = \frac{M_e}{W} = \frac{\sqrt{M^2 + (\alpha T)^2}}{0.1d^3} \leqslant [\sigma_{-1b}] \tag{10-3}$$

式中，σ_e 为当量弯曲应力，单位为 MPa；W 为轴的抗弯截面系数，单位为 mm^3。

若该截面有键槽，可将计算数值放大 3%~5%。当校核轴的强度不够时，应重新进行设计。对一般用途的轴，用该计算方法设计就可以。对于重要的轴，还需要做进一步的强度校核，其计算方法可查阅相关技术手册。

10.3.3 轴的刚度计算

轴受载荷的作用后会发生弯曲、扭转变形，如果变形过大，会影响轴上零件的正常工作，如电动机转子轴的挠度会改变转子和定子的间隙，从而影响电动机的性能。因此，对有刚度要求的、重要的和精度要求高的轴必须进行轴的刚度校核。

轴的刚度包括抗扭刚度和抗弯刚度，前者以扭转角 φ 度量（见图 10-20），后者以挠度 y 或偏转角 θ 度量（见图 10-21）。

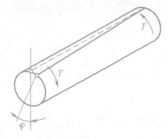

图 10-20　轴的扭转角

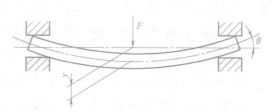

图 10-21　轴的挠度和偏转角

轴的刚度计算就是计算出轴受载时的变形量，并使其控制在允许的范围内，即

$$\begin{cases} \varphi \leqslant [\varphi] \\ y \leqslant [y] \\ \theta \leqslant [\theta] \end{cases} \tag{10-4}$$

式中，$[\varphi]$、$[y]$、$[\theta]$ 分别为许用扭转角、许用挠度和许用偏转角，其值见表 10-4。

表 10-4　轴的许用变形量

变形名称		应用	许用变形量
扭转变形	扭转角	一般传动	$[\varphi] = 0.5° \sim 1°/m$
		精密传动	$[\varphi] = 0.25° \sim 0.5°/m$
弯曲变形	挠度	一般用途的转轴	$[y] = (0.0003 \sim 0.0005)L$　（L 为轴的跨距）
		需要较高刚度的转轴	$[y] = 0.0002L$
		安装齿轮的轴	$[y] = (0.01 \sim 0.03)m$　（m 为模数）
		安装蜗轮的轴	$[y] = (0.02 \sim 0.05)m$
	偏转角	安装齿轮处	$[\theta] = 0.001 \sim 0.002\text{rad}$
		滑动轴承处	$[\theta] = 0.001\text{rad}$
		深沟球轴承处	$[\theta] = 0.005\text{rad}$
		圆锥滚子轴承处	$[\theta] = 0.0016\text{rad}$

10.4　轴的设计实例

例　设计如图 10-22 所示减速器的从动轴。已知：传递功率 $P = 13\mathrm{kW}$，从动轮转速 $n_2 = 220\mathrm{r/min}$，齿轮分度圆直径 $d' = 269.1\mathrm{mm}$，螺旋角 $\beta = 9°59'12''$，齿轮宽度 $b = 90\mathrm{mm}$，设采用 7211 角接触球轴承，单向传动。

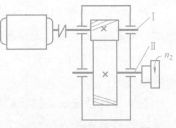

图 10-22　减速器的从动轴

解　（1）选择轴的材料，确定许用应力　因减速器为一般机械，无特殊要求，故选用 45 钢，正火处理。查表 10-1，取 $R_m = 600\mathrm{MPa}$，查表 10-3 得 $[\sigma_{-1b}] = 55\mathrm{MPa}$。

（2）按抗扭强度初估轴的最小直径　查表 10-2 得 $C = 115$，代入式（10-2）得

$$d \geqslant C \sqrt[3]{\frac{P}{n}} = 115 \times \sqrt[3]{\frac{13}{220}}\,\mathrm{mm} = 44.8\ \mathrm{mm}$$

轴端装联轴器开有键槽，故应将轴径增大 5%，即

$$d = 44.8 \times 1.05\,\mathrm{mm} = 47.04\mathrm{mm}$$

考虑补偿轴的位移，选用弹性柱销联轴器。由 n 和扭矩

$$T_c = KT = 1.5 \times 9550 \times 10^3 \times 13/220\,\mathrm{N \cdot mm} = 846477.2\mathrm{N \cdot mm}$$

查 GB/T 5014—2017，选用 LX3 弹性柱销联轴器，标准孔径 $d = 48\mathrm{mm}$（取工况系数 $K = 1.5$），即联轴器规格为 LX3 联轴器 48×84GB/T 5014—2017。

（3）轴的结构设计　对轴进行结构设计时，绘制轴的结构草图（见图 10-23）和确定各部分尺寸应交替进行。

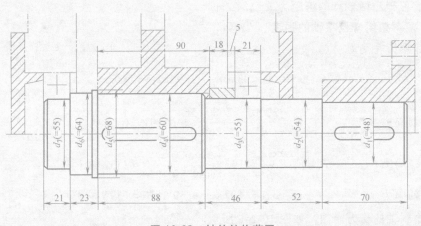

图 10-23　轴的结构草图

1）确定轴上零件的位置和固定方式。斜齿轮传动有轴向力，故采用角接触球轴承。

半联轴器左端用轴肩定位，依靠 A 型普通平键联接和过渡配合（H7/k6）实现周向固定。

齿轮布置在两轴承中间，左侧用轴环定位，右侧用套筒与轴承隔开并进行轴向定位。

齿轮和轴选用 A 型平键和间隙配合（H7/h6）进行周向固定。

两端轴承选用过渡配合（k6）进行周向固定。

左轴承靠轴肩和轴承盖，右轴承靠套筒和轴承盖进行轴向定位。

2）径向尺寸的确定。从轴段 $d_1 = 48\text{mm}$ 开始，逐段选取相邻轴段的直径，如图 10-23 所示。d_2 起定位作用，定位轴肩高度 $h_{\min}$ 可在（$0.06 \sim 0.1$）d_1 范围内选取，故 $d_2 = d_1 + 2h \geqslant 48 \times (1 + 2 \times 0.06)\text{mm} = 53.76\text{mm}$，取 $d_2 = 54\text{mm}$（若该处考虑毡圈密封，则 d_2 应根据毡圈取标准值）。

右轴颈直径按滚动轴承的标准取 $d_3 = 55\text{mm}$。

装齿轮的轴头直径取 $d_4 = 60\text{mm}$。

轴环高度 $h_{\min} \geqslant (0.07 \sim 0.1)d_4$，取 $h = 4\text{mm}$，故直径 $d_5 = 68\text{mm}$，宽度 $b \approx 1.4h = 1.4 \times 4\text{mm} = 5.6\text{mm}$，取 $b = 7\text{mm}$。

左轴颈直径 d_7 与右轴颈直径 d_3 相同，即 $d_7 = d_3 = 55\text{mm}$。

根据题意，轴承型号为 7211，取 $r = 1.5\text{mm}$，考虑到轴承的装拆，左轴颈与轴环间的轴段直径 $d_6 = 64\text{mm}$。

3）轴向尺寸的确定。与传动零件（如齿轮、带轮、联轴器等）相配合的轴段长度一般略小于传动零件的轮毂宽度。

根据齿轮宽度为 90mm，取轴头长为 88mm，以保证套筒与轮毂端面贴紧。

7211 轴承宽度由相关设计手册查得为 21mm，故左轴颈长也取 21mm。

为使齿轮端面、轴承端面与箱体内壁均保持一定距离（图 10-23 中分别取为 18mm 和 5mm），取套筒宽为 23mm。

轴穿过轴承盖部分的长度，根据箱体结构取 52mm。轴外伸端长度，根据联轴器尺寸取 70mm。可得出两轴承的跨距为 $L = 157\text{mm}$。

（4）按弯扭组合校核轴的强度

1）计算齿轮受力。

扭矩
$$T = 9550 \frac{P}{n_2} = 9550 \times \frac{13}{220}\text{N} \cdot \text{m} = 564\text{N} \cdot \text{m}$$

齿轮圆周力
$$F_t = \frac{2000T}{d'} = \frac{2000 \times 564}{269.1}\text{N} = 4192\text{N}$$

齿轮径向力
$$F_r = F_t \frac{\tan\alpha_n}{\cos\beta} = 4192 \times \frac{\tan 20°}{\cos 9°59'12''}\text{N} = 1557\text{N}$$

齿轮轴向力
$$F_a = F_t \tan\beta = 4192 \times \tan 9°59'12''\text{N} = 739\text{N}$$

2）绘制轴的受力简图，如图 10-24a 所示。

3）计算支承反力（见图 10-24b、c）。

水平平面支承反力为
$$F_{RHA} = F_{RHB} = \frac{F_t}{2} = \frac{4192}{2}\text{N} = 2096\text{N}$$

垂直平面支承反力

$$F_{RVA} = \frac{F_r \dfrac{L}{2} - F_a d'/2}{L} = \frac{1557 \times \dfrac{157}{2} - 739 \times \dfrac{269.1}{2}}{157} N = 145 N$$

$$F_{RVB} = F_r - F_{RVA} = (1557 - 145) N = 1412 N$$

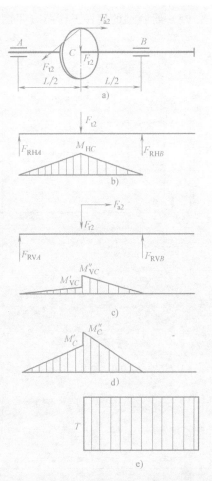

4）绘制弯矩图。水平平面弯矩图如图 10-24b 所示。C 截面处的弯矩为

$$M_{HC} = F_{RHA} \frac{L}{2} = 2096 \times \frac{0.157}{2} N \cdot m = 164.5 N \cdot m$$

垂直平面弯矩图如图 10-24c 所示。C 截面偏左处的弯矩为

$$M'_{VC} = F_{RVA} \frac{L}{2} = 145 \times \frac{0.157}{2} N \cdot m = 11 N \cdot m$$

C 截面偏右处的弯矩为

$$M''_{VC} = F_{RVB} \frac{L}{2} = 1412 \times \frac{0.157}{2} N \cdot m = 110.8 N \cdot m$$

作合成弯矩图如图 10-24d 所示。C 截面偏左的合成弯矩为

$$M'_C = \sqrt{M_{HC}^2 + M'^2_{VC}} = \sqrt{164.5^2 + 11^2} N \cdot m = 165 N \cdot m$$

C 截面偏右的合成弯矩为

$$M''_C = \sqrt{M_{HC}^2 + M''^2_{VC}} = \sqrt{164.5^2 + 110.8^2} N \cdot m = 198 N \cdot m$$

图 10-24 轴的受力和弯矩、扭矩图

a）受力简图 b）水平平面弯矩图 c）垂直平面弯矩图 d）合成弯矩图 e）扭矩图

5）作扭矩图如图 10-24e 所示。

$$T = 564 N \cdot m$$

6）校核轴的强度。轴在截面 C 处的弯矩和扭矩最大，故为轴的危险截面，需校核该截面直径。因是单向传动，扭矩可认为按脉动循环变化，故取 $\alpha = 0.6$，危险截面的最大当量弯矩为

$$M_e = \sqrt{M''^2_C + (\alpha T)^2} = \sqrt{198^2 + (0.6 \times 564)^2} N \cdot m = 392 N \cdot m$$

轴危险截面所需的直径为

$$d_C \geqslant \sqrt[3]{\frac{M_e}{0.1[\sigma_{-1b}]}} = \sqrt[3]{\frac{392 \times 10^3}{0.1 \times 55}} mm = 41.5 mm$$

考虑到该截面上开有键槽，故将轴径增大 5%，即

$$d_C = 41.5 \times 1.05 mm = 43.6 mm < 60 mm$$

结论：该轴强度足够。如所选轴承和键联接经计算后确认寿命和强度均能满足，则该轴的结构无须修改。

（5）绘制轴的零件工作图（见图 10-25）

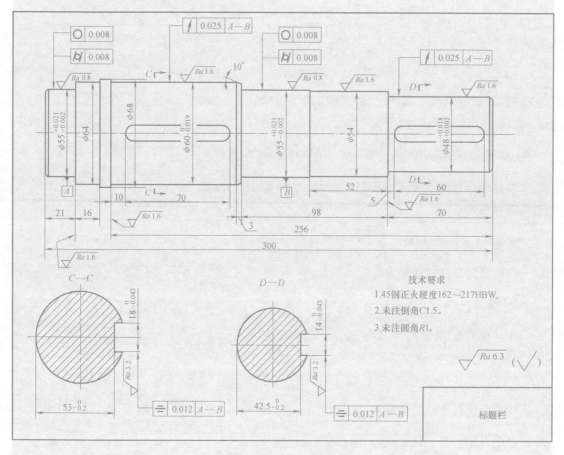

图 10-25　轴零件图

习　　题

10-1　轴的分类有哪些？常见的轴大多属于哪一类？

10-2　轴的常见轴向定位和周向定位有哪些？

10-3　提高轴的强度措施有哪些？

10-4　轴在结构设计时有什么要求？

10-5　在齿轮减速器中，为什么低速轴的直径比高速轴的直径要大得多？

10-6　转轴设计时，为什么不先按照弯扭合成强度计算，然后再进行结构设计，而必须按初估直径、结构设计、弯扭合成强度验算来进行？

10-7　指出图 10-26 中轴的不合理所在，标出序号并改正。

10-8　设计如图 10-27 所示齿轮减速器的从动轴。已知：传递功率 $P=10\mathrm{kW}$，从动轮转速 $n_2=450\mathrm{r/min}$，齿轮分度圆直径 $d_2=150\mathrm{mm}$，齿轮宽度 $b=90\mathrm{mm}$，设采用 7208 角接触球轴承，单向传动。

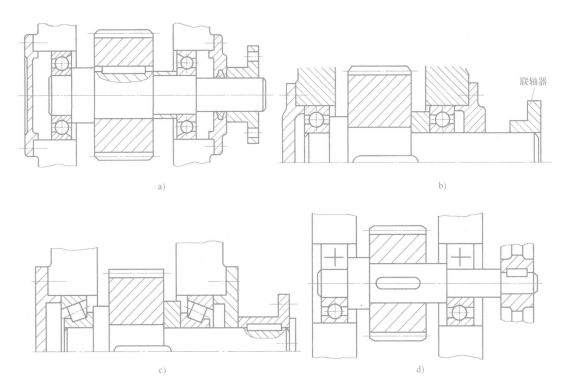

图 10-26　题 10-7 图

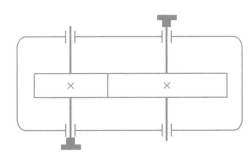

图 10-27　题 10-8 图

第11章

轴　　承

　　轴承是机械设备中的一种重要零部件，其作用是支承轴与轴上的零件，保持轴的旋转精度，减少转轴与轴承之间的摩擦和磨损。

　　根据支承处相对运动表面的摩擦性质，轴承分为滑动摩擦轴承（简称滑动轴承，见图11-1）和滚动摩擦轴承（简称滚动轴承，见图11-2）。一般情况下，滚动摩擦力小于滑动摩擦力，因此滚动轴承应用相对广泛。但滑动轴承具有工作平稳、无噪声、耐冲击、回转精度高和承载能力大等优点，所以在汽轮机、精密机床和重型机械中广泛应用。

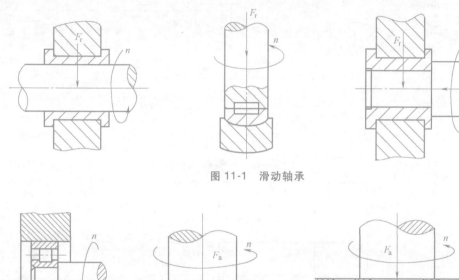

图 11-1　滑动轴承

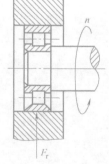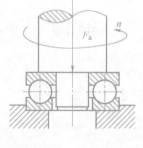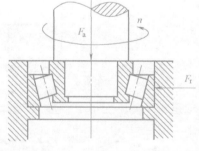

图 11-2　滚动轴承

11.1　滑动轴承

11.1.1　滑动轴承的特点及应用

　　工作时轴承和轴颈的支承面间形成直接或间接滑动摩擦的轴承，称为滑动轴承。

　　在液体润滑条件下，滑动表面被润滑油分开而不发生直接接触，大大减小了摩擦损失和表面磨损，另外油膜还具有一定的吸振能力，只是起动摩擦阻力较大。轴被轴承支承的部分称为轴颈，与轴颈相配的零件称为轴瓦。为了改善轴瓦表面的摩擦性质而在其内表面上浇注的减摩材料层称为轴承衬。轴瓦和轴承衬的材料统称为滑动轴承材料。

滑动轴承的主要优点：普通滑动轴承结构简单，制造、装拆方便；具有良好的耐冲击性和吸振性；运转平稳，旋转精度高；高速时比滚动轴承的寿命长；可做成剖分式。

滑动轴承的主要缺点：维护复杂，对润滑条件要求高，边界润滑时轴承的摩擦损耗较大。

滑动轴承主要应用的场合：工作转速极高的轴承；要求轴的支承位置特别精确、回转精度要求特别高的轴承；特重型轴承；承受巨大冲击和振动载荷的轴承；必须采用剖分结构的轴承；要求径向尺寸特别小以及特殊工作条件的轴承。

滑动轴承因其独特的优点在某些场合占有重要地位。滑动轴承在内燃机、汽轮机、铁路机车、轧钢机、金属切削机床以及天文望远镜等设备中应用很广泛。

11.1.2　滑动轴承的主要类型和结构

按承受载荷方向的不同，滑动轴承可分为径向滑动轴承和推力滑动轴承。

（1）径向滑动轴承　径向滑动轴承用于承受径向载荷。图 11-3 所示为整体式滑动轴承。如在机架或箱体上直接制出轴承孔，再装上轴套就成为无轴承座的整体式滑动轴承。整体式滑动轴承结构简单，制造方便，但轴套磨损后轴承间隙无法调整，装拆时，因其轴或轴承需轴向移动，故只适用于低速、轻载和间歇工作的场合，如小型齿轮油泵、减速器等。

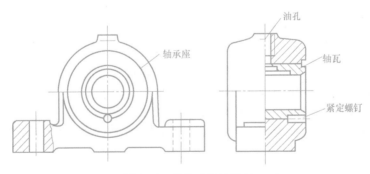

图 11-3　整体式滑动轴承

图 11-4 所示为剖分式滑动轴承，由上轴瓦、螺栓、轴承盖、轴承座、下轴瓦等组成。为了提高安装的对心精度，在剖分面上设置有阶梯形止口。考虑到径向载荷方向的不同，剖分面可以制成水平式（见图 11-4a）和斜开式（见图 11-4b）两种。使用时应保证径向载荷的作用线不超出剖分面垂直中线左右各 35° 的范围。剖分式滑动轴承装拆方便，轴瓦磨损后可方便更换及调整间隙，因而应用广泛。径向滑动轴承还有许多其他类型，图 11-5 所示为调心轴承，它是把轴瓦支承面做成球面，使其能自动适应轴线的偏转和变形。

（2）推力滑动轴承　推力滑动轴承用来承受轴向载荷，推力滑动轴承和径向轴承联合使用可以承受复合载荷。常见推力轴颈如图 11-6 所示。实心推力轴颈（见图 11-6a）由于端面上不同半径处的线速度不相等，因而使端面中心部分的磨损很小，而边缘的磨损却很大，结果造成轴颈端面中心处应力集中。实际结构中多数采用空心轴颈（见图 11-6b），可使其

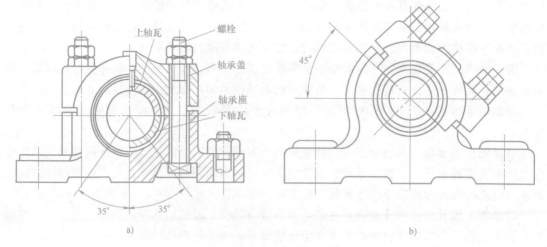

图 11-4　剖分式滑动轴承

a）水平式　b）斜开式

端面上压力的分布得到明显改善，并有利于储存润滑油；图
11-6c所示为单环形推力轴颈；在载荷较大时，常采用多环形推
力轴颈（见图 11-6d），多环轴颈能承受双向轴向载荷。

11.1.3　轴瓦和轴承衬

1. 轴瓦的结构

轴瓦是滑动轴承中直接与轴颈接触的重要零件，常用的轴
瓦有整体式和剖分式两种。

整体式轴瓦又称轴套，如图 11-7 所示，用于整体式滑动轴
承。剖分式轴瓦用于剖分式滑动轴承，如图 11-8 所示。为了改
善轴瓦表面的摩擦性能，可在轴瓦内表面浇注一层轴承合金等
减摩材料（称为轴承衬），厚度为 0.5~6mm。为使轴承衬牢固地粘在轴瓦的内表面上，常
在轴瓦上预制出各种形式的沟槽。

为了使润滑油能均匀流到轴瓦的整个工作表面上，轴瓦上要开出油孔和油沟，图 11-9

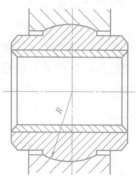

图 11-5　调心轴承

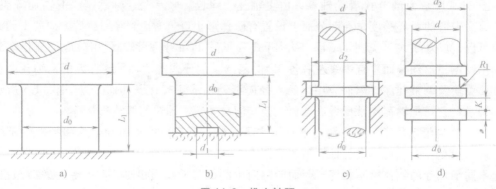

图 11-6　推力轴颈

a）实心推力轴颈　b）空心轴颈　c）单环形推力轴颈　d）多环形推力轴颈

所示为三种常见的油沟形式。为了将润滑油导入并分布到整个接触表面上，油沟不宜过短，但轴向油沟的长度应稍短于轴瓦宽，以减少端部泄油。一般油孔和油沟应开在非承载区，以保证承载区油膜的连续性，如图 11-10 所示。

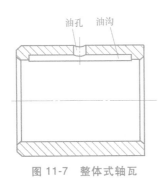

图 11-7　整体式轴瓦

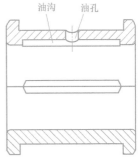

图 11-8　剖分式轴瓦

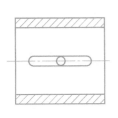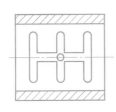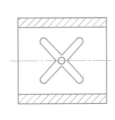

图 11-9　油沟形式

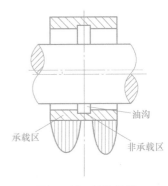

图 11-10　油沟位置

为提高轴瓦的刚度、散热性及与轴承座孔的同心度，一般采用较小过盈量的紧配合。

2. 轴承材料

轴瓦或轴承衬是滑动轴承的重要零件，轴瓦和轴承衬的材料统称为轴承材料。轴承材料直接影响轴承的性能，故应根据使用要求、经济性要求合理选择。由于轴瓦或轴承衬与轴颈直接接触，一般轴颈部分比较耐磨，因此轴瓦的主要失效形式是磨损、胶合，当强度不足时也可能出现疲劳破坏。轴瓦的磨损与轴颈材料、轴瓦自身材料、润滑剂和润滑状态直接相关，选择轴瓦材料时应综合考虑这些因素，以便提高滑动轴承的寿命和工作性能。

针对轴承的失效形式，轴承材料性能应着重满足以下要求：

1）良好的减摩性、耐磨性和抗胶合性。

2）良好的摩擦顺应性、嵌入性和磨合性。

3）足够的强度和耐腐蚀能力。

4）良好的导热性、工艺性和经济性等。

常用轴瓦和轴承衬材料的牌号和性能见表 11-1。此外，还可采用粉末合金（如铁-石墨、青铜-石墨）、非金属材料（如塑料、橡胶和木材等）作为轴承材料。

表 11-1　常用轴瓦和轴承衬材料的牌号和性能

轴承材料	最大许用值			最高工作温度/℃	性能比较	备注
	$[p]$/MPa	$[v]$/(m·s^{-1})	$[pv]$/(MPa·ms^{-1})			
ZSnSb11Cu6	平稳载荷			150	摩擦因数小,抗胶合性良好,耐腐蚀,易磨合,变载荷下易疲劳	用于高速、重载下工作的重要轴承,如石油钻机
	25	80	20			
ZSnSb8Cu4	冲击载荷					
	20	60	15			
ZPbSb16Sn16Cu2	15	12	10	150	各方面性能与锡锑轴承合金相近,但材料较脆,可作为锡锑轴承合金的代用品	用于中速、中载轴承,不宜受较大的冲击载荷,如机床、内燃机等
ZPbSb15Sn4Cu3Cd2	5	6	5			
ZCuSn10P1	15	10	15	280	熔点高,硬度高,承载能力、耐磨性、导热性均高于轴承合金,但可塑性差,不易磨合	用于中速、重载及受变载荷的轴承,如破碎机
ZCuSn5Pb5Zn5	8	3	15			用于中速、中载的轴承
ZCuAl10Fe3	15	4	12	280	硬度较高,抗胶合性能较差	用于润滑充分的低速、重载轴承,如重型机床

11.1.4　滑动轴承的润滑

轴承润滑的主要目的是减少摩擦和磨损,以提高轴承的工作能力和寿命,同时还起冷却、防尘、防锈和吸振作用。设计和使用滑动轴承时,必须选择合适的润滑剂和润滑装置。

1. 润滑剂

润滑剂的作用是减小摩擦阻力、降低磨损、冷却和吸振等。润滑剂有液态润滑剂、固态润滑剂、气态润滑剂及半固态润滑剂。液态润滑剂称为润滑油,半固态润滑剂在常温下呈油膏状,称为润滑脂。

(1) 润滑油　润滑油是使用最广的润滑剂,其中以矿物油应用最广。润滑油的主要性能指标是黏度,通常它随温度的升高而降低。润滑油的牌号是以 40℃时油的运动黏度(单位为 mm^2/s,记为 cSt,读作厘斯)中间值来划分的。例如 L-AN 46 全损耗系统用油,即表示在 40℃时运动黏度的中间值为 46cSt。40℃时的运动黏度记为 ν_{40}。牌号越大的润滑油,其黏度值也越大,油越稠。除黏度之外,润滑油的性能指标还有凝点、闪点等。

(2) 润滑脂　轴颈速度小于 1m/s 的滑动轴承可以采用润滑脂。润滑脂又称干油,俗称黄油,是由润滑油添加各种稠化剂和稳定剂稠化而成的膏状润滑剂。润滑脂的主要性能指标是针入度和滴点。润滑脂的针入度(稠度)大,承载能力大,但物理和化学性质不稳定,不宜在温度变化大的条件下使用;润滑脂的流动性小,不易流失,因此轴的密封简单,润滑脂不需经常补充。但其内摩擦因数较大,效率较低。因此润滑脂主要应用在速度较低、载荷较大、不需经常加注、使用要求不高的场合。

(3) 固态润滑剂和气态润滑剂　固态润滑剂有石墨、二硫化钼(MoS_2)和聚四氟乙烯

（PTFE）等多种，一般在重载条件或高温工作条件下使用。气态润滑剂常指空气，多用于高速及不能用润滑油或润滑脂处。

2. 润滑方法

除正确选择润滑剂外，还应选择适当的方法和装置，以获得良好的润滑效果。滑动轴承的润滑方式可根据系数 K 来选择。

$$K = \sqrt{pv^2}$$

式中，p 为轴承压强，单位为 MPa；v 为轴颈圆周速度，单位为 m/s。

当 $K \leqslant 2$ 时用脂润滑，$K > 2$ 时用油润滑，$2 < K < 16$ 时用针阀油杯润滑，$16 \leqslant K < 32$ 时采用油环、飞溅或压力润滑，$K \geqslant 32$ 时采用压力循环润滑。

（1）手工加油润滑 手工加油润滑是将油壶或油枪注入设备的油孔、油嘴或油杯（见图 11-11）中，使油流至需要润滑的部位。供油方法简单，属于间歇式，适用于轻载、低速和不重要的场合。

（2）滴油润滑 滴油润滑是用油杯供油，利用油的自重滴流至摩擦表面，属于连续润滑方式。常用油杯有以下几种。

1）针阀式油杯（见图 11-12）。当手柄水平放置时，针阀因弹簧推压而堵住底部的油孔；当手柄直立时，针阀被提起使油孔打开，润滑油经油孔自动滴进轴承中。针阀式油杯供油量用螺母调节针阀的开启高度来控制，用于要求供油可靠的轴承。

2）油绳式油杯（见图 11-13）。油绳用棉线或毛线做成，一端浸在油中，利用毛细管作用吸油滴入轴承。油绳滴油自动连续，但供油量少，不易调节。油绳式油杯适于低速轻载轴承。

图 11-11 压注油杯

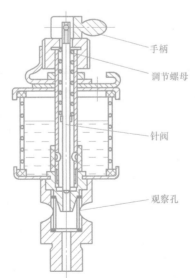

图 11-12 针阀式油杯

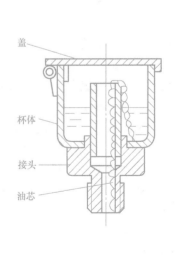

图 11-13 油绳式油杯

（3）油环润滑 如图 11-14 所示，在轴颈上套一油环，油环下部浸在油中，轴颈旋转时靠摩擦力带动油环旋转，从而把油带入轴承。

（4）飞溅润滑 利用齿轮、曲轴等转动件，将润滑油从油池溅到轴承中进行润滑。该方法简单可靠，连续均匀，但有搅油损失，易使油发热和氧化变质。飞溅润滑适用于转速不高的齿轮传动、蜗杆传动等。

（5）压力循环润滑　利用油泵将润滑油经油管输送到各轴承中润滑，润滑效果好，油可以循环使用，但装置复杂，成本高。压力循环润滑适用于高速、重载或变载的重要轴承。

（6）脂润滑　使用脂润滑时，一般是在机械装配时就将润滑脂填入到轴承中，或用黄油杯（见图11-15）旋转杯盖将装在杯体中的润滑脂定期挤入轴承内，也可用黄油枪向轴承油孔内注射润滑脂。

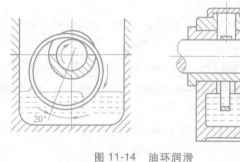

图 11-14　油环润滑

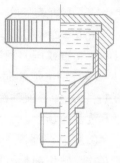

图 11-15　黄油杯

11.2　滚动轴承

11.2.1　滚动轴承的类型及应用

滚动轴承是广泛运用的机械支承。其功能是在保证轴承有足够寿命的条件下，用以支承轴及轴上的零件，并与机座做相对旋转、摆动等运动，使转动副之间的摩擦尽量降低，以获得较高的传动效率。常用的滚动轴承已制定了国家标准，它利用滚动摩擦原理设计而成，是由专业化工厂成批生产的标准件。在机械设计中，只需根据工作条件选用合适的滚动轴承类型和型号进行组合结构设计即可。

1. 滚动轴承的组成

滚动轴承一般由内圈、外圈、滚动体和保持架组成，如图11-16所示。内圈装在轴径上，外圈装在机座或零件的轴承孔内。通常内圈与轴颈相配合且随轴一起转动，外圈装在机架的轴承座孔内固定不动。当内外圈相对旋转时，滚动体沿着内外圈的滚道滚动。保持架使滚动体均匀分布在滚道上，并避免相邻滚动体之间接触和碰撞、磨损。

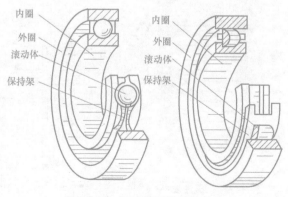

图 11-16　滚动轴承的基本结构

常见的滚动体有六种形状，如图11-17所示。球轴承的滚动体是球形，极限转速高，但承载能力和承受冲击能力小。滚子轴承的滚动体形状有圆柱滚子、长圆柱滚子、圆锥滚子、鼓形滚子和滚针，承载能力和承受冲击能力大，但极限转速低。

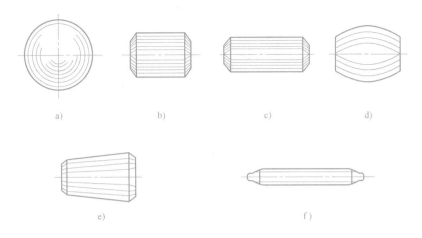

图 11-17 滚动体的种类

a）球形滚动体 b）圆柱滚子 c）长圆柱滚子 d）鼓形滚子 e）圆锥滚子 f）滚针

滚动轴承的内外圈和滚动体应具有较高的硬度和接触疲劳强度、良好的耐磨性和冲击韧性。一般用轴承钢制造，常用材料有 GCr15、GCr6、GCr9 等，经热处理后硬度可达 60 ~ 65HRC。滚动轴承的工作表面必须经磨削抛光，以提高其接触疲劳强度。

保持架多用低碳钢板通过冲压而成，高速轴承多采用有色金属（如黄铜）或塑料保持架。

为适应某些特殊要求，有些滚动轴承还要附加其他特殊元件或采用特殊结构，如轴承无内圈或外圈、带有防尘密封结构或在外圈上加止动环。

滚动轴承的优点：应用设计简单，产品已标准化，并由专业生产厂家进行大批量生产，具有优良的互换性和通用性；起动摩擦力矩低，功率损耗小，效率高（达到 0.98 ~ 0.99）；负荷、转速和工作温度的适应范围宽，工况条件的少量变化对轴承性能影响不大；大多数类型的轴承能同时承受径向和轴向载荷，轴向尺寸较小；易于润滑、维护及保养。

滚动轴承的缺点：大多数滚动轴承的径向尺寸较大；在高速、重载荷条件下工作时，寿命短；振动及噪声较大。

2. 滚动轴承的类型和特点

滚动轴承按结构特点的不同有多种分类方法，各种轴承适用于不同的载荷、转速及特殊需要。

1）按其所能承受的载荷方向或公称接触角的不同，滚动轴承可分为向心轴承和推力轴承，见表 11-2。

表 11-2 中的 α 为滚动体与套圈接触处的公法线与轴承径向平面（垂直于轴承轴心线的平面）之间的夹角，称为公称接触角。

向心轴承（$0° \leqslant \alpha \leqslant 45°$）主要承受径向载荷，可分为径向接触轴承（$\alpha = 0°$）和角接触向心轴承（$0° < \alpha \leqslant 45°$）。径向接触轴承只能承受径向载荷；角接触向心轴承主要承受径向载荷，随着 α 的增大，承受轴向载荷的能力也增大。

推力轴承（$45° < \alpha \leqslant 90°$）主要承受轴向载荷，可分为轴向接触轴承（$\alpha = 90°$）和推力角接触轴承（$45° < \alpha < 90°$）。轴向接触轴承只能承受轴向载荷。其中 $\alpha = 90°$ 的称为轴向接触

轴承，也称推力轴承。推力角接触轴承主要承受轴向载荷，随着 α 的增大，承受轴向载荷的能力也增大。

表 11-2　各类轴承的公称接触角

轴承种类	向心轴承		推力轴承	
	径向接触轴承	角接触向心轴承	角接触轴承	轴向接触轴承
公称接触角 α	$\alpha = 0°$	$0° < \alpha \leqslant 45°$	$45° < \alpha < 90°$	$\alpha = 90°$
图例	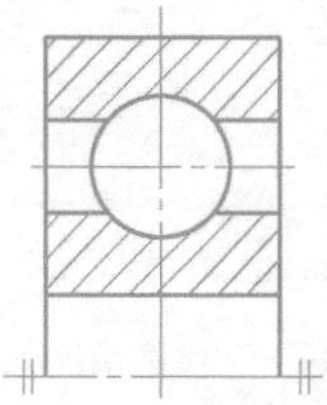	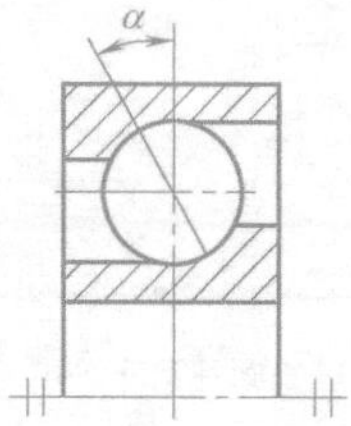	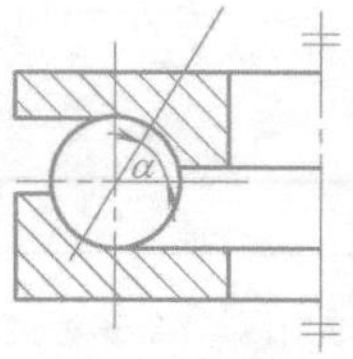	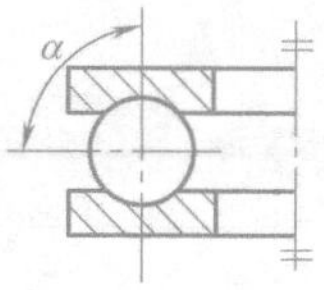

2）按滚动体的种类，滚动轴承可分为球轴承和滚子轴承。球轴承的滚动体为球，球与滚道表面的接触为点接触，因此球轴承摩擦小，高速性能好，但承受冲击和承载能力比较差。滚子轴承的滚动体为滚子，滚子与滚道表面的接触为线接触，滚子轴承的承载能力和耐冲击能力都好。滚子轴承按滚子的形状又可分为圆柱滚子轴承、滚针轴承、圆锥滚子轴承、调心滚子轴承和长弧面滚子轴承。

滚动轴承的类型、代号及特性见表 11-3。

表 11-3　滚动轴承的类型、代号及特性

类型及代号	结构简图	承载方向	主要性能及应用
调心球轴承 1	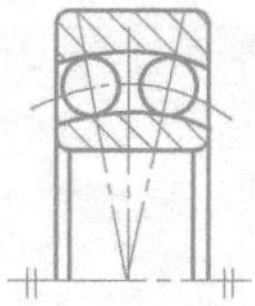		轴承外圈滚道是球面，具有自动调心的功能。内外圈轴线间允许角偏差为 2°～3°，极限转速低于深沟球轴承。可承受径向载荷及较小的双向轴向载荷。用于轴变形较大及不能精确对中的支承处
调心滚子轴承 2	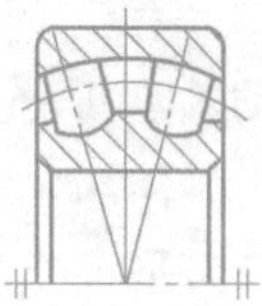		轴承外圈滚道是球面，主要承受径向载荷及少量的双向轴向载荷，但不能承受纯轴向载荷，允许角偏差为 0.5°～2°。常用在多支点的轴、抗弯刚度小的轴和难以精确对中的支承
圆锥滚子轴承 3	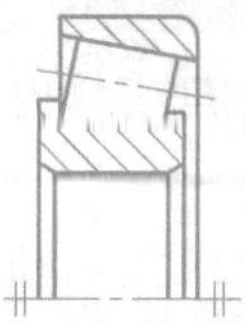		可同时承受较大的径向及轴向载荷。极限转速较低，内外圈可分离，装拆方便，成对使用

（续）

类型及代号	结构简图	承载方向	主要性能及应用
推力球轴承 5	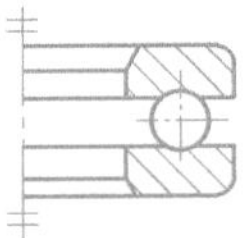	 ↓	推力球轴承的套圈和滚动体是可分离的。只能承受单向轴向载荷，而且载荷作用线必须与轴线相重合，不允许有角偏差。轴承的套圈内孔大小不一样，内孔较小的与轴配合，内孔较大的与机座配合。极限转速低
双向推力球轴承 5	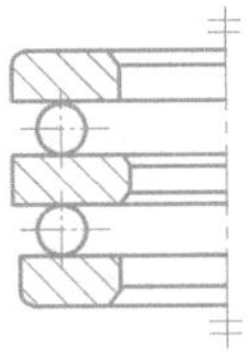	 ↕	能承受双向轴向载荷。中间圈与轴配合，另外两个圈为松圈。其余与推力球轴承相同
深沟球轴承 6	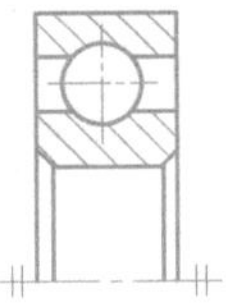	 ↕ ↔	可承受径向载荷及少量的双向轴向载荷。内外圈轴线间允许角偏差为 $8' \sim 16'$。摩擦阻力小，极限转速高，结构简单，价格便宜，应用广泛
角接触球轴承 7	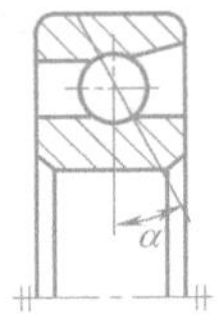	 ↑ ↳	可同时承受径向载荷及单向的轴向载荷。承受轴向载荷的能力由接触角 α 的大小决定，α 越大，承受轴向载荷的能力越高。内外圈有分离的趋势，因此这类轴承要成对使用。极限转速较高
推力圆柱滚子轴承 8	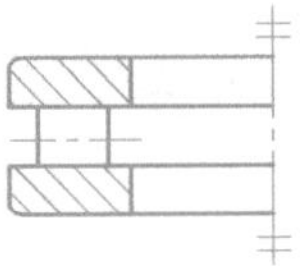	 ↓	能承受较大的单向轴向载荷，不能承受径向载荷。承载能力要比推力球轴承大。极限转速很低
圆柱滚子轴承 N	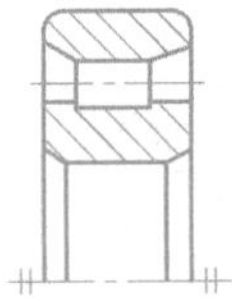	 ↑	只能承受径向载荷，承载能力比球轴承好，承受冲击载荷能力大，极限转速也较高，但允许的角偏差很小，约 $2' \sim 4'$。用在刚度较大的轴上，要求对中性好
滚针轴承 NA	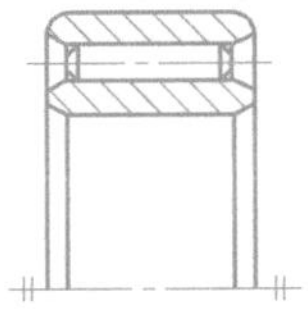	 ↑	不能承受轴向载荷，不允许有角偏差，极限转速较低。结构紧凑，在内径相同的条件下，与其他轴承比较，其外径最小。适用于径向尺寸受限制而径向载荷较大的部件中

3）按工作时能否调心，滚动轴承可分为调心轴承和非调心轴承。调心轴承允许的角偏差大。

4）按安装轴承时其组件是否能分离，滚动轴承可分为可分离轴承和不可分离轴承。

5）按公差等级，滚动轴承可分为0、6、5、4、2级滚动轴承。其中2级精度最高，0级为普通级。另外还有只用于圆锥滚子轴承的6X公差级别。

6）按运动方式，滚动轴承可分为回转运动轴承和直线运动轴承。

7）按滚动体的列数，滚动轴承可分为单列、双列及多列滚动轴承。

11.2.2 滚动轴承的代号

滚动轴承是标准组件，在图样中应按国家标准标注其代号。滚动轴承代号是表示其结构、尺寸、公差等级和技术性能等特征的产品符号，由字母和数字组成。轴承的代号由基本代号、前置代号和后置代号构成，其排列顺序见表11-4。

表 11-4 滚动轴承的代号

前置代号	基本代号				后置代号
字母	字母和数字				字母和数字
	×	×	×	××	
成套轴承的分部件	类型代号	宽(高)度系列代号	直径系列代号	内径代号	内部结构改变 密封、防尘与外部形状变化 保持架结构、材料改变及轴承材料改变公差等级和游隙 其他

1. 基本代号

基本代号表示轴承的基本类型、结构和尺寸，是轴承代号的基础。除滚针轴承外，基本代号由轴承类型代号、尺寸系列代号及内径代号构成。

（1）类型代号 类型代号用数字或大写拉丁字母表示，见表11-5。

表 11-5 一般滚动轴承的代号

轴承类型	代号	原代号	轴承类型	代号	原代号
双列角接触球轴承	0	6	角接触球轴承	7	6
调心球轴承	1	1	推力圆柱滚子轴承	8	9
调心滚子轴承和推力调心滚子轴承	2	3和9	圆柱滚子轴承	N	2
圆锥滚子轴承	3	7	外球面球轴承	U	
双列深沟球轴承	4	0	四点接触球轴承	QJ	
惟力球轴承	5	8	长弧面滚了轴承	C	
深沟球轴承	6	0			

（2）尺寸系列代号 尺寸系列代号用数字表示，由轴承的宽（高）度系列代号和直径

系列代号组合而成，见表11-6。直径系列代号表示内径相同的同类轴承有几种不同的外径和宽度，宽度系列代号表示内外径相同的同类轴承宽度的变化。

表 11-6　向心轴承、推力轴承尺寸系列代号

直径系列代号	向心轴承								推力轴承			
	宽度系列代号								高度系列代号			
	8 特窄	0 窄	1 正常	2 宽	3 特宽	4 特宽	5 特宽	6 特宽	7 特低	9 低	1 正常	2 正常
	尺寸系列代号											
7 超特轻	—	—	17	—	37	—	—	—	—	—	—	—
8 超轻	—	08	18	28	38	48	58	68	—	—	—	—
9 超轻	—	09	19	29	39	49	59	69	—	—	—	—
0 特轻	—	00	10	20	30	40	50	60	70	90	10	—
1 特轻	—	01	11	21	31	41	51	61	71	91	11	—
2 轻	82	02	12	22	32	42	52	62	72	92	12	22
3 中	83	03	13	23	33	—	—	—	73	93	13	23
4 重	—	04	—	24	—	—	—	—	74	94	14	24
5 特重	—	—	—	—	—	—	—	—	—	95	—	—

注：宽度系列为"0"时，可以不标出，圆锥滚子轴承除外。向心轴承中0、1、2、3为常用代号，推力轴承中1、2为常用代号。

（3）内径代号　内径代号表示轴承的公称内径，用数字表示，见表11-7。

表 11-7　内径系列代号

轴承公称内径/mm	内径代号	示例
0.6~10（非整数）	用公称内径毫米数直接表示，在其与尺寸系列代号之间用"/"分开	深沟球轴承　617/0.6　$d=0.6$mm 深沟球轴承　618/2.5　$d=2.5$mm
1~9（整数）	用公称内径毫米数直接表示，对深沟及角接触球轴承直径系列7、8、9，内径与尺寸系列代号之间用"/"分开	深沟球轴承　625　$d=5$mm 深沟球轴承　618/5　$d=5$mm 角接触球轴承　707　$d=7$mm 角接触球轴承　719/7　$d=7$mm

（续）

轴承公称内径/mm		内径代号	示例
10~17	10	00	深沟球轴承　6200　$d=10\text{mm}$
	12	01	调心球轴承　1201　$d=12\text{mm}$
	15	02	圆柱滚子轴承　NU 202　$d=15\text{mm}$
	17	03	推力球轴承　51103　$d=17\text{mm}$
20~480（22,28,32 除外）		公称内径除以 5 的商数，商数为个位数，需在商数左边加"0"，如 08	调心滚子轴承　22308　$d=40\text{mm}$ 圆柱滚子轴承　NU 1096　$d=480\text{mm}$
≥500，以及 22,28,32		用公称内径毫米数直接表示，但在与尺寸系列之间用"/"分开	调心滚子轴承　230/500　$d=500\text{mm}$ 深沟球轴承　62/22　$d=22\text{mm}$

2. 前置代号和后置代号

前置代号和后置代号是当轴承的结构形状、尺寸、公差、技术要求等有改变时，在轴承基本代号左右添加的补充代号。前置代号用字母表示，后置代号用字母或加数字表示。前置、后置代号的相关标注形式和内容可以查相关标准。

前置代号含义如下所示：

F——带凸缘外圈的向心球轴承，仅适用于 $d\leqslant10\text{mm}$；

L——可分离轴承的可分离内圈或外圈；

K——滚子和保持架组件；

LR——带可分离内圈或外圈与滚动体的组件；

R——不带可分离内圈或外圈的组件；

WS——推力圆柱滚子轴承轴圈；

GS——推力圆柱滚子轴承座圈。

后置代号共 9 组，其顺序和含义如下：

1——内部结构；

2——密封、防尘与外部形状；

3——保持架及其材料；

4——轴承零件材料；

5——公差等级；

6——游隙；

7——配置；

8——振动及噪声；

9——其他。

后置代号的内部结构代号及含义见表 11-8，公差等级代号及含义见表 11-9。

表 11-8　后置代号的内部结构代号及含义

代号	含义	代号	含义
C	角接触球轴承　公称接触角 $\alpha=15°$ 调心滚子轴承　C 型	B	角接触球轴承　公称接触角 $\alpha=40°$ 圆锥滚子轴承　接触角加大
AC	角接触球轴承　公称接触角 $\alpha=25°$	E	加强型

表 11-9 后置代号中的公差等级及其含义

代 号	含 义	示 例
/P0	公差等级符合规定的普通级,在代号中省略不表示	7210
/P6	公差等级符合规定的 6 级	7210/P6
/P6X	公差等级符合规定的 6X 级	30203/P6X
/P5	公差等级符合规定的 5 级	7210/P5
/P4	公差等级符合规定的 4 级	7210/P4
/P2	公差等级符合规定的 2 级	7210/P2

代号举例:

71908/P5——7 表示轴承类型为角接触球轴承;19 为尺寸系列代号,其中 1 为宽度系列代号,9 为直径系列代号;08 为内径代号,$d=40mm$;P5 表示公差等级为 5 级。

32315/P6X——3 表示轴承类型为圆锥滚子轴承;23 为尺寸系列代号,其中 2 为宽度系列代号,3 为直径系列代号;15 为内径代号,$d=75mm$;P6X 表示公差等级为 6X 级。

6204——6 表示轴承类型为深沟球轴承;(0) 2 为尺寸系列代号,其中宽度系列代号为 0 (省略),2 为直径系列代号;04 为内径代号,$d=20mm$;公差等级为 0 级 (公差等级代号为 P0 省略)。

11.2.3 滚动轴承的选择计算

1. 滚动轴承类型的选择

滚动轴承是一种高度标准化的部件,它的选择是建立在了解各类轴承特点的基础上;结合轴承的具体工作条件和使用要求,确定滚动轴承的类型,选择轴承的尺寸。

(1) 轴承类型的选择 选择轴承类型时,必须考虑五个原则,即载荷条件、转速条件、装调性能、调心性能和经济性。应先选取几个轴承类型方案,然后进行全面的分析比较,最后确定究竟选用哪一类轴承最为合适。

1) 载荷条件。轴承所受载荷的大小、方向和性质是选择轴承类型的主要依据。受重载或冲击载荷时,应采用滚子轴承;受轻载或者中载时应选用球轴承;受纯轴向载荷时通常选用推力轴承;主要承受径向载荷时应选用深沟球轴承;同时承受径向载荷和轴向载荷时应选用角接触球轴承;当轴向载荷比径向载荷大很多时,常用推力轴承和深沟球轴承的组合结构。应注意推力轴承不能承受径向载荷,圆柱滚子轴承不能承受轴向载荷。

2) 转速条件。选择轴承类型时应注意其允许的极限转速。当转速较高且旋转精度要求较高时,应选用球轴承。内径相同时,外径越小,离心力也越小,所以在高速时宜选用超轻、特轻系列轴承。推力轴承的极限转速很低,高速运转时摩擦发热严重。当工作转速较高,而轴向载荷不大时,可采用角接触球轴承或深沟球轴承。对于高速回转的轴承,为减少滚动体施加予外圈滚道的离心力,宜选用外径和滚动体直径较小的轴承。若工作转速超过轴承的极限转速,可通过提高轴承的公差等级、适当加大其径向游隙等措施来满足要求。

3) 装调性能。圆锥滚子轴承和圆柱滚子轴承的内外圈可分离,便于装拆。在长轴上为方便装拆和紧固,可选用带内锥孔和紧定套的轴承。

4) 调心性能。当制造和安装等因素使轴的中心线与轴承中心线不重合,轴受力弯曲造成轴承内外圈轴线发生偏斜时，宜采用调心轴承或调心滚子轴承。轴承内外圈轴线间的角偏差应控制在极限值之内，否则会因增加轴承的附加载荷而降低其寿命。

5）经济性。在满足使用要求的情况下，优先选择价格低廉的轴承。一般球轴承的价格低于滚子轴承。轴承的精度越高，价格就越高。在同精度的轴承中，深沟球轴承价格最低。同型号不同公差等级轴承的价格比为：P0：P6：P5：P4≈1：1.5：1.8：6。选用高精度轴承时，应进行性能价格比的分析。

（2）公差等级的选择　对于同型号的轴承，其精度越高，价格也越高，因此一般机械传动中宜选用普通级（P0）精度的轴承。

（3）轴承尺寸的选择　在选定轴承类型后，根据基本额定动载荷 C，查有关的轴承手册确定轴承的尺寸。

2. 滚动轴承的受载情况分析

滚动轴承工作中，在通过轴心线的轴向载荷（中心轴向载荷）F_a 作用下，可认为各滚动体平均分担载荷，即各滚动体受力相等。轴承在纯径向载荷 F_r 作用下，各滚动体承受载荷的大小是不同的。由于各元件的弹性变形，轴承上半圈的滚动体将不受力，下半圈各滚动体由于各接触点上的弹性变形量不同而承受不同的载荷，处于 F_r 作用线最下位置的滚动体承载最大。对于内外圈相对转动的滚动轴承，滚动体的位置是不断变化的，因此，每个滚动体所承受的径向载荷也就是变载荷，如图11-18所示。

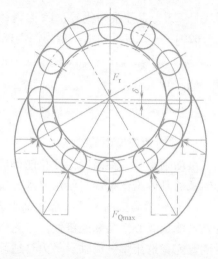

图11-18　滚动轴承内部径向载荷的分布

3. 滚动轴承的失效形式和计算准则

（1）失效形式　滚动轴承的失效形式主要有三种：疲劳点蚀、塑性变形和磨损。

1）疲劳点蚀。滚动体和内外圈滚道在脉动循环的接触应力作用下，当应力值或循环次数超过一定数值时，会发生表面接触疲劳点蚀，这是滚动轴承的主要失效形式。点蚀使轴承在运转中产生振动和噪声，回转精度降低且工作温度升高，使轴承丧失正常的工作能力。为防止点蚀，需要进行疲劳寿命计算。

2）塑性变形。在静载荷或冲击载荷作用下，滚动体和内外圈滚道可能产生塑性变形，出现凹坑，由此导致摩擦增大，运动精度降低，使轴承产生剧烈的振动和噪声，不能正常工作。为防止塑性变形，需对轴承进行静强度计算。

3）磨损。轴承在多尘或密封不可靠、润滑不良条件下工作时，滚动体或内外圈滚道易发生磨粒磨损。轴承在高速重载运转时还会产生胶合失效，当轴承过热时会产生滚动体回火。为防止和减轻磨损，应限制轴承的工作转速，采取良好的润滑和密封措施。

此外由于轴承配合、安装、拆卸及使用维护不当等非正常原因，会造成轴承元件发生破裂，应在使用和装拆轴承时充分注意这一点。

（2）计算准则。在选择滚动轴承类型后要确定其型号和尺寸，为此需要针对轴承的主要失效形式进行计算。其计算准则如下。

1）对于一般转速（$10\text{r/min} < n < n_{\text{lim}}$）的轴承，如果轴承的制造、保管、安装及使用等条件均良好时，轴承的主要失效形式是疲劳点蚀，因此应以疲劳强度计算为依据进行轴承的寿命计算。

2）对于高速轴承，除疲劳点蚀外，其工作表面的过热导致胶合也是重要的失效形式，因此除需进行寿命计算外，还应校验其极限转速。

3）对于低速（$n < 1\text{r/min}$）、重载或大冲击条件下工作的轴承，可近似地认为轴承各元件是在静应力作用下工作的，其失效形式为塑性变形，因此应进行以不发生塑性变形为准则的静强度计算。

4. 基本额定寿命和基本额定动载荷

在一般条件下工作的轴承，只要轴承类型选择合适，能正确安装与维护，那么最终绝大多数轴承是因为疲劳点蚀而报废的。因此，滚动轴承的型号选择主要取决于疲劳强度。

轴承中任一元件首次出现疲劳点蚀前轴承所经历的总转数，或轴承在恒定转速下总的工作小时数称为轴承的寿命。在同一条件下运转的一组近似于相同的轴承，能达到或超过某一规定寿命的百分率称为轴承寿命的可靠度。一批同型号的轴承，即使在同样的工作条件下运转，但因制造精度、材料均质程度等因素的影响，各轴承的寿命也不尽相同。

基本额定寿命是指一批同型号的轴承在相同条件下运转时，90%的轴承未发生疲劳点蚀前运转的总转数，或在恒定转速下运转的总工作小时数，分别用 L_{10} 和 $L_{10\text{h}}$ 表示。

按基本额定寿命的计算选用轴承时，可能有10%以内的轴承提前失效，即可能有90%以上的轴承超过预期的寿命。对单个轴承而言，能达到或超过此预期寿命的可靠度为90%。

轴承抵抗点蚀破坏的承载能力可由额定动载荷表征。基本额定寿命为 10^6r，即 $L_{10} = 1$（单位为 10^6 转）时能承受的最大载荷称为额定动载荷，用符号 F_{C} 表示。

（1）滚动轴承的寿命计算　滚动轴承的基本额定动载荷 F_{C} 是在特定试验条件下得出的。就受载条件来说，向心轴承是承受纯径向载荷，推力轴承是承受纯轴向载荷。而在实际工作中，作用在轴承上的实际载荷往往既有径向载荷也有轴向载荷，与试验条件不一样，必须将实际载荷折算成与上述条件相同的载荷。在此载荷作用下，轴承的寿命与实际载荷作用下的寿命相同，这种折算后的载荷是假定的载荷，称为当量动载荷，用 F_{P} 表示。计算式为

$$F_{\text{P}} = K_{\text{P}}(XF_{\text{r}} + YF_{\text{a}}) \tag{11-1}$$

式中，K_{P} 为载荷系数，是考虑机器振动、冲击等对轴承寿命影响的系数，见表 11-10；F_{r} 为轴承所承受的径向载荷，单位为 N；F_{a} 为轴承所承受的轴向载荷，单位为 N；X、Y 分别为径向载荷系数和轴向载荷系数，见表 11-11。

表 11-10　载荷系数 K_{P}

载荷性质	K_{P}	应用举例
无冲击或轻微冲击	1.0~1.2	电动机、汽轮机、通风机、水泵等
中等冲击或中等惯性力	1.2~1.8	动力机械、起重机、造纸机、冶金机械、选矿机、水力机械、卷扬机、木材加工机、机床等
强大冲击	1.8~3.0	破碎机、轧钢机、石油钻机、振动筛等

表 11-11 （单列）向心球轴承的径向载荷系数 X、轴向载荷系数 Y

轴承类型		e	$F_a/F_r > e$		$F_a/F_r \leqslant e$	
			X	Y	X	Y
径向接触球轴承		0.19		2.30		
		0.22		1.99		
		0.26		1.71		
		0.28		1.55		
		0.30	0.56	1.45	1	0
		0.34		1.31		
		0.38		1.15		
		0.42		1.04		
		0.44		1.00		
角接触球轴承	70000C ($\alpha = 15°$)	0.38		1.47		
		0.40		1.40		
		0.43		1.30		
		0.46		1.23		
		0.47	0.44	1.19	1	0
		0.50		1.12		
		0.55		1.02		
		0.56		1.00		
		0.56		1.00		
	70000AC ($\alpha = 25°$)	0.68	0.41	0.87	1	0
	70000B ($\alpha = 40°$)	1.14	0.35	0.57	1	0
调心球轴承		$1.5\tan\alpha$	0.4	$0.4\cot\alpha$	1	0

注：F_C 为径向额定静载荷，可以查相关技术手册获得。e 为轴向载荷影响系数，用以判断轴向载荷 F_a 对当量动载荷 F_P 影响的程度。

轴承的载荷 F_P 与寿命 L_{10} 的关系可以用疲劳曲线表示，如图 11-19 所示为试验得出的载荷 F_P 与寿命 L_{10} 的关系曲线，也称为轴承的疲劳曲线。

该曲线可用方程表示，即

$$F_P^\varepsilon L_{10} = 常数$$

其表达式为

$$L_{10} = \left(\frac{F_C}{F_P}\right)^\varepsilon 10^6 \qquad (11\text{-}2)$$

式中，F_P 为当量动载荷，单位为 N；L_{10} 为滚动轴承的基本额定寿命，单位为 10^6 r；ε 为轴承寿命系数，对于球轴承，$\varepsilon = 3$，对于滚子轴承，$\varepsilon = 10/3$。

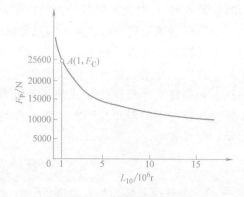

图 11-19 轴承的疲劳曲线

在实际应用中，习惯用表示小时数 L_{10h} 描述轴承的寿命。若轴承的转速为 n，$L_{10} = 60nL_{10h}$，则有

$$L_{10h} = \frac{10^6}{60n}\left(\frac{f_t F_C}{F_P}\right)^\varepsilon \qquad (11\text{-}3)$$

式中，f_t 为温度系数，见表 11-12。

当工作温度高于 120℃ 时，轴承材料的硬度下降，导致轴承的基本额定动载荷 F_C 下降。

表 11-12　温度系数 f_t

轴承工作温度/℃	100	125	150	175	200	225	250	300
温度系数/f_t	1	0.95	0.90	0.85	0.80	0.75	0.70	0.60

如果已知轴承的当量动载荷 F_P、转速 n 和机器所要求的轴承预期寿命 L'_h，则可计算出轴承应具有的基本额定动载荷 F_C' 值，从而可以根据 F_C' 值选用合适的轴承，即

$$F_C' = \frac{F_P}{f_t} \sqrt[\varepsilon]{\frac{60nL'_h}{10^6}} \tag{11-4}$$

在选择轴承型号时，应满足 $F_C \geqslant F_C'$。轴承预期寿命的推荐值 L'_h 见表 11-13。

表 11-13　滚动轴承预期寿命推荐值

机器种类		预期寿命/h
不常使用的仪器和设备		500
航空发动机		500~2000
间断使用的机器	中断使用不致引起严重后果的手动机械、农业机械等	4000~8000
	中断使用会引起严重后果,如升降机、运输机、起重机等	8000~12000
每天工作 8h 的机器	利用率不高的齿轮传动、电动机等	12000~20000
	利用率较高的通信设备、机床等	20000~30000
连续工作 24h 的机器	一般可靠性的空气压缩机、电动机、水泵等	50000~60000
	高可靠性的电站设备、给排水装置等	>100000

　　例　已知一个齿轮轴的转速 $n = 2800$r/min，轴承上的径向载荷 $F_r = 5000$N，轴向载荷 $F_a = 2600$N，工作平稳无冲击。轴颈直径 $d = 65$mm，要求轴承寿命 $L_h = 5000$h。试选择轴承型号。

　　解　由于轴承所受载荷 $F_r > F_a$，因此初定轴承类型为深沟球轴承，再用试算法确定轴承型号。试选深沟球轴承，型号为 6413。由轴承参数表查得 $F_C = 118000$N，$F_{C0r} = 78500$N。

　　1）$F_a/F_{C0r} = 2600/78500 = 0.033$，查表 11-11 用插值法算得

$$e = 0.22 + \frac{0.26 - 0.22}{0.056 - 0.028} \times (0.033 - 0.028) = 0.23$$

　　2）$F_a/F_r = 2600/5000 = 0.52 > e$

　　3）查表 11-11 得：$X = 0.56$，Y 落在 $1.99 \sim 1.71$ 之间，用插值法算得 $Y = 1.94$

　　4）查表 11-10 得：$K_P = 1.0$

　　5）当量动载荷 $F_P = K_P(XF_r + YF_a) = 1.0 \times (0.56 \times 5000 + 1.94 \times 2600)$N = 7844N

　　6）计算额定动载荷，由式（11-4）得

$$F_C' = F_P \sqrt[3]{\frac{L_h n}{16667}} = 7844 \times \sqrt[3]{\frac{5000 \times 2800}{16667}}\text{N} = 74011\text{N}$$

6413 轴承的 $F_C = 118000$N 大于计算所需的 $F_C' = 74011$N，故所选轴承合格。

　　（2）角接触球轴承和圆锥滚子轴承轴向载荷 F_a 的计算　角接触球轴承和圆锥滚子轴承

受径向载荷 F_r 作用时，由于结构的特点，将在轴承内产生一个内部轴向力 F_s，方向由轴承外圈的宽边指向窄边，如图 11-20 所示，其大小可按表 11-14 中所列公式计算。为保证正常工作，角接触球轴承一般应成对使用。图 11-21 所示为两种安装方式，图 11-21a 所示为两外圈窄边相对，称正安装，可使两个支反力作用点靠近，缩短轴的跨距；图 11-21b 所示为窄边相背，称反安装，使轴的跨距加长。

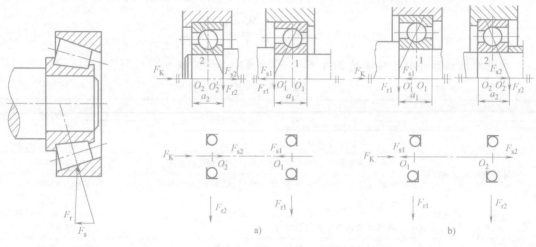

图 11-20　轴向力　　　　　　　图 11-21　角接触球轴承安装方式

在计算角接触球轴承的轴向载荷时，要根据所有作用在轴上的轴向外载荷 F_K 和内部轴向力 F_s 之间的平衡关系，按下述两种情况（见图 11-21a）分析计算两个轴承的轴向载荷 F_{a1} 和 F_{a2}。

表 11-14　角接触球轴承和圆锥滚子轴承的内部轴向力 F_s

名称	角接触球轴承			圆锥滚子轴承
型号	70000C	70000AC	70000B	30000
F_s	$0.4F_r$	$0.68F_r$	$1.14F_r$	$F_r/(2Y)$

1）若 $F_{s2}+F_K>F_{s1}$，则轴有向右移动的趋势，由于在结构上右端轴承的外圈受轴承端盖的轴向约束，故使右端轴承被"压紧"，而左端被"放松"，右轴承的外圈上必有平衡力 F'_{s1}。列出平衡方程为

$$F_{s2}+F_K=F_{s1}+F'_{s1} \tag{11-5}$$

故

$$F'_{s1}=(F_{s2}+F_K)-F_{s1} \tag{11-6}$$

由此得出两个轴承上的轴向载荷分别为

$$F_{a1}=F_{s1}+F'_{s1}=F_{s2}+F_K \tag{11-7}$$

$$F_{a2}=F_{s2} \tag{11-8}$$

2）若 $F_{s2}+F_K<F_{s1}$，则轴有向左移动的趋势，左端轴承被"压紧"，其外圈上必有平衡力 F'_{s2}，而右端被"放松"，列出平衡方程为

$$F_{s2}+F'_{s2}+F_K=F_{s1} \tag{11-9}$$

即

$$F'_{s2} = F_{s1} - F_{s2} - F_K \tag{11-10}$$

由此得出两个轴承上的轴向载荷分别为

$$F_{a1} = F_{s1} \tag{11-11}$$

$$F_{a2} = F_{s2} + F'_{s2} = F_{s1} - F_K \tag{11-12}$$

根据上述分析结果，可将角接触球轴承轴向载荷的计算方法归纳如下：

1）根据轴承上全部轴向外力及内部轴向力的合力方向，判明哪端轴承被"压紧"，哪端轴承被"放松"。

2）"放松"端轴承的轴向载荷，等于它本身的内部轴向力；"压紧"端轴承的轴向载荷，等于除其本身内部轴向力以外的其他所有轴向力的代数和。

11.2.4　滚动轴承的组合设计

为保证滚动轴承与轴上零件的正常工作，除了要合理选择轴承的类型和尺寸外，还必须解决轴承组合的结构问题，即轴承的轴向位置固定、轴承与其他零件的配合、轴承的调整与拆装、润滑等问题。

1. 轴承的轴向固定

为防止轴承在轴向载荷作用下相对于轴或座孔产生轴向位移，轴承的内圈与轴、轴承的外圈与座孔必须进行轴向固定。

（1）内圈固定　轴承内圈的一端常用轴肩固定，另一端根据轴向载荷的大小则可采用轴用弹性挡圈（见图11-22a），轴端挡圈（见图11-22b），圆螺母和止动垫圈（见图11-22c），开口圆锥紧定套、止动垫圈和圆螺母（见图11-22d）等定位形式。为保证定位可靠，轴肩圆角半径必须小于轴承的圆角直径。

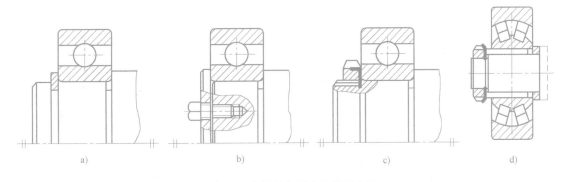

图 11-22　内圈轴向固定的常用方法

a）轴用弹性挡圈　b）轴端挡圈　c）圆螺母和止动垫圈　d）开口圆锥紧定套、止动垫圈和圆螺母

（2）外圈固定　外圈则采用座孔端面、孔用弹性挡圈、压板、端盖等形式固定。外圈在机座孔中轴向位置的固定常采用机座孔的台肩、轴承端盖（见图11-23a）、孔用弹性挡圈（见图11-23b）、轴承外圈止动槽与孔用弹性挡圈配合（见图11-23c）、螺纹环（见图11-23d）、套杯肩环等结构。

轴向固定可以是单向固定，也可以是双向固定。

2. 轴承组的轴向固定

为保证滚动轴承轴系能正常传递轴向力且不发生窜动，在轴上零件定位固定的基础上，

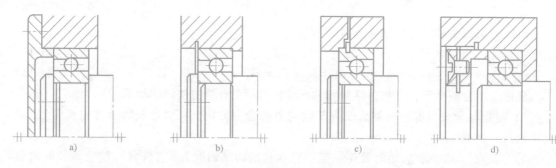

图 11-23 外圈轴向固定方法

a）轴承端盖 b）孔用弹性挡圈 c）轴承外圈止动槽与孔用弹性挡圈配合 d）螺纹环

并考虑轴在工作中受热伸长时其伸长量能够得到补偿等因素，必须科学地设计轴系支点的轴向固定结构。典型的结构形式有以下三类：

（1）两端固定式 图 11-24a 所示为全固式支承结构，轴上的两个轴承各限制轴的一个方向的移动，两个轴承合起来就限制了轴的双向移动。这种支承结构简单，适用于工作温度变化不大的短轴。轴的受热伸长量可由轴承本身的游隙来补偿，如图 11-24a 左半部分所示。或者在轴承盖与轴承外圈端面间留有补偿间隙 $c = 0.2 \sim 0.4\text{mm}$，用调整垫片调整，如图 11-24a 右半部分所示。对角接触球轴承和圆锥滚子轴承，也可以通过调整螺钉调节轴承外圈来调节，如图 11-24b 所示。

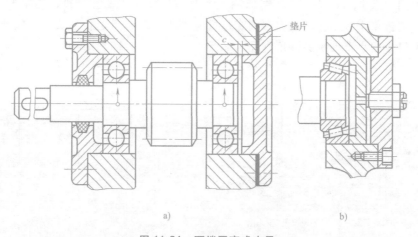

图 11-24 两端固定式支承

a）利用游隙补偿、垫片调整 b）利用调整螺钉调节

（2）一端固定、另一端游动式 当轴较长或工作温度较高时，轴的热膨胀量较大，宜采用一端轴承双向固定、另一端轴承轴向游动的支点结构（见图 11-25a）。固定支点处轴承内外圈均双向固定，承受双向轴向力，游动支点处轴承内圈双向固定，外圈与轴承座孔间采用过渡配合，保证轴伸缩时能自由游动。用圆柱滚子轴承作为游动支点时（见图 11-25b），轴承外圈要与轴承座孔双向固定，靠滚子与套圈间的游动来保证轴的自由伸缩。

（3）两端游动式 要求能左右双向游动的轴，可采用两端游动的轴系结构。图 11-26 所示的人字齿轮传动机构中，小齿轮轴两端的支承均可沿轴向移动，即为两端游动，而大齿轮

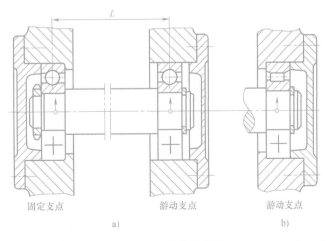

固定支点　　　　　游动支点　　　　　游动支点

a)　　　　　　　　　　　　　　　　b)

图 11-25　固游式支承

轴的支承结构采用了两端固定结构。由于人字齿轮的加工误差使得轴转动时产生左右窜动，而小齿轮轴采用两端游动的支承结构，为了自动补偿轮齿两侧螺旋角的误差，使轮齿受力均匀，采用允许轴系左右少量轴向游动的结构，故两端都选用圆柱滚子轴承。与其相啮合的低速齿轮轴系则必须两端固定，以便两轴都得到轴向定位。若小齿轮轴的轴向位置固定，将会发生干涉，甚至卡死现象。

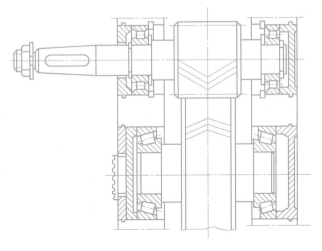

图 11-26　两端游动式支承

3. 轴承组合的调整

（1）轴承间隙的调整　采用两端固定支承的轴承部件，为补偿轴在工作时的受热伸长量，在装配时应留有相应的轴向间隙。为使轴正常工作，通常采用以下调整措施来保证滚动轴承应有的轴向间隙：

1）靠增减轴承端盖与轴承座端面间垫片的厚度进行调节，如图 11-27 所示。

2）利用端盖上的调整螺钉控制轴承盖的位置来实现调整，调整后拧紧防松螺母，如图 11-28 所示，可调压盖适用于各种不同的端盖形式。

3）在端盖与轴承间设置不同厚度的调整环来进行调整，如图 11 29 所示，这种调整方式适用于嵌入式端盖。

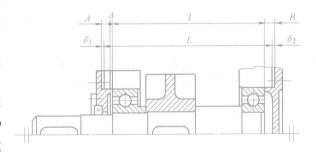

图 11-27　用垫片调整轴承间隙

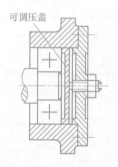

图 11-28　用可调压盖
调整轴承间隙

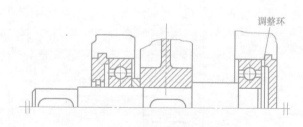

图 11-29　用调整环调整轴承间隙

（2）轴系位置的调整　某些机器部件中，要求轴上安装的零件必须有准确的轴向位置，如锥齿轮传动要求两个锥齿轮的节锥顶点相重合，蜗杆传动要求蜗轮的中间平面应通过蜗杆的轴线等。这种情况下需要有轴向位置调整的措施。

图 11-30 所示为锥齿轮轴承组合位置的调整方式，通过增减套杯与箱体间垫片 1 的厚度的方法，使套杯进行轴向移动，以调整锥齿轮的轴向位置。垫片 2 则用来调整轴承的轴向游隙。

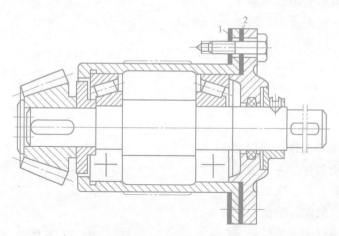

图 11-30　调整轴上传动件的位置

4. 轴承的预紧

轴承的预紧就是在安装轴承时使其受到一定的轴向力，以消除轴向游隙并使滚动体和内外圈接触处产生弹性预变形。预紧的目的在于提高轴承的刚度和旋转精度，减小振动和噪声。成对并列使用的圆锥滚子轴承、角接触球轴承、对旋转精度和刚度有较高要求的轴系通常都采用预紧方法。常用的预紧方法有在内圈间加垫片并加预紧力（见图 11-31a）、磨窄内圈并加预紧力（见图 11-31b）、用弹簧压紧（见图 11-31c）以及在两个轴承间加入不等厚的套筒控制预紧力等。

5. 滚动轴承的配合和装拆

合理选择滚动轴承的配合与装拆方法对轴组件的运转精度、轴承寿命以及轴承维护难易具有重要的影响。

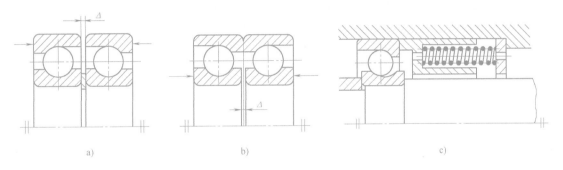

图 11-31 滚动轴承的预紧

a）内圈间加垫片并加预紧力　b）磨窄内圈并加预紧力　c）弹簧压紧

（1）滚动轴承的配合　滚动轴承是标准件，因此轴承内圈与轴的配合采用基孔制，轴承外圈与轴承座孔的配合采用基轴制。但滚动轴承公差带与一般圆柱面配合的公差带不同，轴承内孔和外径的上极限偏差为 0，下极限偏差为负，所以内圈与轴配合较紧，而外圈与座孔的配合较松。

在设计时，应根据机器的工作条件、载荷的大小及性质、转速的高低、工作温度及内外圈中哪一个套圈转动等因素选择轴承的配合。滚动轴承的配合可参考以下几个原则进行选择。

1）当外载荷方向不变时，转动套圈应比固定套圈的配合紧些。一般内圈随轴转动，外圈固定不转，故内圈常取具有过盈的过渡配合，如 r6、n6、m6、k6、j6；外圈常取较松的配合，如 G7、H7、J7、K7、M7 等。

2）高速、重载情况下应采用较紧配合。

3）做游动支承的轴承外圈与座孔间应采用间隙配合，但又不能过松以致发生相对转动。

4）轴承与空心轴的配合应选用较紧配合，剖分式轴承座孔与轴承外圈的配合应较松。

5）充分考虑温升对配合的影响。

（2）滚动轴承的装拆　滚动轴承是精密组件，因而装拆方法必须规范，否则会使轴承精度降低，损坏轴承和其他零部件。滚动轴承的组合结构应该有利于轴承的装拆。装拆时，要求滚动体不受力，力要对称或均匀地作用在座圈端面上。

轴承的安装有冷压法和热套法两种。冷压法常用专用压套压装轴承的内外圈，如图 11-32 所示。热套法是将轴承放入油池中加热到 80～100℃，然后快速套装到轴上。

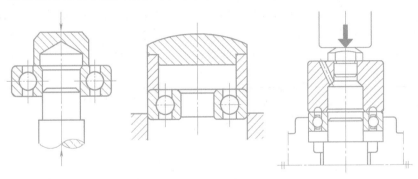

图 11-32　冷压法装轴承

轴承的拆卸应采用专用拆卸工具或压力机，如图11-33所示。

为了便于拆卸，轴上定位轴肩的高度应小于轴承内圈的高度。同理，轴承外圈在套筒内应留出足够的高度和必要的拆卸空间，或在壳体上制出能放置拆卸螺钉的螺孔，如图11-34所示。

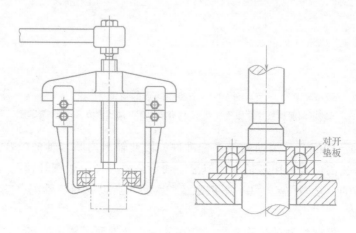

图 11-33　轴承的拆卸

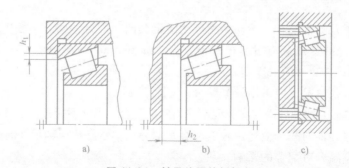

图 11-34　轴承外圈的拆卸

a）足够的高度　b）必要的拆卸空间　c）壳体上制出螺纹孔

6. 滚动轴承的润滑

滚动轴承的润滑主要是为了降低摩擦阻力和减轻磨损，同时也有吸振、冷却、防锈和密封等作用。合理的润滑对提高轴承性能、延长轴承寿命有重要意义。

滚动轴承常用的润滑材料有润滑油、润滑脂及固体润滑剂，具体润滑方式及润滑剂的选择根据轴承的速度因数 dn 值来确定，参考表11-15选择。其中 d 为轴承的内径，单位为 mm；n 为轴承转速，单位为 r/min。dn 值间接反映了轴颈的线速度。

表 11-15　各种润滑方式下轴承的允许 dn 值　　　（单位：mm·r/min）

轴承类型	脂润滑	油　润　滑			
		油浴润滑	滴油润滑	循环油润滑	喷雾润滑
深沟球轴承	160000	250000	400000	600000	>600000
调心球轴承	160000	250000	400000		
角接触球轴承	160000	250000	400000	600000	>600000

（续）

轴承类型	脂润滑	油 润 滑			
		油浴润滑	滴油润滑	循环油润滑	喷雾润滑
圆柱滚子轴承	120000	250000	400000	600000	
圆锥滚子轴承	100000	160000	230000	300000	
调心滚子轴承	80000	120000		250000	
推力球轴承	40000	60000	120000	150000	

最常用的滚动轴承润滑剂为润滑脂。脂润滑适用于 dn 值较小 $[dn < (1.5 \sim 2) \times 10^5 \, mm \cdot r/min]$ 的场合，其特点是润滑脂不易流失、易于密封和维护、承载能力强，填充一次后可工作较长的时间。装填时润滑脂的量一般不超过轴承内空隙的 $1/3 \sim 1/2$，以免因润滑脂过多溢出而引起轴承发热，影响轴承的正常工作。

油润滑适用于高速、高温条件下工作的轴承。油的黏度可以根据轴承的速度因数 dn 和工作温度 t 来选择（见图 11-35），然后根据黏度值从润滑油产品目录中选出相应的润滑油牌号。油润滑的优点是摩擦因数小、润滑可靠，且有冷却、散热和清洗的作用。缺点是对密封和供油的要求较高。

常用的滚动轴承油润滑方法有：

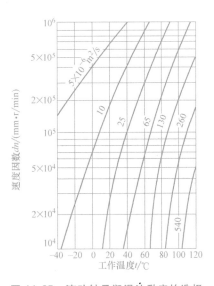

图 11-35 滚动轴承润滑油黏度的选择

（1）油浴润滑 如图 11-36 所示，轴承浸入润滑油中，油面高度不得超过最低滚动体的中心，以免搅油剧烈造成能量损失而使轴承和油液过热。该方法简单易行，适用于中、低速轴承的润滑。

（2）飞溅润滑 这是一般闭式齿轮传动装置中轴承常用的方法。利用齿轮的转动把润滑油甩到箱体四周内壁上，然后通过油槽把油引到轴承中。

（3）喷油润滑 利用油泵将润滑油增压，通过油管或油孔，经喷嘴将润滑油对准轴承内圈与转动体间的位置喷射，从而润滑轴承。润滑油的喷射速度应该不低于 15m/s，且油直接注入轴承中。这种方法适用于转速高、载荷大、要求润滑可靠的轴承。

（4）油雾润滑 油的雾化需要采用专门的油雾发生器，如图 11-37 所示。油雾润滑中高压气流既可以用来冷却轴承，还可以有效地防止杂质侵入，供油量可以精确调节。该方法与其他润滑方式相比，运行稳定，适用于高速、高温和重载轴承部件的润滑。使用时，应避免油雾外逸而污染环境。

7. 滚动轴承的密封

为了充分发挥轴承的性能，不仅要防止润滑剂中脂或油的泄漏，还要防止灰尘、水、酸气和其他杂物从外部侵入轴承内，因而有必要尽可能地采用完全密封。密封装置是轴承系统的重要设计环节之一。设计要求应能达到长期密封和防尘作用，摩擦和安装误差都要小，拆卸、装配方便且保养简单。

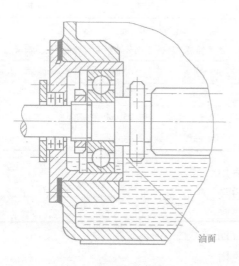

图 11-36　油浴润滑

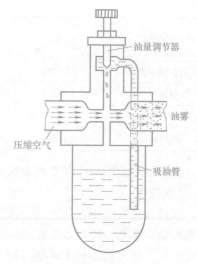

油量调节器

油雾

压缩空气

吸油管

图 11-37　油雾发生器

　　密封按照其原理不同分为接触式密封和非接触式密封两大类。密封的主要类型和应用范围见表 11-16。非接触式密封不受速度限制，接触式密封只能用在线速度较低的场合。为保证密封的寿命及减少轴的磨损，轴接触部分的硬度应在 40HRC 以上，表面粗糙度值宜小于 $Ra0.8\mu m$。

表 11-16　密封的主要类型和应用范围

密封形式		简　图	特　点	应用范围
间隙式	缝隙式		一般间隙为 0.1～0.3mm。间隙越小，间歇宽度越长，密封效果越好	适用于环境比较干净的脂润滑
	油沟式		在端盖配合面上开三个以上宽 3～4mm、深 4～5mm 的沟槽，其中填满润滑脂	适用于脂润滑
非接触式	迷宫式	轴向迷宫		轴向迷宫曲路由轴套和轴盖的轴向间隙组成。轴盖部分曲路沿同向展开，径向尺寸紧凑	适用于比较脏的工作环境，如金属切削机床的工作端。可用于润滑油密封或润滑脂密封
		径向迷宫	径向迷宫由轴套和端盖的径向间隙组成，拆装方便	
		组合迷宫	组合迷宫曲路由两组"T"形垫圈组成，占用空间小，成本低；组数越多，密封效果越好	

194

（续）

密封形式			简　图	特　点	应用范围
接触式	毛毡密封	毡圈	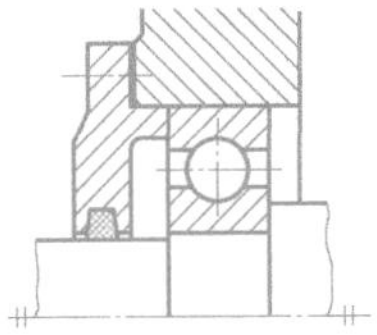	用羊毛毡填充槽中,使毡圈与轴表面经常摩擦以实现密封	适用于干净、干燥环境的脂密封,一般接触处的圆周速度不大于4m/s;抛光轴的圆周速度达 7 ~ 8m/s
	皮碗密封	密封唇向里	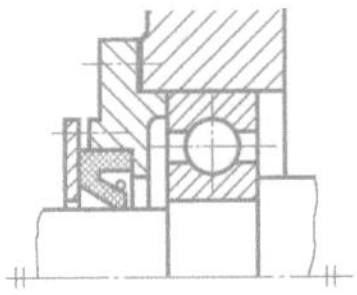	皮碗用弹簧圈把唇紧箍在轴上,密封唇朝向轴承,防止油泄漏	适用于油润滑密封,一般滑动速度不大于7m/s,工作温度不大于100℃
		密封唇向外	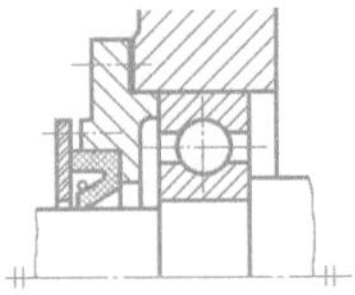	密封唇背向轴承,防止外界灰尘、杂物侵入	
组合式	迷宫毛毡组合		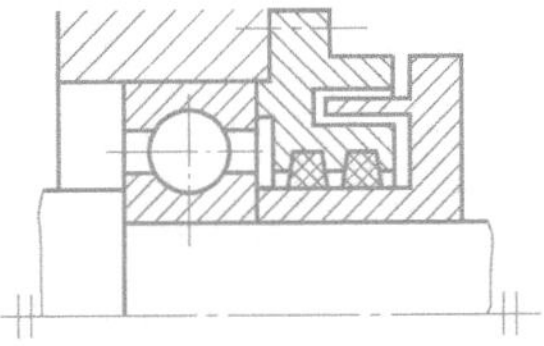	迷宫与毛毡圈密封组合,密封效果好	适用于油润滑和脂润滑密封,接触处圆周速度不大于7m/s
	甩油环、间歇密封组合		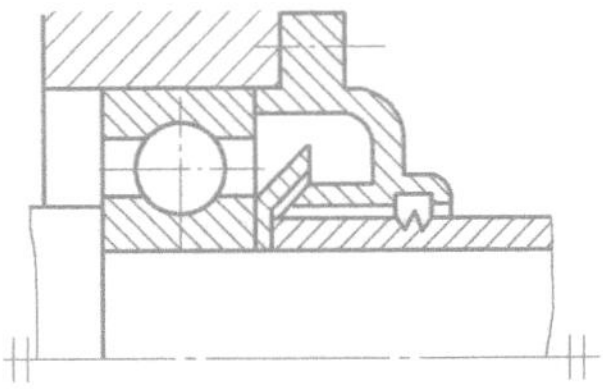	甩油环与"W"形间歇密封组合,无摩擦阻力损失,密封效果可靠	适用于油润滑和脂润滑密封,不受速度限制,圆周速度越大,密封效果越好

习　题

11-1　轴承分为几类? 各有什么优缺点?

11-2　滚动轴承的失效形式有哪些?

11-3　试说明下列轴承的含义: N208、30208/P6x、51205、6207/P2、7210AC。

11-4 轴承的密封装置有哪些?

11-5 选择轴承时应考虑哪些因素?

11-6 何谓滚动轴承的基本额定寿命? 何谓基本额定动载荷 F_C?

11-7 已知一齿轮轴的转速 $n = 1800 \text{r/min}$,轴承上的径向载荷 $F_r = 4500\text{N}$,轴向载荷 $F_a = 2000\text{N}$,工作平稳无冲击。轴颈直径 $d = 60\text{mm}$,要求轴承寿命 $L_h = 8000\text{h}$。试选择轴承型号。

11-8 一机械传动装置的两支承端采用相同的深沟球轴承,已知轴径均为 40mm,转速为 $n = 1700 \text{r/min}$,各轴承所受到的径向载荷分别为 $F_{r1} = 2000\text{N}$、$F_{r2} = 1500\text{N}$,载荷平稳,在常温下工作,要求使用寿命 $L_h \geq 8000\text{h}$,试选择轴承型号。

第12章

联　接

机械中广泛使用各种联接，使零件能够组成各类机器与机构，以满足人们制造、装配、使用、维护和运输等各方面的需要。所谓联接是指被联接件与联接件的组合。起联接作用的零件称为联接件，如键、销、螺栓、螺母及铆钉等。需要联接起来的零件，如齿轮与轴、箱盖与箱座等，称为被联接件。有些联接中没有联接件，如过盈配合、成形联接等。

1. 按照联接的相对位置分类

联接可分为静联接和动联接。相对位置不发生变动的联接，称为静联接，如减速器中箱体和箱盖的联接；相对位置发生变动的联接，称为动联接，如各种运动副、变速器中滑移齿轮与轴的联接等。

2. 按照联接拆分有无损伤分类

联接还可以分为可拆卸联接和不可拆卸联接。可拆卸联接指不需要破坏联接中的零件就可以拆开的联接。这种联接可以多次拆卸而不影响使用性能，如螺纹联接、键联接、花键联接、成形联接和销联接等。不可拆卸联接是至少要毁坏联接中的某一个部分才能拆开的联接，如铆接、焊接和粘接等。过盈配合介于可拆卸联接与不可拆卸联接之间，过盈量稍大时，拆卸后配合面受损，虽还能使用，但承载能力大大下降；过盈量小时，联接可多次使用，如滚动轴承内圈与轴的配合。

由于单个零件结构的限制，机械中不可避免地大量使用联接，以组成构件或传递运动和转矩，故联接的选择和设计非常重要。

12.1　键联接

12.1.1　键联接的类型和功用

键联接主要用于轴与轴上零件（如齿轮、带轮）之间的周向固定，用以传递转矩，其中有的键联接也兼有轴向固定或轴向导向的作用。键是标准件，它可以分为平键、半圆键、楔键和切向键等几类。

（1）平键联接　平键联接依靠两侧面传递转矩。键的上表面与轮毂键槽底面有间隙，如图12-1所示。平键联接对中性好、结构简单、装拆方便。轴和轮毂沿轴线方向可以固定或移动，应用广泛。按照结构和联接的相对位置是否变动，平键联接可以分为普通平键联接、导向平键联接和滑键联接三类。

1）普通平键联接。普通平键应用最为广泛，按键的形状可分为圆头（A型）、方头（B型）和单圆头（C型）三类，如图12-2所示。与普通平键联接的轴上的键槽可以用铣刀铣出。采用A型平键时，轴上键槽用面铣刀在立式铣床上加工。采用B型平键时，用盘铣刀加工。C型平键一般用于轴面，轴上键槽由面铣刀铣出。

2）导向平键联接。导向平键主要用于轴与轮毂沿轴向相对移动的动联接。由于键的长度尺寸较大，一般将键用螺钉固定在轴上，键与毂槽为间隙配合，轮毂沿键滑动。为了拆卸方便，键上制有起键螺钉，如图12-3所示。

3）滑键联接。当键沿轴滑移距离较大时，往往采用滑键联接，如图12-4所示。将滑键固定在轮毂上，而在轴上加工较长的键槽，以满足使用要求。

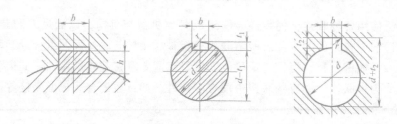

图 12-1　键和键槽的剖面尺寸

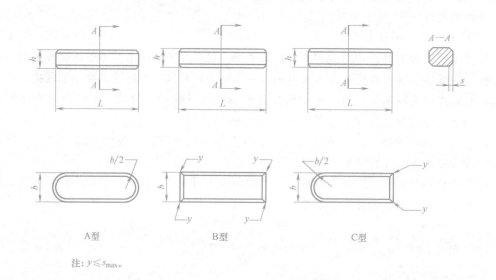

注：$y \leqslant s_{\max}$。

图 12-2　普通平键类型及尺寸

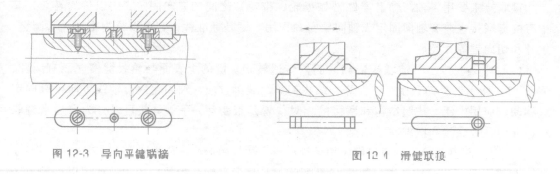

图 12-3　导向平键联接　　　　　　图 12-4　滑键联接

（2）半圆键联接　如图12-5所示，半圆键用于静联接，它靠键的两个侧面传递转矩。轴上键槽用半径与键相同的盘铣刀铣出，因而键在轴槽中能绕其几何中心摆动，以适应轮毂槽由于加工误差所造成的斜度。半圆键联接的优点是轴槽的加工工艺性较好，装配方便，缺点是轴上键槽较深，对轴的强度削弱较大。一般只宜用于轻载，尤其适用于锥形轴端的联接。

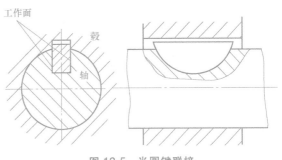

图 12-5　半圆键联接

（3）楔键联接　楔键联接用于静联接，如图 12-6 所示。键的上下两面是工作面。键的上表面和毂槽的底面各有 1：100 的斜度，装配时需打入，靠楔紧作用传递转矩。楔键能轴向固定零件和传递单方向的轴向力，但会使轴上零件与轴的配合产生偏心与偏斜。楔键联接主要用于精度要求不高、转速较低而传递转矩较大的场合，可传递双向或有振动的转矩。

楔键分为普通楔键和钩头楔键，普通楔键又分为圆头和方头两类。钩头楔键便于拆装，用于轴端时，为了安全，应加防护罩。

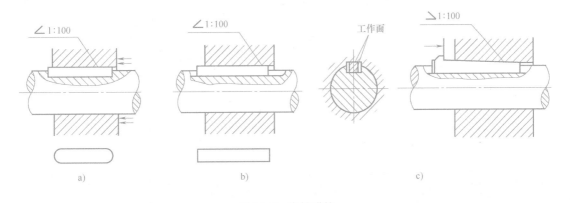

图 12-6　楔键联接

a）圆头　b）方头　c）钩头

（4）切向键联接　切向键由一对普通楔键组成，如图 12-7 所示。装配后两键的斜面相互贴合，共同楔紧在轮毂和轴之间，键的上下两个平行窄面是工作面，依靠其与轴和轮毂的挤压传递单向转矩。当传递双向转矩时，需用两对互成 120°～130° 的切向键（见图 12-7）。切向键联接主要用于轴径大于 100mm、对中要求不高而载荷很大的重型机械，如大型带轮、大型飞轮等与轴的联接。

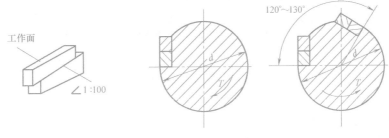

图 12-7　切向键联接

12.1.2 平键联接的选择与计算

1. 平键联接的结构和标准

平键是标准件。平键和键槽的剖面尺寸及公差均应符合国家标准。平键和键槽的剖面尺寸及公差见表 12-1。

表 12-1 平键联接和键槽的剖面尺寸及公差（摘自 GB/T 1095—2003、GB/T 1096—2003）

（单位：mm）

轴 公称直径 d	键 尺寸 $b \times h$	宽度 b 公称尺寸	松联接 轴 H9	松联接 毂 D10	正常联接 轴 N9	正常联接 毂 JS9	紧密联接 轴和毂 P9	轴 t_1 公称尺寸	轴 t_1 极限偏差	毂 t_2 公称尺寸	毂 t_2 极限偏差	半径 r 最小	半径 r 最大
6~8	2×2	2	+0.025 0	+0.060 +0.020	-0.004 -0.029	±0.0125	-0.006 -0.031	1.2	+0.10	1.0	+0.10	0.08	0.16
>8~10	3×3	3						1.8		1.4			
>10~12	4×4	4	+0.030 0	+0.078 +0.030	0 -0.030	±0.015	-0.012 -0.042	2.5		1.8		0.16	0.25
>12~17	5×5	5						3.0		2.3			
>17~22	6×6	6						3.5		2.8			
>22~30	8×7	8	+0.036 0	+0.098 +0.040	0 -0.036	±0.018	-0.015 -0.051	4.0		3.3			
>30~38	10×8	10						5.0		3.3			
>38~44	12×8	12	+0.043 0	+0.120 +0.050	0 -0.043	±0.0215	-0.018 -0.061	5.0	+0.2 0	3.3	+0.2 0	0.25	0.40
>44~50	14×9	14						5.5		3.8			
>50~58	16×10	16						6.0		4.3			
>58~65	18×11	18						7.0		4.4			
>65~75	20×12	20	+0.052 0	+0.149 +0.065	0 -0.052	±0.026	-0.022 -0.074	7.5		4.9			
>75~85	22×14	22						9.0		5.4		0.40	0.60
>85~95	25×14	25						9.0		5.4			
>95~110	28×16	28						10.0		6.4			
键长系列	6,8,10,12,14,16,18,20,22,25,28,32,36,40,45,50,56,63,70,80,90,100,110,125,140,160,180,200,220,250,280,320												

注：GB/T 1095—2003 中没有公称直径一列，但是此列具有计算参考价值，故予以保留。

2. 平键联接的选择和强度校核

（1）平键的选择　键的选择包括键的类型选择和尺寸选择两个方面。选择键的类型应考虑以下一些因素：对中性要求；传递转矩的大小；轮毂是否需要沿轴向滑移及滑移距离大小；键在轴的中部或端部等。

平键的主要尺寸是键的截面尺寸 $b \times h$（b 为键宽，h 为键高）及键长 L，$b \times h$ 根据轴的直

径 d 由表12-1查得。键的长度 L 按轴上零件的轮毂宽度而定，一般小于轮毂的宽度 5～10mm，并符合标准中规定的尺寸系列。对于动联接中的导向键和滑键，可根据轴上零件的轴向滑移距离，按实际结构及键的标准长度尺寸来确定。

对重要的键联接，在选出尺寸后，应对键进行强度校核计算。

（2）平键联接的强度校核 平键联接的受力分析如图12-8所示，失效形式有压溃、磨损和剪断。由于标准平键有足够的抗剪强度，所以用于静联接的普通平键联接的主要失效形式是工作面的压溃。对于导向平键、滑键组成的动联接，失效形式是工作面的磨损。因而，可按工作面的平均压强进行挤压强度或压强条件计算，其校核公式为

$$\sigma_{jy} = \frac{4T}{dhl} [\sigma_{jy}] \tag{12-1}$$

式中，T 为传递的转矩，单位为 N·mm；d 为轴的直径，单位为 mm；h 为键的高度，单位为 mm；l 为轴向工作长度（对于 A 型键，$l = L - b$；对于 B 型键，$l = L$；对于 C 型键，$l = L - \frac{b}{2}$），单位为 mm；$[\sigma_{jy}]$ 为较弱材料的许用挤压应力，单位为 MPa，其值查表12-2，对于动联接，则以压强 p、许用压强 $[p]$ 代替式中的 σ_{jy} 和 $[\sigma_{jy}]$。

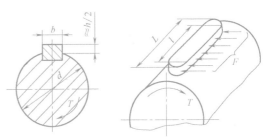

图 12-8 平键联接的受力分析

表 12-2 键联接的许用应力 （单位：MPa）

许用应力	联接工作方式	键或毂、轴的材料	载荷性质		
			静载荷	轻微冲击	冲击
许用挤压应力 $[\sigma_{jy}]$	静联接	钢	125～150	100～120	60～90
		铸铁	70～80	50～60	30～45
许用压强 $[p]$	动联接	钢	50	40	30

例 12-1 有一减速器低速轴，轴头直径 $d = 60$mm，轴上安装锻钢齿轮，轮毂宽 100mm，传递转矩 600N·m，载荷有轻微冲击，试选择该平键联接并校核其强度。

解 1）平键类型和尺寸选择。选 A 型平键。根据轴直径 $d = 60$mm 和轮毂宽 100mm，由表12-1查得键的截面尺寸为 $b = 18$mm，$h = 11$mm 键长应小于轮毂宽且符合键长标准，故 $L = 90$mm。

2）校核键的挤压强度。由表12-2查得 $[\sigma_{jy}] = 100$MPa，键的有效长度 $l = L - b = (90 - 18)$mm $= 72$mm，按式（12-1）得

$$\sigma_{jy} = \frac{4T}{dhl} = \frac{4 \times 600 \times 10^3}{60 \times 11 \times 72} \text{MPa} = 50.51\text{MPa} \leqslant [\sigma_{jy}]$$

所以挤压强度满足要求。

12.2 花键联接

花键联接由内花键和外花键组成。在轴上加工出多个键齿称为外花键，在轮毂内孔上加工出多个键槽称为内花键，如图 12-9 所示。花键工作面为键侧面，花键联接承载能力高，定心和导向性好，对轴削弱小，适用于载荷较大和定心精度要求高的动联接或静联接。

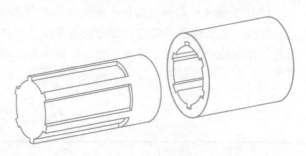

外花键可用成形铣刀或滚刀加工，内花键可以用拉削或插削而成。有时为了增加花键表面的硬度以减少磨损，内、外花键还要经过热处理及磨削加工。

图 12-9 花键联接

花键联接按剖面形状不同分为矩形花键、渐开线形花键和三角形花键三种。

1. 矩形花键

矩形花键如图 12-10a 所示。矩形花键多齿工作，承载能力高，对中性好，导向性好，齿根较宽，应力集中较小。

矩形花键的截面形状为矩形，加工方便，能用磨削的方法得到较高的精度，通常采用小径定心，它的定心精度高，稳定性好。因此广泛应用于飞机、汽车、拖拉机、机床制造业、农业机械及一般机械传动装置等。

2. 渐开线花键

渐开线花键齿廓为渐开线，如图 12-10b 所示。受载时齿上有径向力，能起自动定心作用，使各齿受力均匀、强度高、寿命长。

采用渐开线作为花键齿廓，可用加工齿轮的方法进行加工，故工艺性好。与矩形花键相比，它具有自动定心、齿面接触好、强度高、寿命长等特点，因此，它有代替矩形花键的趋势。世界许多国家在航天、航空、造船、汽车等行业中，应用渐开线花键越来越多。它的齿形压力角有 30° 和 45° 两种，前者用于重载和尺寸较大的联接，后者用于轻载和小直径的静联接，特别适用于薄壁零件的联接。

3. 三角形花键

三角形花键联接中的内花键齿形为三角形、外花键为压力角为 45° 的渐开线齿形，如图 12-10c 所示，适用于薄壁零件的联接。

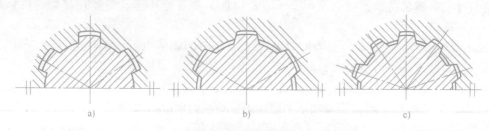

图 12-10 花键分类

a) 矩形花键　b) 渐开线花键　c) 三角形花键

12.3 销联接

销联接是一种常用的联接。根据销联接的用途，销可以分为联接销、定位销及安全销等类型，如图12-11所示。联接销主要用于零件之间的联接，并且可以传递不大的载荷或转矩；定位销主要用于固定机器或部件上零件的相对位置，通常用圆锥销作为定位销；安全销主要用作安全装置中的受剪切元件，起过载保护作用。

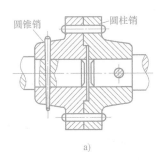 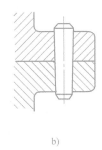 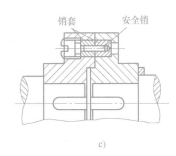

图 12-11 销联接

a）联接销 b）定位销 c）安全销

按照销的形状，销可以分为圆柱销、圆锥销和异形销等类型。圆柱销利用微小过盈固定在铰制孔中，可以承受不大的载荷。如多次拆装，过盈量减小，会降低联接的紧密性和定位的精确性。普通圆柱销有 A、B、C、D 四种配合型号，以满足不同的使用要求。

圆锥销具有 1∶50 的锥度，使其在受横向载荷时有可靠的自锁性，安装方便，定位可靠，多次拆装对定位精度的影响较小，应用较为广泛。它有 A、B 两种型号，A 型精度高。圆锥销的小端直径为标准值。圆锥销的大端和小端可以根据使用要求不同，制造出不同的形状。

异形销是指为满足使用需要而制成的特殊形状的销，常用的异形销是开口销。开口销是标准件，常用于联接的防松，具有结构简单、装拆方便等特点。

12.4 螺纹联接

12.4.1 螺纹联接的类型

螺纹联接是利用螺纹零件，将两个以上零件联接起来构成的一种可拆联接。它具有结构简单、工作可靠性高、装拆方便、成本低廉等优点，故应用非常广泛。

螺纹联接的主要类型有螺栓联接、双头螺柱联接、螺钉联接以及紧定螺钉联接。它们的结构尺寸、特点及应用见表12-3。

表 12-3　螺纹联接的结构尺寸、特点及应用

类型	简　图	主要尺寸关系	特点及应用
螺栓联接		螺栓余留长度 l_1 受拉螺栓联接 静载荷: $l_1 \geq (0.3 \sim 0.5)d$ 动载荷: $l_1 \geq 0.75d$ 冲击、弯曲载荷: $l_1 \geq d$ 对于受剪螺栓联接, l_1 应尽可能小 螺纹伸出长度: $l_2 \approx (0.2 \sim 0.3)d$ 螺栓轴线到被联接件边缘的距离: $e = d + 3 \sim 6mm$	无需在被联接件上车制螺纹, 使用不受被联接件材料的限制, 构造简单, 装拆方便, 应用最广。用于通孔并能从联接件两边进行装配的场合
双头螺柱联接		螺纹旋入深度 l_3, 当螺孔零件为 钢或青铜: $l_3 \approx d$ 铸铁: $l_3 \approx (1.25 \sim 1.5)d$ 铝合金: $l_3 \approx (1.25 \sim 2.5)d$ 螺孔深度: $l_4 \approx l_3 + (2 \sim 2.5)d$ 钻孔深度: $l_5 \approx l_4 + (0.2 \sim 0.3)d$ l_1、l_2、e 同上	端座旋入并紧定在被联接件之一的螺孔中, 用于受结构限制而不能用螺栓或希望联接结构较简单的场合
螺钉联接		l_1、l_2、l_3、l_4、e 同上	不用螺母, 而且能有光整的外露表面, 应用与双头螺柱联接相似; 但不宜用于时常装拆的联接, 以免损坏被联接件的螺孔
紧定螺钉联接		$d \approx (0.2 \sim 0.3)d_s$ 扭矩大时取大值	旋入被联接件之一的螺孔中, 其末端顶住另一个被联接件的表面或顶入相应的凹坑中, 以固定两个零件的相对位置, 并可传递不大的力或扭矩

除上述基本螺纹联接类型外, 还有一些特殊结构的螺纹联接, 如专门用于将机座或机架固定在地基上的地脚螺栓联接; 装在机器或大型零、部件的顶盖或外壳上便于起吊用的吊环螺钉联接; 用于工装设备中的 T 形槽螺栓联接等。具体结构和尺寸可在机械设计手册中查出。

螺纹联接中用到的联接件 (如螺栓、螺钉、双头螺柱、螺母及垫圈等) 的结构形式和尺寸均已标准化。设计时, 可根据螺纹的公称尺寸在相应的标准或设计手册中查出其他尺寸。

12.4.2　螺纹联接的预紧与防松

1. 螺纹联接的预紧

大多数螺纹联接都需要在装配时拧紧。联接在承受工作载荷之前所受到的力称为联接预

紧力。预紧的目的是提高联接的可靠性和疲劳强度，增强联接的紧密性和防松能力。螺栓联接的预紧力是通过拧紧螺母获得的，拧紧力矩需要克服螺母与被联接件或垫圈支承面间的摩擦力矩 T_1 和螺纹副间的摩擦力矩 T_2，使联接产生预紧力 F_0。对于 M10～M68 的粗牙普通钢制螺栓，拧紧力矩的近似计算公式为

$$T = T_1 + T_2 \approx 0.2 F_0 d$$

式中，F_0 为预紧力，单位为 N；d 为螺栓直径，单位为 mm。

　　控制拧紧力矩的方法有多种，对于一般联接，预紧力可凭经验控制；对于重要联接，常用测力矩扳手或定力矩扳手测量预紧力矩，如图 12-12 所示。测力矩扳手可以通过表盘读出力矩数值，定力矩扳手则可以按照预定的力矩拧紧螺母。

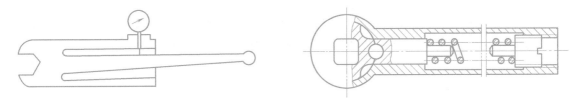

图 12-12　测力矩扳手与定力矩扳手

2. 螺纹联接的防松

　　螺纹联接在静载荷下或温度变化不大时不会自动松脱。螺纹之间的摩擦力、螺母及螺钉头部与支承面之间的摩擦力，都起到阻止螺母松脱的作用。但在冲击、振动或动载荷作用下，或工作温度变化较大时，上述摩擦力瞬时会变得很小，以致失去自锁能力，联接可能自动松脱，影响了联接的牢固性和紧密性，甚至造成严重事故。故设计螺纹联接时，必须采取有效的防松措施。

　　防松的实质是防止螺纹副的相对转动。防松的方法很多，就其工作原理，可分为摩擦防松、机械防松和不可拆防松三类。

　　（1）摩擦防松

　　1）弹簧垫圈。弹簧垫圈（见图 12-13a）用弹簧钢制成，装配后垫圈被压平，其反弹力能使螺纹间产生压紧力和摩擦力，能防止联接松脱。

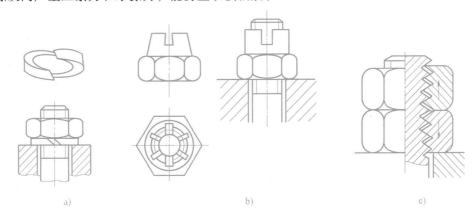

　　　　a)　　　　　　　　　　　　b)　　　　　　　　　　　　c)

图 12-13　摩擦防松的方法

a）弹簧垫圈　b）弹性圈螺母　c）双螺母

2）弹性圈螺母。图 12-13b 所示为弹性圈螺母，通过在螺纹旋入处嵌入纤维或者尼龙来增加摩擦力。该弹性圈还可以防止液体泄漏。

3）双螺母。利用两个螺母（见图 12-13c）的对顶作用使螺栓始终受到附加拉力，致使两个螺母与螺栓的螺纹间保持压紧和摩擦力。

（2）机械防松

1）槽形螺母与开口销。槽形螺母拧紧后，用开口销穿过螺母上的槽和螺栓端部的销孔，使螺母与螺栓不能相对转动（见图 12-14）。

2）止动垫圈与圆螺母。将垫片的内翅嵌入螺栓（轴）的槽内，拧紧螺母后再将垫圈的一个外翅折嵌入螺母的一个槽内，螺母即被锁住（见图 12-15）。

3）止动垫片。如图 12-16 所示，将垫片折边以固定螺母和被联接件的相对位置。

4）串联钢丝。用低碳钢丝穿入各螺钉头部的孔内，将各个螺钉串联起来，使其相互制动。使用时必须注意钢丝的穿入方向。图 12-17a 正确，图 12-17b 错误。

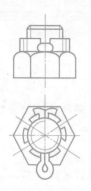

图 12-14　槽形螺母与开口销

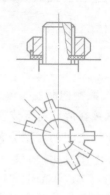

图 12-15　止动垫圈与圆螺母

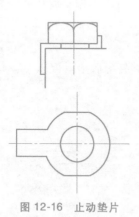

图 12-16　止动垫片

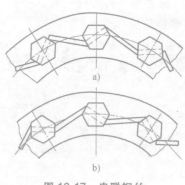

图 12-17　串联钢丝

a）正确　b）不正确

（3）不可拆防松

1）冲点。如图 12-18a 所示，螺母拧紧后，用冲头在螺栓末端与螺母的旋合缝处冲 2~3 个冲点，其防松可靠，适用于不需要拆卸的特殊联接。

2）焊接。如图 12-18b 所示，螺母拧紧后，将螺栓末端与螺母焊牢，其联接可靠，但拆卸后联接件后被破坏。

3）粘合防松。如图 12-18c 所示，在旋合的螺纹表面涂以粘合剂，防松效果良好。

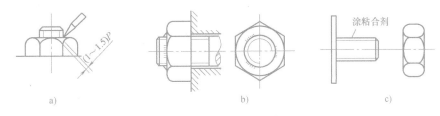

图 12-18　不可拆防松

a）冲点防松　b）焊接防松　c）粘合防松

12.4.3　螺纹联接的强度计算

螺栓联接通常成组使用。进行强度计算时，应在螺栓组中找出受力最大的螺栓，将其作为强度计算的对象。对于单个螺栓来讲，其受力的形式分为轴向载荷和横向载荷两种。受轴向载荷的螺栓联接（受拉螺栓）主要失效形式是螺纹部分发生塑性变形或断裂，因而其设计准则应该保证螺栓的抗拉强度；而受横向载荷的螺栓联接（受剪切螺栓）主要失效形式是螺栓杆被剪断或孔壁和螺栓杆的接合面上出现压溃，其设计准则是保证联接的挤压强度和螺栓的抗剪强度，其中联接的挤压强度对联接的可靠性起决定性作用。螺纹其他部分的尺寸，根据等强度条件和使用经验规定，通常不需要进行强度计算。具体强度计算方法见相关机械设计手册。

12.4.4　螺纹联接结构设计要点

合理地布置同一组螺栓的位置，以使各个螺栓受力尽可能均匀，这是螺栓组结构设计所要解决的主要问题。为了获得合理的结构，螺栓组结构设计时，应考虑以下几个问题：

1. 联接接合面的设计

联接接合面的几何形状应与机械的结构形状协调一致，并尽量设计成轴对称或中心对称图形，如图 12-19 所示。这样不仅便于加工，而且保证联接接合面受力均匀。

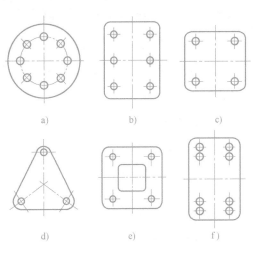

2. 螺栓的数目及布置

螺栓的布置应使各螺栓受力合理。当螺栓受转矩时，应使螺栓适当靠近接合面边缘，以减小螺栓受力，如图12-20所示。螺栓的数目应以满足强度为前提，尽量选用偶数，以便于对称布置或在圆周上分度。同组螺栓应相同，具有互换性。

图 12-19　螺栓的接合面形状

螺栓的布置应有合理的边距和间距，以保证联接的紧密性和装配时所需的扳手空间，如图 12-21 所示。

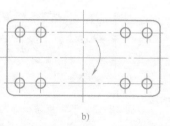

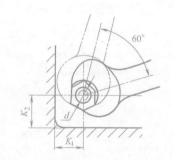

图 12-20 螺栓受转矩时螺栓组的布置

a) 不合理 b) 合理

图 12-21 扳手空间

同组螺栓的间距应符合表 12-4 推荐数值。对于一般联接，螺栓间距 $t = 10d$。

表 12-4 螺栓的间距

	工作压力/MPa				
≤1.6	1.6~4	4~10	10~16	16~20	20~30
间距 t/mm					
$7d$	$4.5d$	$4.5d$	$4d$	$3.5d$	$3d$

注：表中 d 为螺纹公称直径。

3. 避免产生附加的弯曲应力

若被联接件支承表面不平或倾斜，螺栓将受到偏心载荷作用，产生附加弯曲应力，从而使螺栓剖面上的最大拉应力可能比没有偏心载荷时的拉应力大得多。所以必须注意支承表面的平整问题，如图 12-22 所示的凸台和凹坑都是经过切削加工而成的支承平面。对于型钢等倾斜支承面，则应采用如图 12-23 所示的斜垫圈。

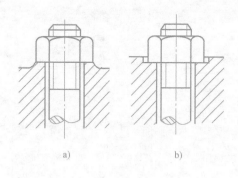

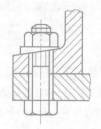

图 12-22 凸台和凹坑的应用

a) 凸台 b) 凹坑

图 12-23 斜垫圈的应用

习　题

12-1 常用的螺纹有哪几类？它们各有什么特点？其中哪些已标准化？

12-2　常用的螺纹联接零件有哪些？螺纹联接有哪几种基本类型？各适用于什么场合？

12-3　螺纹联接为什么要预紧？预紧力的大小如何保证？

12-4　螺纹联接常用的防松方法有哪几种？它们是如何防松的？其可靠性如何？试自行设计一种防松方案。

12-5　圆头、平头及单圆头普通平键各有何优缺点？分别用在什么场合？轴上的键槽是怎样加工的？

12-6　普通平键联接有哪些失效形式？主要失效形式是什么？怎样进行强度校核？如经校核判定强度不足时，可采取哪些措施？

12-7　平键和楔键在结构和使用性能上有何区别？为何平键应用较广？

12-8　常用的花键齿形有哪几种？各用于什么场合？

12-9　哪些场合用了销联接？是圆柱销还是圆锥销？起什么作用？销孔是怎样加工的？用于定位时，常用几个销？其位置和间距是怎样确定的？

12-10　实习工厂里最常用的是什么螺钉？直径范围是多少？什么材料？怎样制成的？螺钉上的哪些面加工过？

12-11　你见到的机器上用了哪些键和花键？为什么要在那个部位使用？它们的材料、标准、安装位置和定心方式怎样？轴上及轮毂上的键槽是怎样加工出来的？外花键及内花键又是怎样加工的？

12-12　某减速器低速轴与齿轮之间采用普通平键联接。已知：传递的扭矩 $T=800\text{N}\cdot\text{m}$，配合处轴段轴径 $d=80\text{mm}$，轮毂长度 $L=100\text{mm}$，齿轮材料为锻钢，工作时载荷有轻微冲击。试选择该平键类型并校核其强度。

第13章

联轴器与离合器

联轴器和离合器是机械传动中的重要部件。联轴器和离合器可联接主、从动轴，使其一同回转并传递转矩，有时也可用作安全装置。联轴器联接的分与合只能在停机时进行，而用离合器联接的两轴，在机械运转时，能方便地将两轴分开和接合。此外，它们有的还可起到过载安全保护作用。联轴器、离合器是机械传动中的通用部件，而且大部分已标准化。设计选择时可根据工作要求，查阅有关手册、样本，选择合适的类型，必要时对其中主要零件进行强度校核。图 13-1 所示为电动绞车的结构，电动机输出轴与减速器输入轴之间用联轴器联接，减速器输出轴与卷筒之间同样用联轴器来传递运动和转矩。

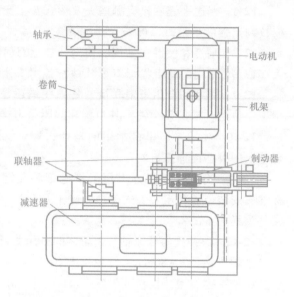

图 13-1　电动绞车的结构

13.1　联轴器

联轴器所联接的两轴，由于制造及安装误差、承载后的变形及温度变化的影响等，往往不能保证严格的对中，而是存在着某种程度的相对位移与偏斜，如图 13-2 所示。如果这些偏斜得不到补偿，将会在轴、轴承及联轴器上引起附加的动载荷，甚至发生振动。因此在不能避免两轴相对位移的情况下，应采用弹性联轴器或可移式刚性联轴器来补偿被联接两轴间的位移与偏斜。

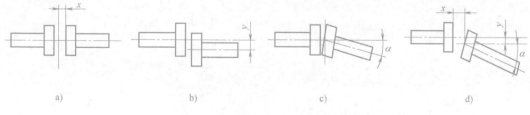

a)　　　　　　　　　b)　　　　　　　　　c)　　　　　　　　　d)

图 13-2　两轴相对位移

a）轴向位移　b）径向位移　c）角位移　d）综合位移

联轴器的类型很多，根据是否包含弹性元件分为刚性联轴器和弹性联轴器。弹性联轴器因有弹性元件，故可起到缓冲减振的作用，也可在不同程度上补偿两轴之间的偏移；根据结构特点不同，刚性联轴器又可分为固定式和可移式两类。可移式刚性联轴器对两轴间的偏移量具有一定的补偿能力。

13.1.1 联轴器的分类及应用

1. 固定式联轴器

固定式联轴器是一种比较简单的联轴器，常用的有套筒联轴器和凸缘联轴器。

（1）套筒联轴器 如图 13-3 所示，套筒联轴器是一个圆柱形套筒。它与轴用圆锥销或键联接以传递转矩。当用圆锥销联接时，传递的转矩较小；当用键联接时，传递的转矩较大。套筒联轴器的结构简单，制造容易，径向尺寸小；但两轴线要求严格对中，装拆时需做轴向移动，适用于工作平稳、无冲击载荷的低速、轻载的轴。

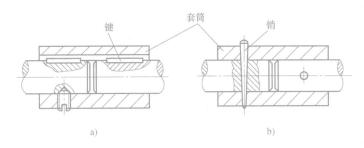

图 13-3 套筒联轴器

a）键联接 b）圆锥销联接

（2）凸缘联轴器 如图 13-4 所示，凸缘联轴器是把两个带有凸缘的半联轴器用键分别与两轴联接，然后用螺栓把两个半联轴器联成一体，以传递运动和转矩。凸缘联轴器有两种对中方法：图 13-4a 所示为两个半联轴器的凸肩与凹槽相配合而对中，用普通螺栓联接，依靠接合面间的摩擦力传递转矩，对中精度高，装拆时轴必须做轴向移动。图 13-4b 所示为两个半联轴器用铰制孔螺栓联接，靠螺栓杆与螺栓孔配合对中，依靠螺栓杆的剪切及其与孔的挤压传递转矩，装拆时轴不需做轴向移动。凸缘联轴器的结构简单，使用维修方便，对中精

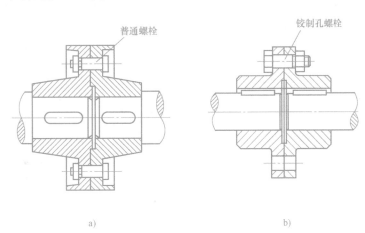

图 13-4 凸缘联轴器

度高，传递转矩大；但对所联接两轴间的偏移缺乏补偿能力，制造和安装精度要求较高，故凸缘联轴器适用于速度较低、载荷平稳、两轴对中性较好的情况。

2. 可移式联轴器

可移式联轴器具有可移性，故可补偿两轴间的偏移。但因无弹性元件，故不能缓冲减振。常用的可移式联轴器有以下几种：

（1）滑块联轴器　如图 13-5 所示，滑块联轴器由两个在端面上开有凹槽的半联轴器和一个两面带有凸牙的中间盘组成。两个半联轴器分别固定在主动轴和从动轴上，中间盘两面的凸牙位于相互垂直的两个直径方向上，并在安装时分别嵌入两个半联轴器的凹槽中，将两轴联为一体。因为凸牙可在凹槽中滑动，故可补偿安装及运转时两轴间的偏移。这种联轴器结构简单，径向尺寸小，适用于径向位移 $y \leqslant 0.04d$（d 为直径）、角位移 $\alpha \leqslant 30°$、最高转速 $n \leqslant 250 r/min$、工作平稳的场合。为了减少滑动面的摩擦及磨损，凹槽及凸块的工作面需进行淬火处理，并且在凹槽和凸块的工作面间要注入润滑油。

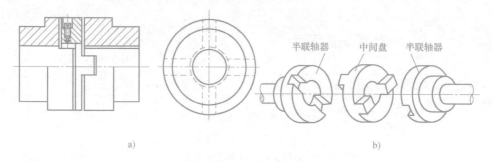

图 13-5　滑块联轴器

a）平面图　b）单件立体图

（2）齿式联轴器　如图 13-6 所示，齿式联轴器由两个带有内齿及凸缘的外套筒和两个带有外齿的内套筒所组成。两个内套筒分别用键与两轴联接，两个外套筒用螺栓联成一体，

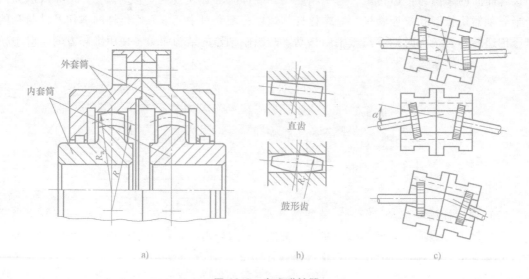

图 13-6　齿式联轴器

a）齿式联轴器结构　b）齿形示意图　c）位移补偿示意图

依靠内外齿相啮合以传递转矩。由于外齿的齿顶制成椭球面，且保持与内齿啮合后具有适当的顶隙和侧隙，故在转动时，套筒可有轴向、径向及角位移。工作时，轮齿沿轴向有相对滑动。为了减轻磨损，应该对齿面进行润滑。

（3）万向联轴器　万向联轴器如图13-7所示，由两个叉形接头和十字轴组成，利用中间联接件十字轴联接的两个叉形半联轴器均能绕十字轴的轴线转动，从而使联轴器的两轴线能成任意角度 α，一般 α 最大可达45°。但 α 角越大，传动效率越低。当万向联轴器单个使用，主动轴以等角速度转动时，从动轴做变角速度回转，从而在传动中引起附加动载荷。为避免这种现象，可采用两个万向联轴器成对使用，使两次角速度变化的影响相互抵消，从而实现主动轴和从动轴同步转动，如图13-8所示。各轴相互位置在安装时必须满足：①主动轴、从动轴与中间轴的夹角必须相等，即 $\alpha_1 = \alpha_2$；②中间轴两端的叉形平面必须位于同一平面内。万向联轴器的材料常用合金钢制造，以获得较高的耐磨性和较小的尺寸。

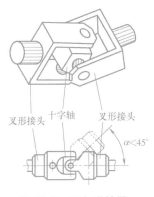

图 13-7　万向联轴器

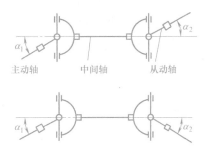

图 13-8　双万向联轴器

万向联轴器能补偿较大的角位移，结构紧凑，使用、维护方便，广泛用于汽车、工程机械等的传动系统中。

3. 弹性联轴器

弹性联轴器因有弹性元件，不仅可以补偿两轴间的偏移，而且具有缓冲、减振的作用，故适用于起动频繁、经常正反转、动载荷及高速运转的场合。

（1）弹性套柱销联轴器　如图13-9所示，弹性套柱销联轴器的结构与凸缘联轴器相似，只是用套有弹性套的柱销代替了联接螺栓。由于通过弹性套传递转矩，故可补偿两轴间的径向位移和角位移，并有缓冲和减振的作用。弹性套常用耐油橡胶制造，并做成图13-10所示的形状，以提高其弹性。这种联轴器制造容易，装拆方便，成本较低，可以补偿综合位移，具有一定的缓冲和吸振能力，但弹性套易磨损，寿命较短。它适合用于载荷平稳、双向运转、起动频繁和动载荷的场合。

（2）弹性柱销联轴器　弹性柱销联轴器（见图13-10）是用若干个尼龙柱销将两个半联轴器联接起来，为防止柱销滑出，在半联轴器的外侧加有用螺钉固定的挡板。为了增加补偿量，可将柱销的一端制成鼓形，其鼓半径为柱销直径的2～4倍。这种联轴器与弹性套柱销联轴器结构类似，但传递转矩的能力较大，可补偿两轴间一定的轴向位移及少量的径向位移和角位移。

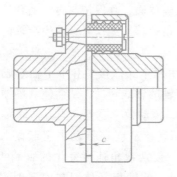

图 13-9　弹性套柱销联轴器

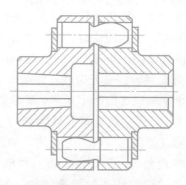

图 13-10　弹性柱销联轴器

（3）轮胎式联轴器　如图 13-11 所示，轮胎式联轴器是利用轮胎状橡胶元件将螺栓与两个半联轴器联接，轮胎环中的橡胶件与低碳钢制成的骨架硫化粘结在一起，骨架上的螺孔处焊有螺母，装配时用螺栓将两个半联轴器的凸缘联接，依靠拧紧螺栓在

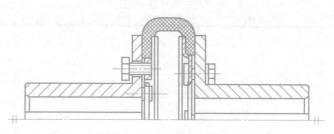

图 13-11　轮胎式联轴器

轮胎环与凸缘端面之间产生的摩擦力来传递转矩。这种联轴器的结构简单，装拆、维修方便，弹性强，补偿能力大，具有良好的阻尼且不需润滑，但承载能力不高，外形尺寸较大。

13.1.2　联轴器的选择

联轴器多已标准化，其主要性能参数有额定转矩 T_n、许用转速 $[n]$、位移补偿量和被联接轴的直径范围等。选用联轴器时，通常先根据使用要求和工作条件确定合适的类型，再按转矩、轴径和转速选择联轴器的型号，必要时应校核其薄弱件的承载能力。

考虑工作机起动、制动、变速时的惯性力和冲击载荷等因素，应按计算转矩 T_c 选择联轴器。计算转矩 T_c 和工作转矩 T 之间的关系为

$$T_c = KT \tag{13-1}$$

式中，K 为工作情况系数，见表 13-1。一般刚性联轴器选用较大的值，挠性联轴器选用较小的值；被传动的转动惯量小，载荷平稳时取较小值。

所选型号联轴器必须同时满足

$$T_c \leqslant T_n \tag{13-2}$$

$$n \leqslant [n] \tag{13-3}$$

表 13-1　工作情况系数 K

原动机	工作机械	K
电动机	带式运输机、鼓风机、连续运转的金属切削机床	1.25~1.5
	链式运输机、刮板运输机、螺旋运输机、离心泵、木工机械	1.5~2.0
	往复运动的金属切削机床	1.5~2.0
	往复式泵、往复式压缩机、球磨机、破碎机、冲剪机	2.0~3.0
	起重机、升降机、轧钢机	3.0~4.0

（续）

原动机	工作机械	K
涡轮机	发电机、离心泵、鼓风机	1.2~1.5
往复式发动机	发电机	1.5~2.0
	离心泵	3~4
	往复式工作机	4~5

例 功率 $P = 11\text{kW}$，转速 $n = 970\text{r/min}$ 的电动起重机中，联接直径 $d = 42\text{mm}$ 的主、从动轴，试选择联轴器的型号。

解 （1）选择联轴器类型 为缓和振动和冲击，选择弹性套柱销联轴器。

（2）选择联轴器型号

1）计算转矩。由表 13-1 查取 $K = 3.5$，按式（13-1）计算，即

$$T_c = KT = K \times 9550 \frac{P}{n} = 3.5 \times 9550 \times \frac{11}{970} \text{N} \cdot \text{m} = 379 \text{N} \cdot \text{m}$$

2）按计算转矩、转速和轴径，由 GB/T 4323—2017 中选用 TL7 型弹性套柱销联轴器，标记为：TL7 联轴器 42×112 GB/T 4323—2017。查得有关数据：额定转矩 $T_n = 500\text{N} \cdot \text{m}$，许用转速 $[n] = 2800\text{r/min}$，轴径为 40~48mm。

满足 $T_c \leqslant T_n$、$n \leqslant [n]$，适用。

13.1.3 联轴器的使用与维护

1）注意检查运转后两轴的对中情况，尽可能地减少相对位移量，可有效地延长被联接机械或联轴器的使用寿命。

2）对有润滑要求的联轴器（如齿式联轴器等），要定期检查润滑油的油量、质量以及密封状况，必要时应予以补充或更换润滑油。

3）对于高速旋转机械上的联轴器，一般要经过动平衡试验，并按标记组装。

13.2 离合器

离合器要求接合平稳，分离迅速、彻底；操纵省力，调节和维修方便；结构简单，尺寸小，质量小，转动惯性小；接合元件耐磨和易于散热等。离合器的操纵方式除机械操纵外，还有电磁操纵、液压操纵和气动操纵，是自动化机械中的重要组成部分。下面介绍几种常见的离合器。

1. 牙嵌离合器

如图 13-12 所示，牙嵌离合器由两个端面带牙的半离合器组成。其中一个半离合器固定在主动轴上，另一个半离合器用导键（或花键）与从动轴联接，并可由操纵机构使其做轴向移动，以实现离合器的分离与接合，它靠牙的相互嵌合传递运动和转矩。为使两轴对中，在主动轴端的半离合器上固定一个对中环，从动轴可在对中环内自由转动。

牙嵌离合器常用的牙形有三角形牙、矩形牙、梯形牙和锯齿形牙，如图 13-13 所示。三角形牙接合、分离方便，但牙尖强度低，故多用于轻载的情况。矩形牙不便于接合和分离，牙根

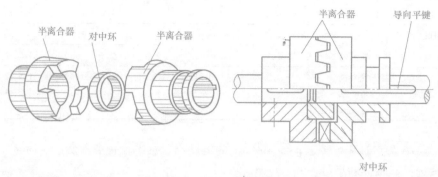

图 13-12　牙嵌离合器

强度低，故应用较少。梯形牙接合、分离方便，能自动补偿牙因磨损而产生的侧隙，从而减轻反转时的冲击，牙根强度高，传递转矩大，故应用广泛。以上三种牙均可双向工作，而锯齿形牙只能单向工作，但接合、分离方便，牙根强度高，传递转矩大，故多用于重载单向传动的情况。

　　牙嵌离合器的结构简单，尺寸小，离合准确可靠，能确保联接两轴同步运转，但接合应在两轴不转动或转速差很小时进行，故常用于转矩不大、低速接合处，如机床和农业机械中应用较多。

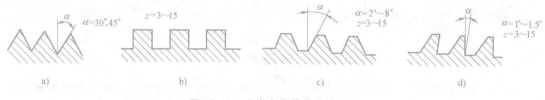

图 13-13　牙嵌离合器常用的牙形
a）三角形牙　b）矩形牙　c）梯形牙　d）锯齿形牙

2. 摩擦离合器

　　摩擦离合器是利用主、从动半离合器接触表面上的摩擦力来传递转矩和运动的。根据离合器的结构不同，可分为单盘式、圆锥式和多盘式三类。

　　（1）单盘摩擦离合器　如图 13-14 所示，单盘摩擦离合器由两个摩擦盘组成，一个摩擦盘固定在主动轴上，另一个摩擦盘通过导向平键与从动轴构成动联接。操纵滑环，可使从动轴上的摩擦盘做轴向移动，以实现两个摩擦盘的接合和分离。单盘摩擦离合器结构简单，但传递的转矩较小，故实际生产中常采用多盘摩擦离合器。

　　（2）圆锥摩擦离合器　如图 13-15 所示，圆锥摩擦离合器由两个内、外圆锥面的半离合器组成，具有内圆锥面的左半离合器用平键与主动轴固联，具有外圆锥面的右半离合器则用导向平键与从动轴构成动联接。当在右半离合器上加以向左的轴向力后，就可使内、外圆锥面压紧，于是主动轴上的转矩通过接触面上的摩擦力传到从动轴上。圆锥摩擦离合器结构简单，可用较小的轴向力产生较大的正压力，从而传递较大的转矩；但它对轴的偏斜比较敏感，对锥休的加工精庹要求也较高。

　　（3）多盘摩擦离合器　如图 13-16 所示，多盘摩擦离合器也称为多片式离合器，它主要由主动轴、从动轴、外套筒、内套筒、摩擦盘、滑环、曲臂压杆、压板及螺母组成。一组外摩擦盘以其外齿插入主动轴上的外套筒内壁的纵向槽中，盘的内壁不与任何零件接触，故盘可与主动轴一起回转，并可在轴向力推动下沿轴向移动；另一组内摩擦盘以其孔壁凹槽与从动轴上的内套筒的凸齿相配合，而盘的外缘不与任何零件接触，故盘可与从动轴一起回转，也可在轴向力推动下沿轴向移动。另外在内套筒上开有三个纵向槽，其中安置了可绕销轴转动的曲臂压杆；当滑环向左移动时，曲臂压杆通过压板将所有内、外摩擦盘压紧在调节螺母上，离合器处于接合状态。螺母可调节摩擦盘之间的压力。内摩擦盘可做成碟形，当承压时，可被压平而与外盘很好贴紧；松脱时，由于内盘的弹力作用，可以迅速与外盘分离。

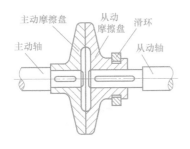

图 13-14　单盘摩擦离合器

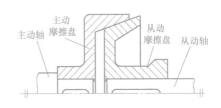

图 13-15　圆锥摩擦离合器

多盘摩擦离合器的传动能力与摩擦面的对数有关，摩擦盘越多，摩擦面的对数也越多，则传递的功率也越大。如传递的功率一定，则它的径向尺寸与单盘摩擦离合器相比可大为减小，所需轴向力也大大降低。所以，多盘摩擦离合器结构紧凑，操作方便，应用较多。

摩擦离合器可在任何转速下，随时接合与分离；接合过程平稳，冲击、振动小；过载时摩擦面间将产生打滑，以起到过载安全保护的作用；从动轴的加速时间和所传递的转矩可以调节。但其外廓尺寸较大；摩擦面间有相对滑动，将产生磨损和发热；也不能保证两轴同步运转。因此，摩擦离合器广泛应用于需要经常起动、制动或改变速度大小和方向的机械，如汽车、拖拉机和机床等。

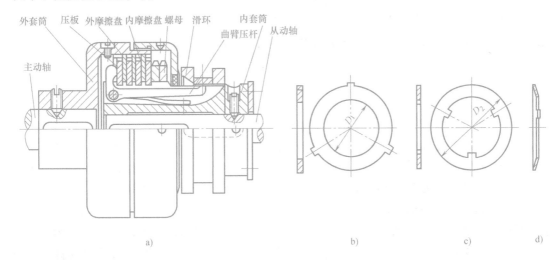

图 13-16　多盘摩擦离合器

a）多盘摩擦离合器结构图　b）外摩擦盘　c）平板形内摩擦盘　d）碟形内摩擦盘

3. 超越离合器

超越离合器也称为定向离合器，它只能传递单向转矩。

图 13-17 所示为滚柱式定向离合器，由星轮、外圈、滚柱、弹簧顶杆组成。弹簧顶杆的作用是使滚柱与星轮和外圈保持接触。如果星轮为主动件并作顺时针转动时，由于摩擦力作用，滚柱被楔紧在楔形间隙内，使星轮、滚柱、外圈连成一体并一起转动时，离合器处于接合状态。当星轮逆时针转动时，滚柱在摩擦力作用下退到楔形间隙的宽敞部分，不能带动外圈转动，离合器处于分离状态。如果星轮顺时针回转，外圈从另外动力源同时获得顺时针方向回转而转速较快的运动时，根据相对运动原理，这相当于星轮做逆时针回转，离合器处于分离状态。这时，星轮和外圈以各自的转速旋转，互不干涉。当外圈的转速比星轮慢时，离合器又处于接合状态，外圈同星轮

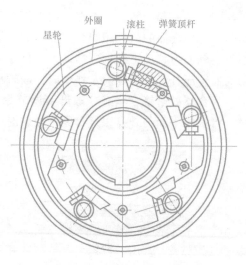

图 13-17 滚柱式定向离合器

等速回转。当外圈同星轮都逆时针回转时，也有类似的结果。这种离合器的接合与分离由相对转速而定，故称为超越离合器，它广泛应用于运输机械中。

4. 离合器的使用与维护

1）定期检查离合器操纵杆行程、主从动片间隙、摩擦片磨损程度，必要时予以调整或更换。

2）片式离合器正常工作时，不得打滑或分离不彻底。否则，不仅加速摩擦片磨损、降低使用寿命，甚至烧坏摩擦片，引起离合器零件变形退火，导致其他事故，因此需经常检查。

离合器打滑的原因主要有：作用在摩擦片上的正压力不足，摩擦表面粘有油污，摩擦片过分磨损及变形过大等；分离不彻底的原因主要有：主、从动片之间分离间隙过小，主、从动片翘曲变形，回位弹簧失效等，应及时修理并排除。

3）定向离合器应密封严实，不得有漏油现象，否则会磨损过大，温度太高，损坏滚柱、星轮或外壳等。在运行中，如有异常声响，应及时停机检查。

习　题

13-1　常用联轴器的类型有哪些？各用于什么场合？

13-2　常用离合器的类型有哪些？各用于什么场合？

13-3　联轴器与离合器在用途上有什么区别？

13-4　汽油发动机由电动机起动。当发动机正常运转后，电动机自动脱开，由发动机直接带动发电机。请选择电动机与发动机、发动机与发电机之间采用的离合器类型。

13-5　电动机经减速器驱动水泥搅拌机工作。已知电动机的功率 $P=11\text{kW}$，转速 $n=970\text{r/min}$，电动机轴的直径和减速器输入轴的直径均为 42mm。试选择电动机与减速器之间的联轴器。

13-6　由交流电动机通过联轴器直接带动一台直流发电机运转。若已知该直流发电机所需的最大功率为 $P=20\text{kW}$，转速 $n=3000\text{r/min}$，外伸轴轴径为 50mm，交流电动机伸出轴的轴径为 48mm，试选择联轴器的类型和型号。

第14章

机械装置的润滑与密封

在带式输送机的减速器中，齿轮、滚动轴承在压力下接触而做相对运动时，其接触表面间就会产生摩擦，造成能量损耗和机械磨损，影响减速器的运动精度和使用寿命。因此，在设计过程中，要考虑降低摩擦，减轻磨损，其措施之一就是采用润滑。任何润滑系统都设有密封装置。减速器中观察孔盖、分箱面、油塞、轴承端盖、轴与轴承端盖接合处均采取有相应的密封措施。本章将介绍润滑和密封的作用，常用润滑剂的种类、选择以及常用密封装置的种类、选择，常用机械零部件的润滑和密封方式。

14.1 机械装置的润滑

14.1.1 润滑的作用

1. 减少摩擦，减轻磨损

加入润滑剂后，在摩擦表面形成一层油膜，可防止金属直接接触，从而大大减少摩擦磨损和机械功率的损耗。

2. 降温冷却

摩擦表面经润滑后其摩擦因数大大降低，使摩擦发热量减少；当采用液体润滑剂循环润滑时，润滑油流过摩擦表面带走部分摩擦热量，起散热降温的作用，保证运动副的温度不会升得过高。

3. 清洗作用

润滑油流过摩擦表面时，能够带走磨损落下的金属磨屑和污物。

4. 防止腐蚀

润滑剂中都含有防腐、防锈添加剂，吸附于零件表面的油膜，可避免或减少由腐蚀引起的损坏。

5. 缓冲减振作用

润滑剂都有金属表面附着的能力，且本身的剪切阻力小，所以在运动副表面受到冲击载荷时，具有吸振的能力。

6. 密封作用

润滑脂具有密封作用，一方面可以防止润滑剂流失，另一方面可以防止水分和杂质的侵入。

润滑技术包括正确地选用润滑剂、采用合理的润滑方式并保持润滑剂的质量等。

14.1.2 润滑剂及其选用

生产中常用的润滑剂包括润滑油、润滑脂、固体润滑剂、气体润滑剂及添加剂等几大类。其中矿物油和润滑脂性能稳定，成本低，应用最广。

1. 润滑油

润滑油的特点是流动性好，内摩擦因数小，冷却作用较好，可用于高速机械，更换润滑油时可不必拆开机器，但它容易从箱体内流出，故常需采用结构比较复杂的密封装置，且需经常补充添加。

常用润滑油主要分为矿物润滑油、合成润滑油和动植物润滑油三类。矿物润滑油主要是石油制品，具有规格品种多、稳定性好、耐腐蚀性强、来源充足且价格较低等特点，因而应用广泛，主要有机械油、齿轮油、汽轮机油、机床专用油等。合成润滑油具有独特的使用性能，主要用于特殊条件下，如高温、低温、防燃以及需要与橡胶、塑料接触的场合。动植物油产量有限且易变质，故只用于有特殊要求的设备或用作添加剂。

润滑油的性能指标有黏度、油性、闪点和倾点。黏度是润滑油最重要的物理性能指标，它反映了液体内部产生相对运动时分子间内摩擦阻力的大小。润滑油黏度越大，承载能力就越大。润滑油的黏度并不是固定不变的，而是随着温度和压强变化的。当温度升高时，黏度降低；当压力增大时，黏度升高。润滑油的黏度分为动力黏度、运动黏度和相对黏度，各黏度的具体含义及换算关系可参看有关标准。油性又称润滑性，是指润滑油润湿或吸附于摩擦表面构成边界油膜的能力。这层油膜如果对摩擦表面的吸附力大，不易破裂，则润滑油的油性就好。油性受温度的影响较大，温度越高，油的吸附能力越低，油性越差。润滑油在火焰下闪烁时的最低温度称为闪点。它是衡量润滑油易燃性的一项指标，另一方面闪点也是表示润滑油蒸发性的指标。润滑油蒸发性越大，其闪点越低。润滑油的使用温度应低于闪点 20～30℃。倾点是润滑油在规定的条件下，冷却到能继续流动的最低温度，润滑油的使用温度应高于倾点 3℃以上。

润滑油的选用原则是：载荷大或动载荷、冲击载荷，加工粗糙或未经磨合的表面，选黏度较高的润滑油；转速高时，为减少润滑油内部的摩擦功耗，或采用循环润滑、滴油润滑等场合，宜选用黏度低的润滑油；工作温度高时，宜选用黏度高的润滑油。工业常用润滑油的性能和用途见表 14-1。

表 14-1　工业常用润滑油的性能和用途

名称	牌号	主要质量指标				主要性能和用途
		运动黏度 $\nu/(\mathrm{mm}^2/\mathrm{s})$ (40℃)	倾点/℃ (≤)	闪点/℃ (≥)	黏度指数	
L-AN 全损耗 系统用油	15	13.5～16.5	-5	150		适用于润滑油无特殊要求的轴承、齿轮和其他低负荷机械等部件的润滑，不适用于循环系统
	22	19.8～24.2		150		
	32	28.8～35.2		150		
	46	41.4～50.6		160		
	68	61.2～74.8		160		
L-HL 液压油	32	28.8～35.2	-6	175	80	抗氧化、防锈、抗浮化等性能优于普通机油。适用于一般机床主轴箱、齿轮箱和液压系统
	46	41.4～50.6		185		
	68	61.2～74.8		195		
	100	90.0～110		205		
L-CKB 工业闭式 齿轮油	100	90～110	-8	180	90	具有抗氧防锈性能。适用于正常油温下运转的轻载荷工业闭式齿轮润滑
	150	135～165		200		
	220	198～242		220		

2. 润滑脂

润滑脂习惯上称为黄油或干油，是一种稠化的润滑油。其油膜强度高，黏附性好，不易流失，密封简单，使用时间长，受温度的影响小，对载荷性质、运动速度的变化等有较大的适应范围，因此常应用在：不允许润滑油滴落或漏出引起污染的地方（如纺织机械、食品机械等），加、换油不方便的地方，不清洁而又不易密封的地方（润滑脂本身就是密封介质），特别低速、重载或间歇、摇摆运动的机械等。润滑脂的缺点是内摩擦大，起动阻力大，流动性和散热性差，更换、清洗时需停机拆开机器。

润滑脂的主要性能指标有滴点和锥入度。滴点是指在规定的条件下，将润滑脂加热至从标准的测量杯孔滴下第一滴时的温度，它反映了润滑脂的耐高温能力。选择润滑脂时，工作温度应低于滴点 $15 \sim 20℃$。锥入度是衡量润滑脂黏稠程度的指标，它是指将一个标准的锥形体，置于 $25℃$ 的润滑脂表面，在其自重作用下，经 $5s$ 后，该锥形体沉入脂内的深度（以 $0.1mm$ 为单位）。国产润滑脂都是按锥入度的大小编号的，一般使用 2、3、4 号。锥入度越大的润滑脂，其稠度越小，编号也越小。

根据稠化剂皂基的不同，润滑脂主要有钙基润滑脂、钠基润滑脂、锂基润滑脂及铝基润滑脂等类型（见表 14-2）。选用润滑脂类型的主要依据是润滑零件的工作温度、工作速度和工作环境条件。

表 14-2　润滑脂的特性及适用范围

品　种	特　　性	适　用　范　围
复合钙基润滑脂	较好的机械安定性和胶体安定性,耐热性好	适用于较高温度及潮湿条件下润滑大负荷的部件,如汽车轮毂轴承等处的润滑,使用温度可达150℃
通用锂基润滑脂	具有良好的抗水性、机械安定性、防锈性和氧化安定性	适用于 $-20 \sim 120℃$ 宽温度范围内各种机械设备的滚动轴承、滑动轴承及其他摩擦部位的润滑,是一种长寿通用润滑脂
汽车通用锂基润滑脂	良好的机械安定性、胶体安定性、防锈性、氧化安定性、抗水性	用于 $-30 \sim 120℃$ 下汽车轮毂轴承、水泵、发电机等各摩擦部位润滑,国产和进口车辆普遍推荐用此油脂
极压锂基润滑脂	有极高的极压抗磨性	适用于 $-20 \sim 120℃$ 高负荷机械设备的齿轮和轴承的润滑,部分国产和进口车型推荐使用
石墨钙基润滑脂	具有良好的抗水性和抗碾压性能	适用于重负荷、低转速和粗糙的机械润滑,可用于汽车钢板弹簧、起重机齿轮转盘等承压部件

3. 固体润滑剂

用固体粉末代替润滑油膜的润滑，称为固体润滑。最常用的固体润滑剂有石墨、二硫化钼、二硫化钨及聚四氟乙烯等。固体润滑剂耐高温、高压，因此适用于速度较低、载荷特重或温度很高、很低的特殊条件及不允许有油、脂污染的场合。此外，固体润滑剂还可以作为润滑油或润滑脂的添加剂使用及制作自润滑材料用。

4. 气体润滑剂

气体润滑剂包括空气、氢气及一些惰性气体，其摩擦因数很小，在轻载、高速时有良好的润滑性能。

当一般润滑剂不能满足某些特殊要求时，往往有针对性地加入适量的添加剂来改善润滑剂的黏度、油性、抗氧化、抗锈及抗泡沫等性能。

14.2 机械装置的密封

14.2.1 机械装置密封的作用

机械装置密封的主要作用是：

1）阻止液体、气体工作介质以及润滑剂泄漏。

2）防止灰尘、水分及其他杂质进入润滑部位。

14.2.2 密封方法

密封装置有许多类型，两个具有相对运动的结合面之间的密封称为动密封，两个相对静止的结合面之间的密封称为静密封。泄漏包括两方面原因：密封面上有间隙及密封两侧有压力差。所有的静密封和大部分动密封都是借助密封力使密封面互相靠近或嵌入以减少或消除间隙，达到密封的目的，这类密封方式称为接触式密封。密封面间预留固定间隙，依靠各种方法减少密封间隙两侧的压力差而阻漏的密封方式，称为非接触式密封。

1. 静密封

静密封只要求结合面间有连续闭合的压力区，没有相对运动，因此没有因密封件而带来的摩擦、磨损问题。常见的静密封方式有以下几种。

（1）研磨面密封 这是最简单的静密封方法，要求将结合面研磨加工平整、光洁，并在压力下贴紧（间隙小于 5mm）。但加工要求高、密封要求高时不理想，如图 14-1a 所示。

（2）垫片密封 这是较普遍的静密封方法，即在结合面间加垫片，并在压力下使垫片产生弹性或塑性变形填满密封面上的不平，消除间隙，达到密封的目的。在常温、低压、普通介质工作时可用纸、橡胶等垫片，在高压及特殊高温和低温场合可用聚四氟乙烯垫片，一般高温、高压下可用金属垫片，如图 14-1b 所示。

（3）密封胶密封 在结合面上涂密封胶是一种简便良好的静密封方法。密封胶有一定的流动性，容易充满结合面的间隙，黏附在金属面上能大大减少泄漏，即使在较粗糙的表面上密封效果也很好。密封胶型号很多（如铁锚 602），如图 14-1c、d 所示，使用时可查机械设计手册。

（4）O 形密封圈密封 在结合面上开密封圈槽，装入密封圈，利用其在结合面间形成严密的压力区来达到密封的目的，效果很好，如图 14-1e、f 所示。

2. 动密封

由于动密封两个结合面之间具有相对运动，所以选择动密封件时，既要考虑密封性能，又要避免或减少由于密封件带来的摩擦发热和磨损，以保证一定的寿命。回转轴的动密封有接触式、非接触式和组合式三种类型。

14.2.3 密封材料

常用密封材料有纤维、高分子材料、无机材料和金属四大类。

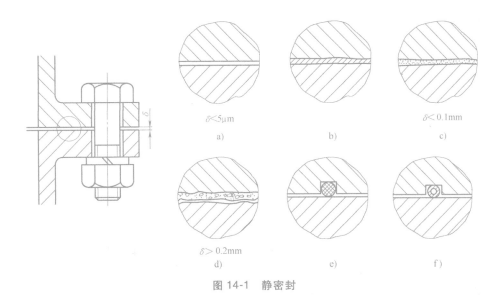

图 14-1　静密封

1. 纤维

纤维材料具有低的弹性模量，在较低的密封力作用下，即能获得一定的弹性变形，对泄漏间隙产生较强的密封作用。这类材料适用于制成各种形式的填片、软填料、成形填料等，如与金属配制将会大大提高其抗压抗磨能力。

1）植物纤维——软木、麻、纸、棉。

2）动物纤维——毛、皮革、毡。

3）矿物纤维——石棉。

4）人造纤维——有机合成纤维、玻璃纤维、石墨纤维、碳石墨纤维、陶瓷纤维。

2. 高分子材料

高分子材料以橡胶与树脂为主要材料，它具有较高的弹性，其耐磨性能一般高于纤维材料，变形量大，能耐较高压力。但其耐温性能较低，使用寿命不长，适用于制成各种形式的成形垫料、油封、填片及全密封件。按化学组成分为以下几种。

1）树脂型——热塑性树脂、热固性树脂。

2）橡胶——天然橡胶、合成橡胶。

3）塑料——尼龙、氟塑料、聚苯等合成制品。

4）复合型——高分子与高分子组合，高分子与非高分子组合。

3. 无机材料

无机材料的最大优点是耐高温、耐磨。如石墨制品，除了耐高温外，还有良好的自润滑性能，既能起到良好的密封作用，又不容易损坏摩擦副，其缺点是价格较贵。陶瓷的特点是较硬、耐高温，其缺点是较脆，主要用于机械密封、硬填料、泵等动力设备上。无机密封材料有：

1）碳石墨——天然石墨、碳石墨纤维、电化石墨。

2）工程陶瓷——氧化物瓷、氯化物瓷、硼化物瓷。

4. 金属

金属作为密封材料的最大优点是耐高温、强度高，这是其他材料所不能及的，硬度可根据需要任意选择。高真空密封可选用贵重金属，但它最大缺点是弹性差，振动较大部位的密封可靠性就差。这类密封材料主要用于机械密封、填片、活塞环、高温、低温、高真空动力的设备和化工容器上。金属密封材料有：

1）有色金属——铜、铝、铅、锌、锡及其合金等。

2）黑色金属——碳钢、铸铁、不锈钢、合金等。

3）硬质合金——钨钴类硬质合金、钨钴钛类硬质合金等。

4）贵重金属——金、银、铟、钽等。

14.3 常用机械装置的润滑与密封

14.3.1 常用机械装置的润滑

常用机械装置通常需要进行润滑和密封，如齿轮传动、链传动、轴承等需要润滑。润滑的目的在于减小运动阻力和延长使用寿命；由于润滑油的循环流动，对摩擦表面还有清洁和冷却的作用。要保证机械中良好的润滑，关键是选择合适的润滑剂和润滑方式。

链传动、齿轮传动、蜗杆传动及滚动轴承的润滑方式见各章内容。

14.3.2 常用机械装置的密封

1. 一般运动件的密封

机器中一般运动零部件如齿轮、蜗轮等的密封属于静密封，有条件时应尽量密封起来，在结合面处增加密封填料，并用螺栓联接拧紧，以保证密封性能良好。

2. 轴承的密封

轴承的密封是典型的动密封，也是机械密封的重要内容之一。密封方法的选择与润滑剂种类、工作环境、温度及密封处轴颈的圆周速度等有关。常用的密封装置有三种形式，其使用场合及选择方法可参考表 11-16。

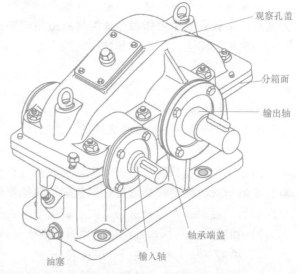

图 14-2 密封装置在减速器中的应用

（图中标注：观察孔盖、分箱面、输出轴、轴承端盖、输入轴、油塞）

3. 减速器的密封

图 14-2 所示为密封装置在减速器中的应用，其中观察孔盖、分箱面、油塞、轴承端盖各处为静密封，输入轴和输出轴与轴承端盖接合处为动密封。

习 题

14-1 润滑油的主要性能指标有哪些？选择润滑油所依据的性能指标是什么？怎样选择润滑油？

14-2 润滑脂的性能指标有哪些？

14-3 为什么润滑系统中要设有密封装置？

参 考 文 献

[1]　李海萍. 机械设计基础 [M]. 2 版. 北京：机械工业出版社，2015.

[2]　闻邦椿. 机械设计手册 [M]. 5 版. 北京：机械工业出版社，2010.

[3]　王亚芹. 机械设计与应用 [M]. 合肥：中国科学技术大学出版社，2012.

[4]　孙敬华. 机械设计基础 [M]. 上海：上海交通大学出版社，2013.

[5]　田鸣. 机械技术基础 [M]. 北京：机械工业出版社，2005.

[6]　郭仁生. 机械设计基础 [M]. 北京：清华大学出版社，2006.

[7]　黄华梁，彭文生. 机械设计基础 [M]. 北京：高等教育出版社，2009.

[8]　胡家秀. 机械设计基础 [M]. 2 版. 北京：机械工业出版社，2008.

[9]　孙建东，李春书. 机械设计基础 [M]. 北京：清华大学出版社，2007.

[10]　柴鹏飞. 机械设计基础 [M]. 2 版. 北京：机械工业出版社，2011.

[11]　杨可桢，程光蕴. 机械设计基础 [M]. 北京：高等教育出版社，2003.

[12]　何元庚. 机械原理与机械零件 [M]. 北京：高等教育出版社，2004.

[13]　黄森彬. 机械设计基础 [M]. 北京：机械工业出版社，2001.

[14]　陈庭吉. 机械设计基础 [M]. 2 版. 北京：机械工业出版社，2010.